河南省中等职业学校对口升学考试复习指导

计算机类专业（下册）

Access 数据库应用技术
计算机网络技术

河南省教育科学规划与评估院　编

電子工業出版社
Publishing House of Electronics Industry
北京 · BEIJING

内 容 简 介

本书为“河南省中等职业学校对口升学考试复习指导”丛书之一，主要内容包括 Access 数据库应用技术、计算机网络技术的复习指导，题型示例及计算机类专业课模拟卷。

本书适合参加计算机类专业对口升学考试的学生使用。

图书在版编目（CIP）数据

计算机类专业. 下册，Access 数据库应用技术 计算机网络技术 / 河南省教育科学规划与评估院编. —北京：电子工业出版社，2024.1

ISBN 978-7-121-47233-6

Ⅰ. ①计… Ⅱ. ①河… Ⅲ. ①关系数据库系统—中等专业学校—升学参考资料 ②计算机网络—中等专业学校—升学参考资料 Ⅳ. ①TP3

中国国家版本馆 CIP 数据核字（2024）第 011804 号

责任编辑：罗美娜　　　　文字编辑：戴　新
印　　刷：北京虎彩文化传播有限公司
装　　订：北京虎彩文化传播有限公司
出版发行：电子工业出版社
　　　　　北京市海淀区万寿路 173 信箱　邮编　100036
开　　本：787×1 092　1/16　印张：17　字数：435.2 千字
版　　次：2024 年 1 月第 1 版
印　　次：2024 年 10 月第 8 次印刷
定　　价：42.00 元

凡所购买电子工业出版社图书有缺损问题，请向购买书店调换。若书店售缺，请与本社发行部联系，联系及邮购电话：（010）88254888，88258888。

质量投诉请发邮件至 zlts@phei.com.cn，盗版侵权举报请发邮件至 dbqq@phei.com.cn。

本书咨询服务热线：（010）88254617，luomn@phei.com.cn。

前言

PREFACE

普通高等学校对口招收中等职业学校应届毕业生，是拓宽学生成长成才通道的重要途径，是构建现代职业教育体系、推动现代职业教育高质量发展的重要举措。为了做好2024年河南省中等职业学校毕业生对口升学考试指导工作，引导学校着力培养高素质技术技能人才、能工巧匠、大国工匠，帮助教师和学生有针对性地复习备考，我们组织专家编写了这套2024年“河南省中等职业学校对口升学考试复习指导”。这套复习指导以国家和河南省中等职业学校专业教学标准为依据，以国家和河南省中等职业教育规划教材为参考编写，栏目包括思维导图、复习要求、考点详解、真题回顾、同步练习等。

在编写过程中，我们认真贯彻新修订的《中华人民共和国职业教育法》《国家职业教育改革实施方案》，落实《关于推动现代职业教育高质量发展的意见》《关于深化现代职业教育体系建设改革的意见》，坚持以立德树人为根本任务，以基础性、科学性、适应性、指导性为原则，以就业和升学并重为目标，着重反映了各专业的基础知识和基本技能，注重培养和考查学生分析问题及解决问题的能力。这套书对教学标准所涉及的知识点进行了进一步梳理，力求内容精练、重点突出、深入浅出。在题型设计上，既有系统性和综合性，又有典型性和实用性；在内容选择上，既适应了选拔性能力考试的需要，又注意了对中等职业学校教学工作的引导，充分体现了职业教育的类型特色。

本套书适合参加2024年中等职业学校对口升学考试的学生和辅导教师使用。在复习时，建议以教学标准为依据，以教材为基础，以复习指导为参考。

本书是这套丛书中的一本。其中，“Access数据库应用技术”部分，由李向伟、李静、郭节、李建枝、周彦旭共同编写；“计算机网络技术”部分，由张凌杰、张军锋、陈晓华、高凡、麻悦、孙龙龙、刘蓉共同编写。

由于经验不足，时间仓促，书中难免存在疏漏和不足之处，恳请广大师生及时提出修改意见和建议，使之不断完善和提高。

河南省教育科学规划与评估院

CONTENTS

目录

第一部分

Access 数据库应用技术

项目一

初识 Access 数据库

思维导图

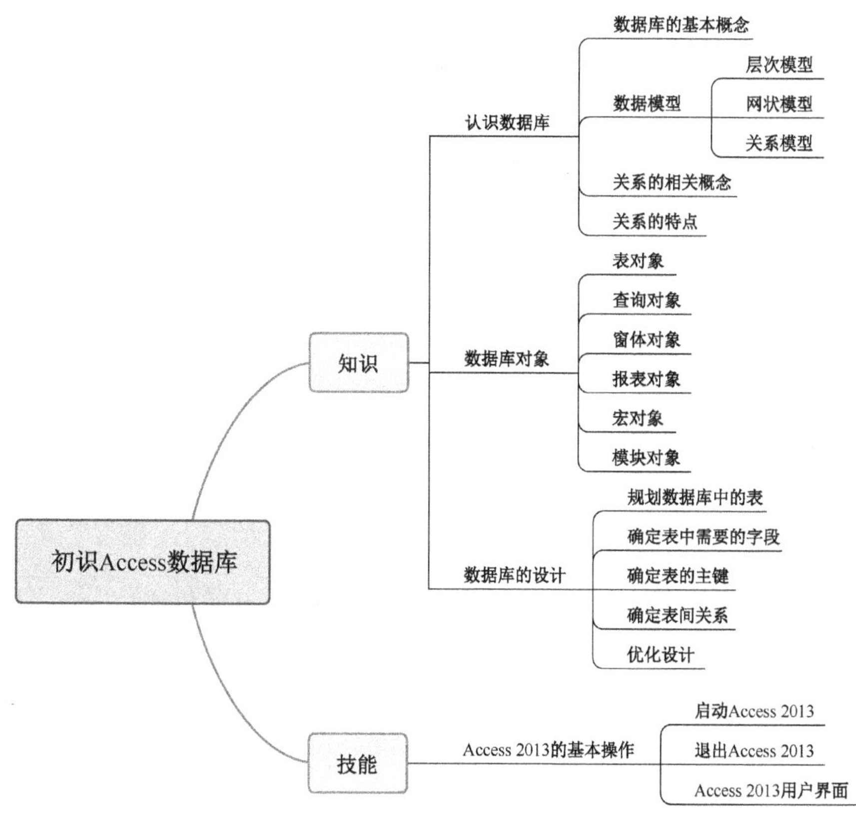

复习要求

1．熟悉 Access 2013 的启动和退出；
2．熟悉 Access 2013 的用户界面；
3．熟练掌握数据库及数据库基本对象的概念、功能和作用；
4．理解数据库设计的一般步骤。

考点详解

知识点一　认识数据库

1．数据库的基本概念

（1）数据（Data）。数据是描述客观事物特征的抽象化符号，不仅包括由数字、字母、文字及其他特殊字符组成的文本形式的数据，还包括图形、图像、声音等形式的数据。实际上，能够由计算机处理的对象都可以称为数据。

（2）数据库（Database，DB）。数据库是存储在计算机存储设备上有组织、可共享、结构化的相关数据的集合，是数据库管理系统的核心和主要管理对象。在 Access 数据库中，数据是以二维表的形式存放的，其中的行称为记录、列称为字段，表中的数据相互之间有一定联系，如“产品销售管理”数据库中存储产品的编号、名称、价格、数量等关联信息。一个数据库中可能有一个表或多个表及其他数据库对象。数据库也是计算机中存储数据的仓库，包含字符、数字、声音及图像等各种形式的数据信息。有了数据库，数据库管理系统就有了管理的对象，使得用户可以对数据库中的数据进行查询、修改、计算和输出等操作，从而为用户提供便捷的数据处理服务。

（3）数据库管理系统（Database Management System，DBMS）。数据库管理系统是对数据库进行管理的系统，也是用户和数据库之间的软件接口，其主要作用是统一管理，控制数据库的建立、使用和维护。用户可以通过数据库管理系统对数据库中的数据进行使用、管理和维护等操作。常用的数据库管理系统有 Access、SQL Server、Oracle 和 MySQL 等，而 Access 是最简单、最容易掌握的一种数据库管理系统。

（4）数据库系统（Database System，DBS）。数据库系统主要由计算机的软件和硬件组成，通过对数据进行合理设计，将数据输入到计算机中，并由数据库管理员（Database Administrator，DBA）对数据进行处理，根据用户的要求将处理后的数据从计算机中提取出来，最终满足用户对数据的需求。总之，数据库系统就是引入了计算机数据库技术的计算机系统。

数据库系统由 5 部分组成：数据库、数据库管理系统、计算机硬件系统、数据库管理员和用户。

2．数据模型

数据模型是指数据库中数据与数据之间的关系。数据库管理系统常用的数据模型有层次模型、网状模型和关系模型。

层次模型：以树型结构表示数据及其关系的数据模型。

网状模型：以网状结构表示数据及其关系的数据模型。

关系模型：以二维表表示数据及其关系的数据模型。在关系模型中数据的逻辑结构是由行和列构成的二维表，二维表中既可以存放数据，又可以存放数据间的联系。目前所使用的包括 Access 在内的数据库管理系统基本上都基于关系模型，其管理的数据库也被称为关系数据库。

3. 关系的相关概念

按照关系模型建立的数据库被称为关系数据库。关系数据库中的所有数据被组织成一个个二维表，这些表之间的关系也用二维表来表示。

（1）关系：一个关系就是一个二维表。一个数据库是由若干个二维表组成的。

（2）属性：一个关系（二维表）中的每一列都称为属性。在一个关系中不允许有相同的属性名。在 Access 数据库中，属性就是表中的字段，因此，每个字段均有一个唯一的名字，即字段名。字段包含字段名、字段类型、字段大小等。

（3）元组：一个关系中的每一行都称为元组。在一个关系中可以包含多个元组，但不允许有完全相同的元组。在 Access 数据库中，一个元组就是表中的一个记录。

（4）域：属性的取值范围。例如，“出生日期”字段的值只能为日期，“单价”字段的值一般为数字等。

（5）键：也称关键字，是一个元组的属性或属性集合的唯一标识。在一个关系中可能存在多个关键字。在 Access 数据库中，关键字由一个或多个字段组成，用于标识记录的关键字被称为主关键字。

4. 关系的特点

关系具备以下特点。

（1）关系必须规范化，关系模型中的每个属性都必须是不可分割的数据单元，即表中不能再包含表。

（2）在一个关系中不能出现相同的属性名（字段名）。

（3）在一个关系中不允许有完全相同的元组，即不能有重复的记录。

（4）在一个关系中，元组的顺序可以是任意的。

（5）在一个关系中，字段的顺序可以是任意的。

考点 1：数据库的相关概念

例 1　（单选题）Access 数据库的表是一个（　　）。

A．报表　　B．交叉表　　C．线性表　　D．二维表

解析：因为在 Access 数据库中，数据是以二维表的形式存放的，故选 D。

例 2　（单选题）（　　）是存储在计算机存储设备上的有组织、可共享、结构化的相关数据的集合。

A．数据库管理系统　　B．数据库系统

C．数据　　D．数据库

解析：数据库是存储在计算机存储设备上的有组织、可共享、结构化的相关数据的集合，是数据库系统的核心和主要管理对象，故选 D。

例 3　（单选题）下列不属于数据库系统组成部分的是（　　）。

A．数据库　　B．数据库管理系统

C．操作系统　　　　D．数据库管理员

解析：数据库系统包括数据库、数据库管理系统、计算机硬件系统、数据库管理员和用户，故选C。

例4　（单选题）Access数据库中数据库和表之间的关系是（　　）。

A．一个数据库可以包含多个表　　B．一个表只能包含一个数据库

C．一个表可以包含多个数据库　　D．一个数据库只能包含一个表

解析：一个数据库中可能有一个表或多个表及其他数据库对象，故选A。

考点2：数据模型

例5　（单选题）数据管理系统常用的数据模型不包括（　　）。

A．层次模型　B．网状模型　C．关系模型　D．树状模型

解析：数据库管理系统常用的数据模型有层次模型、网状模型和关系模型3种，故选D。

例6　（单选题）用二维表来表示数据及其关系的数据模型是（　　）。

A．层次模型　B．网状模型　C．关系模型　D．以上都不是

解析：以二维表来表示数据及其关系的数据模型称为关系模型，故选C。

考点3：关系的相关概念

例7　（单选题）同一个关系模型的任意两个元组（　　）。

A．可以相同　B．必须相同　C．不能相同　D．没有约定

解析：一个关系可以包含多个元组，但不允许有完全相同的元组，故选C。

例8　（单选题）在Access数据库中一个元组就是表中的一个（　　）。

A．记录　B．二维表　C．字段　D．属性

解析：在Access中，一个元组就是表中的一个记录，故选A。

知识点二　Access 2013的基本操作

1．启动Access 2013

（1）通过"开始"菜单启动。

选择"开始"→"Microsoft Office 2013"→"Access 2013"命令，即可启动Access 2013。

（2）通过桌面快捷方式启动。

如果在桌面上创建了Access 2013的快捷方式，则在桌面上双击Access 2013的快捷方式图标，即可启动Access 2013。

2．退出Access 2013

（1）单击Access 2013用户界面中标题栏最右侧的"关闭"按钮×。

（2）双击Access 2013用户界面中标题栏左侧的控制菜单图标A。

（3）按"Alt+F4"组合键。

（4）单击主窗口最右侧的"关闭"按钮。

3．Access 2013用户界面

Access 2013用户界面由自定义标题栏、快速访问工具栏、功能区、选项卡、导航窗格、

工作区和状态栏等元素组成。

（1）标题栏。

标题栏在 Access 2013 用户界面的最上面，用于显示当前打开的数据库文件名，是标准的 Windows 应用程序的组成部分。

（2）快速访问工具栏。

快速访问工具栏是一组可自定义的工具栏，包含一组独立于功能区相关命令的按钮，可快速进行功能操作。系统默认的快速访问工具栏在标题栏的左侧，也可以显示在功能区的下面。用户可以通过“自定义快速访问工具栏”右侧的下拉按钮对工具栏上的工具按钮进行添加或删除操作。

（3）功能区。

功能区是一个带状区域，包括“文件”“开始”“创建”等多个选项卡及工作区。

（4）选项卡。

选项卡是一组重要的按钮栏，包括“开始”“创建”“外部数据”“数据库工具”等选项卡。每个选项卡中包含多个选项组，每个选项组中包含相似或相关的功能按钮、下拉菜单、输入文本框等组件，一些选项组中还提供了扩展按钮，辅助用户以对话框的方式设置详细的属性。

“开始”选项卡包括“视图”等 7 个选项组，用来对数据库进行各种基本操作。每个选项组都有可用和禁用两种状态：当处于可用状态时，图标和文字是黑色的；当处于禁用状态时，图标和文字是灰色的。在没有打开数据库对象时，选项卡上所有的命令按钮都是灰色的，即禁用的。

“创建”选项卡包括“模板”等 6 个选项组。Access 2013 中所有对象的创建都是通过这个选项卡进行的。

“外部数据”选项卡包括“导入并链接”等 2 个选项组。通过这个选项卡，用户可以对内部数据和外部数据进行交换。

“数据库工具”选项卡包括“宏”等 6 个选项组，是 Access 2013 提供的一个管理数据库后台的工具。

（5）导航窗格。

当打开数据库或创建数据库时，可以看到导航窗格。单击“百叶窗开/关”按钮，可以展开或折叠导航窗格。

导航窗格可以实现对当前数据库中所有对象的管理和对相关对象的组织，并按类别将其分组。单击窗格上面的下拉按钮，可显示分组列表。在导航窗格中，用右键单击任何对象都能打开其快捷菜单，从中选择某个命令，就可执行相关操作。

（6）工作区。

在 Access 2013 用户界面中，导航窗格右侧的空白区域就是工作区，对数据库的所有操作及操作的结果都显示在工作区中。

在 Access 2013 用户界面中，数据库对象打开的窗口在工作区中除了可以重叠显示，还可以设置为选项卡式文档来显示。只需选择“文件”→“选项”命令，在弹出的“Access 选项”对话框的“当前数据库”选项卡中进行设置即可。

（7）状态栏。

Access 2013 用户界面的最下面为状态栏。状态栏左侧会显示当前操作状态、当前视图状态，右侧则会根据操作不同，显示不同的视图切换按钮。单击对应按钮，可以在不同的视图之间进行快速切换。

考点 4：Access 2013 的启动与退出

例 9 （单选题）下列操作不能退出 Access 2013 的是（　　）。

A．选择菜单栏中“文件”→“退出”命令

B．单击主窗口最右侧“关闭”按钮

C．按“Esc”键

D．按“Alt+F4”组合键

解析：退出 Access 有 4 种方法：选择菜单栏中的“文件”→“退出”命令；单击主窗口最右侧的“关闭”按钮；双击控制菜单图标；按“Alt+F4”组合键，故选 C。

知识点三　Access 2013 的数据库对象

在数据库窗口中，可以看到数据库对象有表、查询、窗体、报表、宏和模块。用户可以使用这些对象来组织和表示数据，并灵活地对数据进行操作和管理。

1. 表

表是 Access 2013 的核心和基础，主要用于存储数据信息。对其他数据库对象的操作都是在表的基础上进行的。

一个数据库可以包含多个表，表中的数据是以行和列来组织的，每一行称为一个记录，每一列称为一个字段，每个表通常有多个记录和多个字段。每个表对应一个主题，便于对数据进行管理。这些表之间可以通过相关的数据建立关系，表之间的关系有一对一、一对多和多对多等。

2. 查询

建立数据库系统的目的不是简单地存储数据，而是在存储数据的基础上对数据进行分析和研究。在 Access 2013 中，用户不仅可以按照一定的条件从表中查询所需要的符合要求的数据，还可以按照不同的方式查看、分析和更改数据。查询的结果可以作为数据库中窗体、报表等其他数据库对象的数据来源。

3. 窗体

窗体是数据库和用户之间的主要接口。使用窗体可以设计各种显示、输入或修改表内容的用户界面，以便用户快捷地输入、编辑、查询和显示数据。窗体是 Access 2013 中十分灵活的一个对象，其数据源可以是表或查询。在数据库应用系统中，用户都是通过窗体对数据库中的数据进行各种操作的，而不是直接对表、查询等进行操作。

4. 报表

在 Access 2013 中，报表的功能是分析和打印数据。使用报表不仅能以格式化的形式显示和输出数据，还可以利用报表对数据进行分类、汇总、计算等，从而获得更有用的数据。报表的数据来源可以是一个或多个表或查询。

5. 宏

宏是 Access 2013 中由一个或多个操作命令组成的集合，每个操作命令都可以实现一个特定的功能。一般情况下，用户在操作数据库时，一次只能执行一个命令，而通过宏对象，

可以将要执行的多个命令保存在一起，组成一个宏命令，当需要的时候，执行这个宏命令，即可一次性执行宏中的所有命令。

宏可以是单个宏，也可以是由多个宏组成的一个相关宏的宏组。与其他数据库对象不同的是，宏并不会直接处理数据库中的数据，因为它是组织其他表、查询、窗体、报表等数据库对象的工具。

6. 模块

模块是 Access 2013 中用于进行 VBA（Visual Basic for Applications）程序设计的对象。当无法通过宏或其他操作实现更复杂的操作或更强的功能开发时，可以通过 VBA 编写的程序段来实现。VBA 以 Visual Basic 语言为基础，可以极大地增强数据库的应用功能。

考点 5：数据库对象

例 10 （单选题）（　　）是 Access 2013 数据库的核心和基础。

A．表　　B．查询

C．窗体　　D．宏

解析： 表是 Access 2013 数据库的核心和基础，主要用于存储数据信息，其他数据库对象的操作都是在表的基础上进行的，故选 A。

例 11 （单选题）Access 2013 中数据库和用户之间的主要接口是（　　）。

A．表　　B．查询

C．报表　　D．窗体

解析： 窗体是数据库和用户之间的主要接口，故选 D。

例 12 （单选题）下列不属于 Access 2013 的数据库对象的是（　　）。

A．报表　　B．查询

C．宏　　D．页

解析： Access 2013 的数据库对象有表、查询、窗体、报表、宏和模块，故选 D。

知识点四　数据库的设计

数据库设计的一般流程是规划数据库中的表、确定表中需要的字段、确定表的主键、确定表间关系及优化设计。

1. 规划数据库中的表

规划数据库中的表是数据库设计的基础，也是数据库设计过程中最难处理的步骤。工作过程中经常用到的表格、资料等与数据库中的表的要求有一定的差异，因此需要将工作过程中用到的表格、资料等按照数据库中的表的要求进行重新分类和整理，以规划出合理的表。规划数据库中的表时，一般应遵循以下原则。

（1）表中尽量不要有重复的信息，需要注意数据库中的表与常规文件中的数据表是不同的。

（2）每条信息只保存在一个表中，以便更新数据及保持数据的一致性。

（3）每个表应该只包含一个主题的信息，以便维护数据。例如，将客户的详细信息与订单信息保存在不同的表中，这样就可以在操作某个订单信息时不影响客户的信息。

2. 确定表中需要的字段

在确定了表后，就需要确定表中需要的字段。每个表中都包含一个主题的信息，因此每个表中的字段应包含关于该主题的各个属性。例如，员工表中可以包含员工的姓名、性别、出生日期、学历等个人信息字段。除此之外，设计表中的字段还要注意以下几点。

（1）表中的字段应包含项目所需要的所有信息。

（2）每个字段都与表的主题直接相关。

（3）字段不包含表达式的计算结果。

（4）尽量以较小的逻辑单位保存数据信息。

3. 确定表的主键

在 Access 2013 中，为了查询处于不同表中的信息，需要在不同表之间建立联系，这就需要每个表中必须包含唯一确定每个记录的字段或字段集。这种字段或字段集就是主键（主关键字）。为了确保唯一性，主键字段的值不能重复，也不能为空（NULL 值）。

4. 确定表间关系

每个表只包含一个主题的信息，为了利用不同主题的信息，可以根据实际需要对不同表中的数据进行重新组合，形成新的数据信息，按照实际情况确定哪些表之间需要通过主键建立关系。确定表间关系只是验证各表之间的逻辑联系，在表中添加数据之前一般不建立表间关系，在表中添加数据之后再确定表间关系。

5. 优化设计

在设计完需要的表、确定好字段和表间关系后，还需要对项目进行核查；与客户进行交流并向客户提供初步设计结果；接收客户反馈并重新检查各个表、字段和表间关系；在数据库的每个表中输入一定的模拟数据，并分别建立关系、创建查询以验证数据库中的关系；创建窗体和报表，用来检查输入和显示的数据是不是所期望的，发现并改进数据库设计中的问题；查找不需要的重复数据，调整合适的数据类型和字段大小，确保数据库中的数据最优化。

在确定数据库的设计已经达到设计目的后，就可以在表中添加正式的数据，并根据需要创建查询、窗体、报表、宏和模块等不同的数据库对象，以满足数据管理的需要。

同步练习

一、选择题

1. Access 数据库中的表是一个（　　）。

A. 报表　　B. 交叉表　　C. 线性表　　D. 二维表

2. 在 Access 数据库中，数据库和表的关系是（　　）。

A. 一个数据库只包含一个表　　B. 一个数据库包含多个表

C. 一个表包含数据库　　D. 数据库和表没有关系，是独立的对象

3. 数据库的设计过程不包括（　　）。

A. 确定窗体和报表的内容　　B. 规划数据库中的表

C. 确定表的结构和主键　　D. 确定表的关系

4. Access 是一种（　　）。

A. 数据库　　B. 数据库管理系统

C. 数据库系统　　D. 表

5．Access 数据库中 DBMS 指的是（　　）。
A．数据库　　B．数据库系统
C．数据库管理员　　D．数据库管理系统

6．在下列数据库管理系统中，不属于关系型的是（　　）。
A．Microsoft Access　　B．SQL Server
C．Oracle　　D．DBTG 系统

7．Access 2013 数据库文件的扩展名为（　　）。
A．.doc　　B．.mdb　　C．.accdb　　D．.accde

8．下列不属于选项卡组的是（　　）。
A．开始　　B．保存　　C．创建　　D．数据库工具

9．关系中的列被称为（　　）。
A．元组　　B．属性　　C．域　　D．关键字

10．DBMS、DBS、DB 的中文含义分别是（　　）。
A．数据库、数据库管理系统、数据库系统
B．数据库管理系统、数据库、数据库系统
C．数据库应用系统、数据库系统、数据库
D．数据库管理系统、数据库系统、数据库

11．Access 数据库的同一个表中，一定相同的是（　　）。
A．字段名称　　B．属性名称
C．不同字段的数据类型　　D．同一字段的数据类型

12．Access 2013 的核心数据对象是（　　）。
A．查询　　B．表　　C．报表　　D．窗体

13．Access 2013 属于（　　）。
A．网状数据库系统　　B．关系型数据库系统
C．层次数据库系统　　D．分布式数据库系统

14．数据库管理系统是（　　）。
A．应用软件　　B．系统软件　　C．编译系统　　D．操作系统

15．空数据库是指（　　）。
A．没有基本表的数据库
B．没有任何数据库对象的数据库
C．数据库中数据表记录为空的数据库
D．没有窗体和报表的数据库

16．下列不是 Access 2013 数据库对象的是（　　）。
A．查询　　B．表　　C．报表　　D．视图

17．不属于数据库系统组成部分的是（　　）。
A．用户　　B．数据库管理系统
C．硬件　　D．文件

18．在 Access 中，用来表示实体的是（　　）。
A．域　　B．字段　　C．记录　　D．表

19．下列实体关系中，不属于一对一关系的是（　　）。

A．一个人与他的身份证号　　B．乘客与座位

C．乘客与机票　　D．班级与学生

20．关系数据库中的所有数据均以（　　）的形式存放。

A．交叉表　　B．一维表　　C．三维表　　D．二维表

二、判断题

1．数据库是存储在计算存储设备上的有组织的、可共享的相关数据的集合。（　　）

2．在 Access 数据库中，实际存放数据的对象是查询。（　　）

3．二维表中的每一行称为一个记录，每个记录中不同字段的数据可能具有不同的数据类型，所有记录的相同字段的数据类型一定是相同的。（　　）

4．数据库管理系统是数据库系统的主要管理对象。（　　）

5．用二维表来表示实体与实体之间联系的数据模型是网状模型。（　　）

6．一个关系对应一条记录。（　　）

7．在 Windows 操作系统中，可以按"Alt+F3"组合键来退出 Access 数据库。（　　）

8．宏可以直接处理表中的数据。（　　）

9．按"Alt+F4"组合键可以关闭 Access 2013 窗口。（　　）

10．表就是数据库，数据库就是表。（　　）

11．层次模型是网状的扩展，网状结构表示"多对多"的关系。（　　）

12．视图是 Access 数据库中的对象。（　　）

13．关闭数据库时将自动退出 Access 2013。（　　）

14．创建好空白数据库后，系统将自动进入"数据表视图"。（　　）

15．数据库管理系统不仅可以对数据库进行管理，还可以对图像进行编辑。（　　）

16．域就是属性的取值范围。（　　）

17．一个关系中不能存在多个关键字。（　　）

18．显示当前打开的数据库文件名的是状态栏。（　　）

19．快速访问工具栏是一组可自定义的工具栏。（　　）

20．数据是指仅能够进行数学运算的数字。（　　）

三、简答题

1．简述数据库系统的主要组成部分。

2．简述 Access 2013 的数据库对象。

3．简述关系数据库的特点。

4．写出启动 Access 2013 的方法。（至少写出 2 种）

5．打开数据库的方式有哪几种？

6．退出 Access 2013 的方法有几种？（至少写出 4 种）

7．数据库管理系统常用的数据模型有几种？分别是什么？

8．数据库管理系统的作用是什么？

9．Access 2013 的用户界面有哪些？

10．简述数据库设计的一般步骤。

项目二

创建数据库和表

思维导图

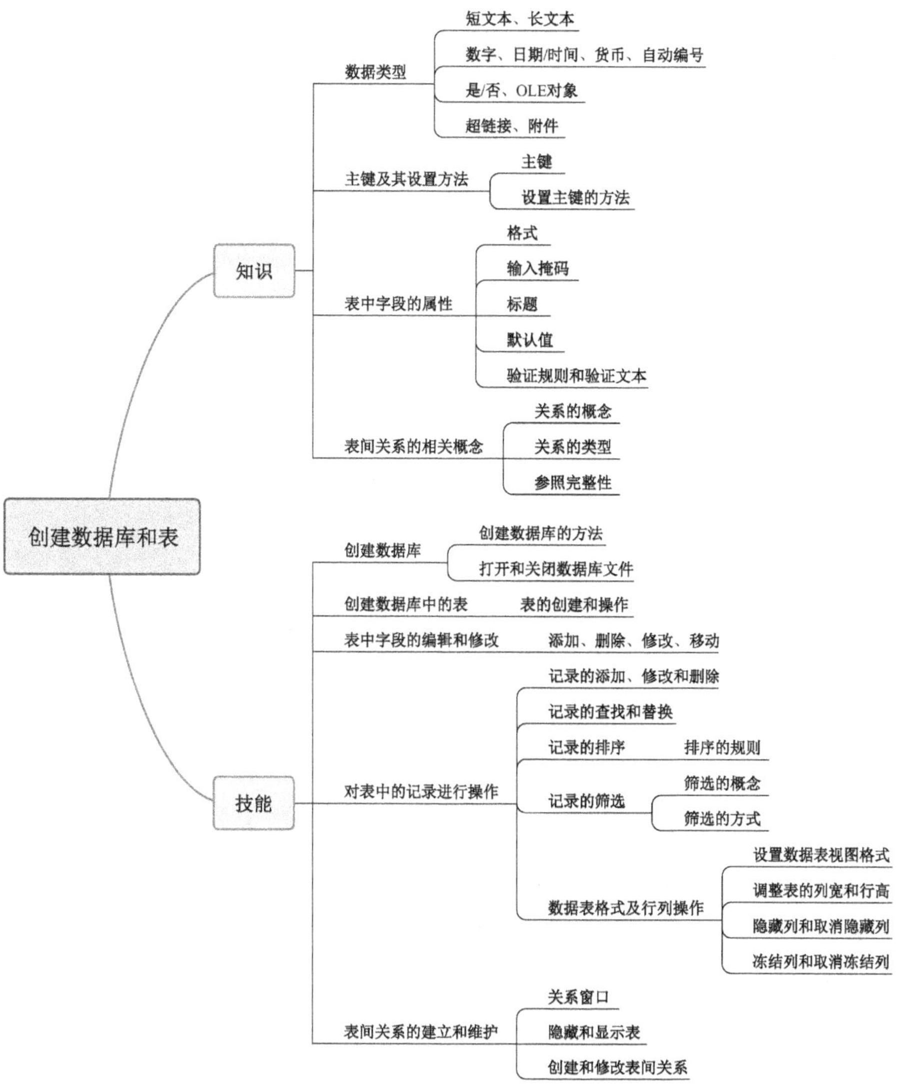

- 创建数据库和表
  - 知识
    - 数据类型
      - 短文本、长文本
      - 数字、日期/时间、货币、自动编号
      - 是/否、OLE对象
      - 超链接、附件
    - 主键及其设置方法
      - 主键
      - 设置主键的方法
    - 表中字段的属性
      - 格式
      - 输入掩码
      - 标题
      - 默认值
      - 验证规则和验证文本
    - 表间关系的相关概念
      - 关系的概念
      - 关系的类型
      - 参照完整性
  - 技能
    - 创建数据库
      - 创建数据库的方法
      - 打开和关闭数据库文件
    - 创建数据库中的表
      - 表的创建和操作
    - 表中字段的编辑和修改
      - 添加、删除、修改、移动
    - 对表中的记录进行操作
      - 记录的添加、修改和删除
      - 记录的查找和替换
      - 记录的排序
        - 排序的规则
      - 记录的筛选
        - 筛选的概念
        - 筛选的方式
      - 数据表格式及行列操作
        - 设置数据表视图格式
        - 调整表的列宽和行高
        - 隐藏列和取消隐藏列
        - 冻结列和取消冻结列
    - 表间关系的建立和维护
      - 关系窗口
      - 隐藏和显示表
      - 创建和修改表间关系

复习要求

1. 熟练掌握数据库和表的相关概念；
2. 熟练掌握 Access 2013 的创建方法；
3. 熟练掌握创建表的方法；
4. 熟练掌握主键的概念和设置方法；
5. 熟练掌握表中的字段属性及设置方法；
6. 熟练掌握表的编辑和修改方法；
7. 熟练掌握数据的查找与替换；
8. 掌握对表中的数据进行排序与筛选的方法；
9. 掌握数据表的格式设置；
10. 熟练掌握表间关系的创建方法和使用方法。

考点详解

知识点一　创建数据库

1. 创建数据库的方法

在 Access 2013 中，要先创建数据库，再创建数据库中的表和其他对象。

（1）新建空白桌面数据库文件。

打开 Access 2013，自动进入“新建”界面，单击“空白桌面数据库”图标，在弹出的对话框中输入数据库的文件名及保存位置，单击“创建”按钮，进入默认的数据表视图。

也可以在打开数据库文件后，选择“文件”→“新建”命令，在“新建”界面中单击“空白桌面数据库”图标，在弹出的对话框中输入数据库的文件名及保存位置，单击“创建”按钮，实现空白数据库文件的新建。

（2）使用模板创建数据库。

Access 2013 提供了一系列常用的数据库模板，如项目、问题、销售渠道、营销项目、教职员等。使用模板创建的数据库本身包含表、窗体、查询和报表等对象，而这些数据库对象在被修改后可以直接使用。

当本地主机上的数据库模板不能满足需要时，Access 2013 还提供了在线的数据库模板，用户可以从 Office 网站上获取更多的数据库模板。在新建联机模板搜索框中输入想要创建的数据库类别的关键字，比如可以在数据库、日志、业务、教育、行业、列表、个人等方面进行搜索，并选择合适的数据库模板来创建新的数据库。

2. 打开和关闭数据库文件

（1）打开数据库文件。

方法 1：在通常情况下，用户选择并双击文件夹中的 Access 数据库文件，就可以打开该数据库文件。

方法 2：打开 Access 2013 的工作窗口，在最近使用的文档中，找到最近打开过的数据库文件，直接单击就可以打开需要的数据库文件。

方法 3：单击“快速访问工具栏”中的“打开”按钮，弹出“打开”对话框，或者选择“文件”→“打开”命令，弹出“打开”对话框。

（2）打开数据库文件的方式。

除了直接打开数据库文件的方式外，还有以下 3 种打开方式。

- 以只读方式打开：打开的数据库文件只能浏览，不能被编辑和修改。
- 以独占方式打开：当处于网络状态时，打开的数据库文件不能再被网络中的其他用户打开。
- 以独占只读方式打开：打开的数据库文件不能被编辑和修改，也不能被网络中的其他用户打开。

（3）关闭数据库文件。

方法 1：直接单击界面右上角的“关闭”按钮。

方法 2：选择“文件”→“关闭”命令。

考点 1：打开数据库文件的方式

例 1 （单选题）当处于网络状态时，打开的数据库文件不能再被网络中的其他用户打开，这种打开数据库文件的方式是（　　）。

A．以只读方式打开　　　　B．以独占方式打开

C．以独占只读方式打开　　D．直接打开

解析：打开数据库文件的方式有 4 种：以只读方式打开，以独占方式打开，以独占只读方式打开和直接打开。当处于网络状态时，打开的数据库文件不能再被网络中的其他用户打开，这是以独占方式打开数据库文件，故选 B。

知识点二　创建数据库中的表

1．表的创建和操作

表由表的结构和表的内容两部分组成：表的结构是指表的字段名、字段的数据类型和字段的长度等；表的内容是指表中的记录。在创建表时，先创建表的结构，再向表中输入具体的内容。

（1）表的创建。

当打开新的空白数据库文件时，Access 2013 将自动创建一个空表，默认名称为“表 1”。单击“保存”按钮，在弹出的“另存为”对话框中对“表 1”进行重命名。如果在保存后需要对表进行重命名，则可以在导航窗格中用右键单击该表，在弹出的快捷菜单中选择“重命名”命令，修改表名。

如果需要创建新的表，那么用户可以单击“创建”→“表格”→“表”按钮，以添加一个名称为“表#”的新表。“#”表示自动按顺序列出的下一个未使用数字。

也可以单击“创建”→“表格”→“表设计”按钮，打开表设计器，在其中创建表。

① 使用“创建”选项卡创建表：在 Access 2013 的工作窗口中，单击“创建”→“表格”→“表”按钮，创建新的表。这种方式是比较方便的建表方法，不仅可以定义字段名，还可以通过“表格工具/字段”选项卡对大部分的字段属性进行定义。

② 使用表设计器创建表：在 Access 2013 的工作窗口中，单击“创建”→“表格”→“表设计”按钮，打开表设计器，也就是通过设计视图创建表，但是创建的只是表的结构，表中的记录需要在表的结构创建完成后，在数据表视图中输入。

（2）表的操作。

表的操作通常在设计视图和数据表视图中进行。

① 设计视图：设计视图是用于编辑表的结构的视图。在设计视图中，可以输入、编辑、修改表的字段名、字段的数据类型和字段的长度，以及设置字段的各种属性等。

② 数据表视图：数据表视图是用于浏览和编辑数据的视图。在数据表视图中，不仅可以插入、编辑、修改和删除数据，还可以查找和替换数据，以及对表进行排序和筛选等。

③ 视图的切换：在“开始”选项卡的“视图”选项组中，“视图”按钮的下拉列表中有“数据表视图”和“设计视图”选项，用户可以根据需要进行视图的切换，也可以选中视图后单击右键，从弹出的快捷菜单中选择需要的视图，或者在任务栏窗口的右下方单击视图切换按钮，方便地进行视图的切换。

2. 数据类型

Access 2013 数据表的字段有 10 种数据类型。

（1）短文本。

短文本数据类型用于存储文字或文字与数字的组合，以及不需要进行计算的数字等，如姓名、地址、课程编号、电话号码、邮编等。短文本数据类型最多可以存储 256 个字符。

（2）长文本。

长文本数据类型在 Access 数据库中最多可以存储 1GB 的字符。

对于长文本类型的数据，Access 2013 提供了“仅追加”和“格式文本”两种属性。

（3）数字。

数字数据类型用于存储需要进行计算的数据，包含字节型、整型、长整型、单精度型、双精度型、同步复制 ID 和小数等。字节型占 1 字节宽度，可存储 0～255 之间的整数；整型占 2 字节宽度，可存储-32 768～+32 767 之间的整数；长整型占 4 字节宽度，可存储更大范围的整数；单精度型可以表示小数；双精度型可以表示更为精确的小数。

（4）日期/时间。

日期/时间数据类型用于存储日期和时间，这种类型的数据有多种格式可选。例如：常规日期（yyyy-mm-dd hh:mm:ss）、长日期（yyyy 年 mm 月 dd 日）、长时间（hh:mm:ss）等。

（5）货币。

货币数据类型用于表示货币值，在计算时禁止四舍五入，占用 8 字节宽度。

（6）自动编号。

自动编号数据类型用于在添加记录时给每个记录自动插入唯一的顺序号（每次递增 1）或随机编号。创建新表时会自动添加 ID 字段并将该 ID 字段设为自动编号数据类型。每个表中允许有一个自动编号数据类型的字段。

（7）是/否。

是/否数据类型只能存储两个值中的任意一个数据，如 YES/NO、TRUF/FALSE 等。

（8）OLE 对象。

OLE 对象是对象嵌入与链接的简称。OLE 对象数据类型用于存储声音、图形、图像等信息。

（9）超链接。

超链接数据类型用于存放超链接地址，还可以存储电子邮件等地址。

（10）附件。

附件数据类型允许用户向记录中附加图片和其他文件，就像邮件的附件一样。如果有一个学生成绩管理数据库，则可以用附件数据类型的字段附加学生照片或毕业论文等文档。对于 BMP、EMF 等格式的文件，Access 数据库会在添加附件时对其进行压缩。附件数据类型仅适用于 ACCDB 文件格式的数据库。附加文件的名称不得超过 255 个字符，包括文件扩展名。

3. 计算字段

计算字段用于存储计算结果，但它并不是数据类型，如根据姓名计算姓氏、根据折扣计算商品的价格等操作。可以进行计算的字段的数据类型为文本、数字、货币、是/否、日期/时间，一般用表达式来计算，计算结果被存储在计算列中。

4. 查阅向导

查阅向导不是数据类型，它允许用户创建选项列表，用于实现查阅另一个表中的数据的功能。

5. 主键及其设置方法

（1）主键。

主键是表中唯一可以标识一条记录的一个字段或多个字段的组合。一个表中只能有一个主键。如果表中有唯一可以标识一条记录的字段，就可以将该字段指定为主键。如果表中没有一个字段可以唯一标识一条记录，就要将多个字段组合在一起作为主键。主键不允许有 NULL 值，而且始终具有唯一值。

（2）设置主键的方法。

① 将表中的一个字段设置为主键：如果要设置表中的一个字段为主键，则可以打开表的设计视图，用右键单击要设置的字段所在的行，在弹出的快捷菜单中选择“主键”命令，该字段左侧的按钮上就会出现钥匙形的主键图标。

② 将表中多个字段的组合设置为主键：如果要将表中多个字段的组合设置为主键，则在按住“Ctrl”键的同时，分别单击字段左侧的按钮，当选中的字段行变黑时，用右键单击该字段行，在弹出的快捷菜单中选择“主键”命令，此时所有被选择的字段左侧都会出现主键图标。

考点 2：表的数据类型

例 2　（单选题）Access 2013 中，表的字段类型中不包括（　　）。

A．窗口型　　B．数字型　　C．日期/时间型　　D．OLE 对象

解析：表的数据类型里没有窗口型，故选 A。

例 3　（单选题）OLE 对象是对象嵌入与链接的简称，用于存储的信息包括（　　）。

A．声音　　B．图形　　C．图像　　D．以上都是

解析：OLE 对象是对象嵌入与链接的简称。OLE 对象数据类型用于存储声音、图形、图像等信息，故选 D。

例 4　（单选题）如果一张数据表中含有“照片”字段，那么该“照片”字段应该定

义为（ ）。

A．短文本类型 B．数字类型 C．长文本类型 D．OLE 对象类型

解析：OLE 对象数据类型用于存储声音、图形、图像等信息，照片属于图像，故选 D。

例 5 （单选题）在 Access 数据库中，在存储声音、图形、图像等数据时需定义的数据类型是（ ）。

A．文本 B．备注 C．OLE 对象 D．超链接

解析：OLE 对象数据类型用于存储声音、图形、图像等信息，故选 C。

例 6 （单选题）在数据表中只能存放两个值中任意一个的数据类型是（ ）。

A．短文本 B．OLE 对象 C．数字 D．是/否

解析：是/否数据类型用于存储两个值中的任意一个数据，如是/否、真/假等，故选 D。

考点 3：主键及其设置方法

例 7 （单选题）关于主键，说法错误的是（ ）。

A．在输入数据并对数据进行修改时，不能向主键的字段输入相同的值

B．在一个表中只能指定一个字段为主键

C．利用主键可以加快数据的查询速度

D．Access 并不要求在每个表中都必包含一个主键

解析：一个表中只能有一个主键，如果表中没有一个字段可以唯一标识一条记录，就要将多个字段组合在一起作为主键，主键不允许有 NULL 值，而且始终具有唯一值，故选 B。

例 8 （单选题）在数据表中其值能唯一标识一条记录的一个字段或者多个字段的组合是（ ）。

A．字段 B．主键 C．标题 D．属性

解析：主键是表中唯一可以标识一条记录的一个字段或多个字段的组合，故选 B。

知识点三 对表进行编辑和修改

1．表中字段的属性

在表的设计视图中，当选中某个字段时可以看到设计视图的“字段属性”区会显示该字段的相关属性。字段的数据类型不同，能够设置的属性也不同，常用的属性有“字段大小”“格式”“输入掩码”“标题”“默认值”“验证规则”“验证文本”等。

（1）“字段大小”属性。

“字段大小”属性用于设置存储数据所占的大小。可以对短文本型、数字型和自动编号型字段设置该属性。短文本型字段的取值范围是 0～255，默认值为 255，可以输入取值范围内的整数；数字型字段的大小是通过单击“字段大小”下拉按钮并在弹出的下拉列表中选择某个类型来确定的。最常用的数据类型是长整型和双精度型。

（2）“格式”属性。

“格式”属性用于设置数据的显示方式。对于不同数据类型的字段，其格式的选择有所不同。

数字型、自动编号型和货币型的数据有常规数字、货币、欧元、固定、标准、百分比和科学计数等显示格式，如单精度型数字“123.45”的货币格式为“¥123.45”，百分比格式

为“12345.00%”。

日期/时间类型的数据有常规日期、长日期、中日期、短日期、长时间、中时间、短时间等显示格式。例如，长时间格式为“17:30:21”，中时间格式为“5:30 下午”，短时间格式为“17:30”。

是/否类型的数据有“真/假”“是/否”“开/关”等显示格式。

OLE 对象类型的数据没有“格式”属性，短文本型、长文本型和超链接型的数据没有特殊的显示格式。

“格式”属性只影响数据的显示方式，对表中的数据并无影响。

（3）“输入掩码”属性。

“输入掩码”属性用于设置数据的输入格式，如中日期掩码格式为“00-00-00;0;_”，在输入数据时，会自动出现“_ _-_ _-_ _”格式，必须按“年、月、日”的格式输入日期。在 Access 数据库中，输入掩码主要用于短文本型、长文本型和日期/时间型字段，有时也用于数字型和货币型字段。

Access 数据库提供的输入掩码字符说明如表 1-2-1 所示。

表 1-2-1 Access 输入掩码字符说明

掩码字符	说　明
0	必须输入数字（0～9）
9	可以输入数字（0～9）或空格
L	必须输入字母（A～Z）
?	可以输入字母（A～Z）或空格
A	必须输入数字（0～9）或字母（A～Z）
a	可以输入数字（0～9）、字母（A～Z）或空格

（4）“标题”属性。

标题是字段的另一个名称。字段的标题和字段名可以相同，也可以不同。当未指定字段的标题时，标题默认为字段名。

字段名通常用于系统内部的引用，而字段的标题通常显示给用户看。在数据表视图、窗体和报表中，相应字段的标签显示的是字段的标题，而在设计视图中，相应字段的标签显示的是字段名。

（5）“默认值”属性。

“默认值”属性用于指定新记录的默认值。在指定默认值后，当输入记录时，默认值会被自动输入到新记录的相应字段中。例如，在商品表中将“单位”字段设为默认值“台”后，当输入新数据时，“台”会被自动输入到“单位”字段中。

（6）“验证规则”属性和“验证文本”属性。

“验证规则”属性用于设置输入数据时必须遵循的表达式规则。使用“验证规则”属性可以限制字段的取值范围，确保输入数据的合理性，防止用户输入非法数据。验证规则需要使用 Access 2013 表达式来描述。

“验证文本”属性用于配合验证规则使用。当输入的数据违反了验证规则时，系统会用设置的验证文本给出提示信息。

为验证一个字段而设置的表达式是字段验证规则；如果有多个字段需要验证，则要用表的验证规则进行设置。

2. 表中字段的编辑和修改

在 Access 2013 中，使用设计视图和数据表视图都可以对表中的字段进行添加、删除、修改、移动及设置属性等操作。

（1）添加新字段。

在设计视图中，如果添加的新字段需要出现在现有字段的后面，则直接在字段名称列的空行中输入新的字段名。如果需要在原有字段的前面插入新字段，则可以选中原有字段，单击“表格工具/设计”→“工具”→“插入行”按钮，增加一个空行，输入新的字段名，之后设置属性。

在数据表视图中，如果添加的新字段需要出现在现有字段的最后，则直接单击字段名称列的最后一列，即可添加新字段，并进行数据类型的设置。如果需要在中间字段的后面插入新字段，则可以选中原有字段，单击“表格工具/字段”→“添加和删除”选项组中的数据类型按钮，即可添加字段并给字段设置数据类型。如果不是常见的数据类型，则可以单击“其他字段”按钮，选择其他的数据类型并添加新的字段。

（2）删除字段。

选中要删除的字段所在的行，单击“表格工具/设计”→“工具”→“删除行”按钮，或者用右键单击该行，在弹出的快捷菜单中选择“删除行”命令，在打开的对话框中单击“是”按钮。

在数据表视图中，选中需要删除的字段，单击“表格工具/字段”→“添加和删除”→“删除”按钮，或者用右键单击该字段，在弹出的快捷菜单中选择“删除字段”命令，即可删除字段。

（3）修改字段。

如果需要修改字段名，则双击该字段名，或者删除该字段名后重新输入新的字段名，还可以单击“表格工具/字段”→“属性”→“名称和标题”按钮，直接修改字段名。要修改字段的数据类型，可直接在“数据类型”下拉列表中选择新的数据类型，要修改字段大小，可直接在“字段大小”文本框中修改。

（4）移动字段。

如果需要改变字段的显示顺序，则可以先选中要改变的字段，然后将其拖动到需要改变的位置。

考点 4：字段属性

例 9 （单选题）若将输入掩码设置为“L”，则在输入数据的时候，该位置上可以接受的合法输入是（　　）。

A．任意字符　　B．必须输入字母 A～Z

C．可以输入字母、数字或空格　　D．必须输入字母或数字

解析： 输入掩码为 0，必须输入数字（0～9）；输入掩码为 9，可选择输入数字或空格；输入掩码为#，可选择输入数字或空格；输入掩码为 L，必须输入字母（A～Z），故选 B。

例 10 （单选题）用于检查错误的输入或不符合要求的输入的字段属性是（　　）。

A．“字段大小”属性　　B．“输入掩码”属性

C．“验证规则”属性　　D．“默认值”属性

解析：“字段大小”属性用于设置存储数据所占的大小，“输入掩码”属性用于设置数据的输入格式，“验证规则”属性用于设置输入数据时必须遵循的表达式规则，“默认值”

属性用于指定新记录的默认值，故选 C。

例 11 （单选题）如果一个字段在多数情况下取一个固定的值，那么可以将这个值设置成字段的（　　）。

A. 输入掩码　　B. 验证文本　　C. 默认值　　D. 关键字

解析：“默认值”属性用于指定新记录的默认值。在指定默认值后，当输入记录时，默认值会被自动输入到新记录的相应字段中，故选 C。

例 12 （单选题）用于设置数据的显示方式的字段属性是（　　）。（2022 年考试题）

A. 格式　　B. 字段大小　　C. 默认值　　D. 输入掩码

解析：“格式”属性用于设置数据的显示方式。对于不同数据类型的字段，其格式的选择有所不同，故选 A。

知识点四　对表中的记录进行操作

对表中的记录进行操作，主要是指浏览、添加、修改、删除、查找、替换，以及排序和筛选记录等基本操作。

这些操作一般在数据表视图中完成，因此要切换到数据表视图，其方法主要有以下几种。

（1）在导航窗格中选中“表”对象，在表列表中双击要打开的表。

（2）在导航窗格中选中“表”对象，在表列表中右击要打开的表，在弹出的快捷菜单中选择“打开”命令。

（3）如果在设计视图中，则可以单击“开始”→“视图”下拉按钮，在弹出的下拉列表中选择“数据表视图”选项，或者在状态栏的右下角单击相应的视图按钮进行切换。

通过使用以上任意一种方法切换到数据表视图，即可对表中的记录进行相应的操作。

1. 记录的添加（输入）、修改和删除

在数据表视图中，表以表格的方式展示，可以直接在表格中逐行添加数据记录。记录中各字段的数据类型不同，输入数据的方法也不同。

（1）常见数据类型的输入。

对于文本、数字、日期/时间、货币、是/否等类型的数据，用户可以直接在表中输入；对于自动编号类型的数据，用户不用输入，在添加记录时会自动输入。在输入记录时，如果某字段设置了默认值，则新记录的该字段使用默认值自动填充。

（2）OLE 对象数据类型的输入。

OLE 对象类型的数据使用“插入对象”命令输入。在“插入对象”对话框中有“新建”和“由文件创建”两个选项。选择“新建”选项，在对象类型列表中选择要创建的对象类型，单击“确定”按钮后，可根据所选择的对象类型自动打开相应的应用程序来创建对象文件。选择“由文件创建”选项，可将已存在的对象文件插入表。

（3）记录的修改和删除。

记录的修改和删除可以使用以下方法。

① 选中记录中要修改的字段，重新输入数据，即可对记录进行修改操作。

② 在行选择器中选中要删除的记录，单击“开始”→“记录”→“删除记录”按钮，或者用右键单击要删除的记录，在弹出的快捷菜单中选择“删除记录”命令，即可对记录

进行删除操作。

（4）操作中要注意的问题。

① 每输入一条记录，表都会自动添加一条新的空记录，并在该记录左侧的行选择器中显示一个“*”，表示这是一条新记录。

② 对于选中的准备输入的记录，在其左侧的行选择器中会出现黄色矩形标记➡，表示该记录为当前记录。

③ 对于正在输入的记录，在其左侧的行选择器中会显示铅笔标记✎，表示该记录正处于输入或编辑状态。

④ Access 2013 的 OLE 对象可以是位图、Excel 图表、PowerPoint 幻灯片、Word 图片等。图片的格式可以是 BMP（位图）、JPG 等，但只有 BMP 格式的图片可以在窗体中正常显示，因此在插入图片时，如果该图片不是 BMP 格式的，则需要将其转换为 BMP 格式。

2. 记录的查找和替换

（1）记录的查找。

单击“开始”→“查找”→“替换”按钮，打开“查找和替换”对话框。在“查找内容”文本框中输入要查找的内容，单击“查找下一个”按钮，光标将定位到要查找的内容的数据记录的位置。

在“查找和替换”对话框中，“查找范围”下拉列表用于确定是在整个表中查找数据还是在某个字段中查找数据；“匹配”下拉列表用于确定匹配方式，包括“整个字段”“字段的任何部分”“字段开头”3 种方式；“搜索”下拉列表用于确定搜索方式，包括“向上”“向下”“全部”3 种方式。

（2）记录的替换。

要修改表中多处相同的内容，可以使用查找和替换功能进行批量修改，方法如下。

单击“开始”→“查找”→“替换”按钮，打开“查找和替换”对话框。在“查找内容”文本框中输入要查找的内容，在“替换为”文本框中输入要替换的内容。单击“替换”按钮，可手动查找并替换内容；单击“全部替换”按钮，可自动将查找到的全部内容替换。

（3）通配符。

在查找时，可以使用通配符进行更快捷的搜索。Access 数据库提供的通配符及其含义如表 1-2-2 所示。

表 1-2-2 通配符及其含义

通配符	含义	示例
*	与任意多个字符匹配。在字符串中，它可以作为第一个或最后一个字符使用	St*可以找到 Start、Student 等所有以 St 开始的字符串数据
?	与单个字符匹配	b?ll 可以找到 ball、bell、bill 等字符串数据
[]	与方括号内任意单个字符匹配	b[ae]ll 可以找到 ball 和 bell，但是找不到 bill 等字符串数据
!	匹配不在方括号内的任意字符	b[!ae]ll 可以找到 bill，但是找不到 ball 和 bell 等字符串数据
-	与某个范围内的任意一个字符匹配，必须按升序指定范围	b[a-c]d 可以找到 bad、bbd、bcd
#	与任意单个数字字符匹配	2#0 可以找到 200、210、220 等字符串数据

3. 记录的排序

（1）排序的概念。

排序是指将表中的记录按照一个字段或多个字段的值重新排列。若字段值是从小到大排列的，则称为升序；若字段值是从大到小排列的，则称为降序。对于不同的字段类型，有不同的排序规则。

（2）排序的规则。

① 数字型字段按照数字大小排序，升序时从小到大排列，降序时从大到小排列。

② 英文字母型字段按照 26 个英文字母的顺序排列（不区分大小写），升序时按 A→Z 排列，降序时按 Z→A 排列。

③ 中文型字段按照汉语拼音字母的顺序排列，升序时按 a→z 排列，降序时按 z→a 排列。

④ 日期/时间型字段按照日期/时间的先后顺序排列，升序时按日期/时间从前到后排列，降序时按日期/时间从后到前排列。

⑤ 在 Access 2013 中，数据类型为长文本、超链接或 OLE 对象的字段不能排序。

⑥ 在短文本型字段中保存的数字将作为字符串，排序时按照 ASCII 值的大小来排列，而不按照数值的大小来排列。

⑦ 当字段内容为空时，其值最小。Access 中使用 NULL 来表示空值，空值不等于数值为 0，也不等于空字符串，空值表示字段的值未定，即还没有确定值。当记录按升序排列时，含有空字段（包含 NULL 值）的记录将排在第一位。如果字段中同时包含 NULL 值和空字符串，则包含 NULL 值的字段将在第一位显示，紧接着是空字符串。

4. 记录的筛选

（1）筛选的概念。

筛选是指仅显示那些满足某种条件的记录，而把不满足条件的记录隐藏起来的操作。

（2）筛选方式。

Access 2013 提供了 4 种筛选方式：使用公用筛选器筛选、按选定内容筛选、按窗体筛选和高级筛选。

① 使用公用筛选器筛选：公用筛选器是适合大多数数据类型的内置筛选器，提供特定数据的基本筛选功能。数据表中每个字段名右侧都会显示一个下拉按钮，单击该下拉按钮，就会打开公用筛选器，根据字段数据类型的不同，会有不同的筛选条件。

② 按选定内容筛选：按选定内容筛选是以数据表中的某个字段值为筛选条件的，从而将满足条件的值筛选出来，通过单击“开始”→“排序和筛选”→“选择”按钮来实现。

不同的筛选器提供了不同的选项。文本筛选器提供了“等于”“不等于”“包含”“不包含”等选项；数字筛选器提供了“等于”“不等于”“大于或等于”“小于或等于”“介于”等选项；日期筛选器提供了“等于”“不等于”“不晚于”“不早于”“介于”等选项。

③ 按窗体筛选：按窗体筛选可以为多个字段设置筛选条件。用户通常在相关的字段列表中选择某个字段值作为筛选的条件。当有多个筛选条件时，可以单击窗体底部的“或”标签确定字段之间的关系。

④ 高级筛选：高级筛选适用于较为复杂的筛选需求，用户可以为筛选指定多个筛选条件和准则，并对筛选出来的结果进行排序。

5. 数据表视图格式及行列操作

（1）设置数据表视图格式。

设置数据表视图格式包括设置数据表的样式、字体及字号，改变行高和列宽，调整背景色等，通常通过单击“开始”→“文本格式”选项组中对应的按钮进行设置。

（2）调整表的列宽和行高。

调整表的列宽和行高包含手动调节和通过参数调节两种方法。

- 手动调节：将光标移动到表中两个字段的列或两条记录的行交界处，当光标变成+或+形状后，单击并按住鼠标左键，向左、向右或向上、向下拖动即可调整列宽或行高。
- 通过参数调节：单击“表格工具/字段”→“记录”→“其他”下拉按钮，在弹出的下拉列表中选择“行高”或“字段大小”选项，打开“行高”或“列宽”对话框，在对话框中输入行高或列宽的参数，单击“确定”按钮。

（3）隐藏列和取消隐藏列。

当一个数据表中的字段较多，使得屏幕受限于宽度而无法显示表中的所有字段时，可以将那些不需要显示的列暂时隐藏起来。

- 隐藏列的方法：选中要隐藏的列，单击“开始”→“记录”→“其他”下拉按钮，在弹出的下拉列表中选择“隐藏字段”选项，即可隐藏选中的列。
- 取消隐藏列的方法：单击“开始”→“记录”→“其他”下拉按钮，在弹出的下拉列表中选择“取消隐藏字段”选项，并勾选要取消隐藏的列的复选框，单击“关闭”按钮。

在使用拖曳鼠标的方法来改变列宽时，当列右边界的分隔线超过左边界时，也可以隐藏该列。隐藏不是删除，只是不在屏幕上显示，当需要再次显示时，可以取消隐藏以恢复显示。

（4）冻结列和取消冻结列。

对于较宽的数据表，屏幕上无法显示其全部内容，给用户查看和输入数据带来了不便。此时可以使用冻结列功能将表中一部分重要的字段固定在屏幕上。

- 冻结列的方法：选中要冻结的列，单击“开始”→“记录”→“其他”下拉按钮，在弹出的下拉列表中选择“冻结字段”选项，即可将选中的列冻结在表格的最左边。
- 取消冻结列的方法：单击“开始”→“记录”→“其他”下拉按钮，在弹出的下拉列表中选择“取消冻结所有字段”选项。

考点 5：表的视图

例 13 （单选题）可以对表中的记录进行添加、修改和删除的视图是（　　）。

A．表的数据表视图　　B．表的设计视图

C．窗体的设计视图　　D．报表的设计视图

解析：对表中的记录进行操作，主要是指浏览、添加、修改、删除、查找、替换，以及排序和筛选记录等基本操作，这些操作一般在数据表视图中完成，故选 A。

考点 6：记录的查找和替换操作

例 14 （单选题）在“查找和替换”对话框中，不属于“搜索”列表框使用的方式是（　　）。

A．向上　　B．向下　　C．全部　　D．字段开头

解析：在“查找和替换”对话框中，“搜索”下拉列表用于确定搜索方式，包括“向上”“向下”“全部” 3 种方式，故选 D。

例 15 （单选题）在查找和替换操作中可以与多个字符匹配的通配符是（ ）。

A. * B. ? C. ! D. #

解析：在查找和替换操作中*与任意多个字符匹配。在字符串中，它可以作为第一个或最后一个字符使用，故选 A。

例 16 （单选题）在查找和替换操作中，当输入查找内容“PC-？”时，正确的搜索记录是（ ）。

A. PC-02 B. PC-stu

C. PC-teacher D. PC-a

解析：在查找和替换操作中“？”与单个字符匹配，因为有且仅一个字符，故选 D。

考点 7：记录的排序

例 17 （单选题）将数据表中的记录按照一个字段或多个字段的值重新排列需要（ ）。

A. 排序 B. 筛选 C. 查找 D. 替换

解析：排序是指将表中的记录按照一个字段或多个字段的值重新排列，故选 A。

例 18 （单选题）在对文本类型字段进行升序排序时，假设该字段存在这样 4 个值：100、22、18、3，则最后排序的结果是（ ）。

A. 100 22 18 3 B. 3 18 22 100

C. 100 18 22 3 D. 18 100 22 3

解析：在短文本型字段中保存的数字是字符串，排序时按照 ASCII 值的大小来排序，而不按照数值的大小来排序，故选 A。

例 19 （单选题）某数据表中有 5 条记录，其中“姓名”为文本型字段，其值分别为 Mike、John、Tom、Sam，若该字段的值进行降序排序，则排序后的顺序应为（ ）。

A. Mike John Sam Tom B. Tom Sam Mike John

C. Sam Mike John Tom D. John Tom Mike Sam

解析：英文字母型字段按照 26 个英文字母的顺序排列（不区分大小写），升序时按 A→Z 排列，降序时按 Z→A 排列，故选 B。

例 20 （单选题）下列关于空值的叙述错误的是（ ）。

A. 空值等同于空字符串 B. 空值表示字段还没有确定值

C. Access 使用 NULL 来表示空值 D. 空值不等于数值 0

解析：Access 中使用 NULL 来表示空值，空值不等于数值为 0，也不等于空字符串，空值表示字段的值未定，即还没有确定值，故选 A。

考点 8：记录的筛选

例 21 （单选题）以数据表中的某个字段值为筛选条件，将满足条件的值筛选出来，这种筛选记录的方式是（ ）。

A. 按选定内容筛选 B. 高级筛选

C. 公用筛选器 D. 按窗体筛选

解析：按选定内容筛选是以数据表中的某个字段值为筛选条件的，从而将满足条件的值筛选出来，故选 C。

考点 9：数据表的行列操作

例 22 （单选题）在 Access 2013 中，不显示数据表中的某些字段的操作是（ ）。

A．筛选 B．冻结 C．删除 D．隐藏

解析：当一个数据表中的字段较多，使得屏幕受限于宽度而无法全部显示表中的所有字段时，可以将那些不需要显示的列暂时隐藏起来，故选 D。

例 23 （单选题）当数据表字段数较多、宽度较宽时，为了方便查看和输入数据，可以将一部分重要的字段固定在屏幕上的操作是（ ）。

A．筛选 B．查找

C．排序 D．冻结列

解析：对于较宽的数据表，屏幕上无法显示其全部内容，给用户查看和输入数据带来了不便，此时可以使用冻结列功能将表中一部分重要的字段固定在屏幕上，故选 D。

知识点五 设置并编辑表间关系

1．表间关系的相关概念

（1）关系的概念。

关系是在两个表的字段之间所建立的联系。数据库表间的数据能够通过关系联系起来，形成“有用”的数据，以便应用到查询、窗体和报表等数据库对象中。

（2）关系的类型。

表间关系有 3 种类型：一对一关系、一对多关系、多对多关系。

① 一对一关系：若 A 表中的每条记录只能与 B 表中的一条记录相匹配，同时 B 表中的每条记录也只能与 A 表中的一条记录相匹配，则 A 表与 B 表为一对一关系。这种关系类型不常用，因为大多数与此相关的信息都在一个表中。

② 一对多关系：若 A 表中的一条记录能与 B 表中的多条记录相匹配，但 B 表中的一条记录仅能与 A 表中的一条记录相匹配，则 A 表与 B 表为一对多关系。A 表称为“一”方，B 表称为“多”方，“一”方的表称为主表，“多”方的表称为子表。

③ 多对多关系：若 A 表中的一条记录能与 B 表中的多条记录相匹配，同时 B 表中的一条记录也能与 A 表中的多条记录相匹配，则 A 表与 B 表为多对多关系。

（3）参照完整性。

由于设置参照完整性能确保相关表中各记录之间关系的有效性，并且能确保不会意外删除或更改相关的数据，因此在建立表间关系时，一般应实施参照完整性检查。

① 级联更新相关字段：在修改关联字段时，执行参照完整性检查。如果使用此功能修改主表关联字段，则子表中有关联记录，会自动修改关联字段；如果不使用此功能，则不允许修改子表中的关联字段。同样，在修改子表关联字段时，使用此功能也可以检查主表中是否有关联记录，并执行相应的操作。

② 级联删除相关记录：在删除主表中的记录时，执行参照完整性检查。如果使用此功能删除主表中的记录，则会自动删除相关子表中的记录；否则，仅删除主表中的记录。

2．表间关系的建立和维护

表间关系的建立和维护在关系窗口中进行，单击“数据库工具”→“关系”按钮，可以打开关系窗口。

（1）关系窗口。

默认的关系窗口是空的，表示没有建立任何关系。在建立关系之前，需要将表添加到关系窗口中。在添加表之前，要打开“显示表”对话框。打开“显示表”对话框的方法如下。

① 单击“关系工具/设计”→“关系”→“显示表”按钮。

② 用右键单击关系窗口的空白处，在弹出的快捷菜单中选择“显示表”命令。

使用以上任意一种方法都可以打开“显示表”对话框。在该对话框中选择表，单击“添加”按钮或双击表名称，即可将表添加到关系窗口中，重复操作即可添加多个表。

（2）隐藏和显示表。

如果不想在关系窗口中显示某个表，则可以将其从关系窗口中删除或隐藏。方法如下：先选中表，再直接按“Delete”键，将表从关系窗口中删除。用右键单击关系窗口的空白处，在弹出的快捷菜单中选择“显示表”命令，可以有选择地显示表。如果选择“全部显示”命令，则可以把表全部显示出来。如果单击“关系工具/设计”→“工具”→“清除布局”按钮，则可以将关系窗口中的所有表及设定的关系都清空。

（3）建立和修改表间关系。

将表添加到关系窗口中即可建立表间关系。

① 添加关系连接线。

将主表字段列表中的字段拖动到子表字段列表中的关联字段上，打开“编辑关系”对话框，勾选“实施参照完整性”复选框，单击“创建”按钮，即可建立关系。在关系建立完成后，建立了表间关系的表之间有一条连接线，线的两端会显示符号“1”和“∞”。其中，“1”表示关系的“一”方，“∞”表示关系的“多”方。

② 关系的修改和删除。

双击连接线，即可在“编辑关系”对话框中对关系进行编辑和修改。直接删除关系连接线，即可删除关系，或者用右键单击关系连接线，在弹出的快捷菜单中选择“删除”命令也可以删除关系。

考点 10：表间关系

例 24 （单选题）在一个数据库中存在着若干个表，这些表之间通过（　　）建立关系。（2019 年考试题）

A．最后一个字段　　B．第一个字段

C．相同字段　　D．任意字段

解析： 关系是在两个表的字段之间所建立的联系。通过关系，数据库表间的数据能够联系起来，形成“有用”的数据，以便应用到查询、窗体和报表等数据库对象中，故选 C。

例 25 （单选题）若表 A 中的一条记录与表 B 中的多条记录相匹配，且表 B 中的一条记录只能与表 A 中的一条记录相匹配，则表 A 与表 B 存在的关系是（　　）。（2022 年考试题）

A．一对多　　B．一对一　　C．多对一　　D．多对多

解析： 若表 A 中的一条记录能与表 B 中的多条记录相匹配，但表 B 中的一条记录仅能与表 A 中的一条记录相匹配，则表 A 与表 B 为一对多关系，故选 A。

同步练习

一、选择题

1．Access 数据库的同一表中，一定相同的是（　　）。

A．字段名称　　B．不同字段的数据类型

C．属性名称　　D．同一字段的数据类型

2．在 Access 2013 中，数据库的创建是通过（　　）中的“新建”命令创建的。

A．“文件”选项卡　　B．“开始”选项卡

C．“创建”选项卡　　D．“数据库工具”选项卡

3．打开的数据库文件只能浏览而不能编辑和修改，应以（　　）方式打开。

A．独占只读　　B．独占

C．只读　　D．直接打开

4．使用表设计视图定义表中字段时，不是必须设置的内容是（　　）

A．字段属性　　B．字段名称

C．说明　　D．数据类型

5．以下不属于 Access 2013 数据类型的是（　　）。

A．备注类型　　B．货币类型　　C．是/否类型　　D．长文本类型

6．在数据表中只能存放两个值中任意一个的数据类型是（　　）。

A．文本　　B．OLE 对象　　C．数据　　D．是/否

7．小明参加百米比赛，他的成绩为 13 秒 25，如果在数据表中保存成绩，则最好用（　　）字段表示。

A．日期/时间类型　　B．数字类型

C．时间类型　　D．OLE 对象类型

8．某数据库的表中要添加 Internet 站点的网址，应该选择的数据类型是（　　）。

A．OLE 对象　　B．超链接　　C．短文本　　D．自动编号

9．允许用户向记录附加图片和其他文件，并能对其进行压缩的数据类型应当为（　　）。

A．附加　　B．长文本　　C．货币　　D．OLE 对象

10．如果在创建的表中建立“总金额”字段，要求该字段显示￥符号，则其数据类型应当为（　　）。

A．文本　　B．货币　　C．日期　　D．数字

11．要将 1KB 的纯文本存入一个字段，应选用的数据类型是（　　）。

A．短文本　　B．长文本　　C．OLE 对象　　D．附件

12．在 Access 中，字段中存储不需要计算的数字时，应该使用（　　）数据类型。

A．数字　　B．短文本

C．日期/时间　　D．自动编号

13．OLE 对象数据类型的字段存放二进制数据的方式是（　　）。

A．链接　　B．嵌入

C．链接或嵌入　　D．不能存放二进制数据

14. 在“成本表”中有字段：装修费、人工费、水电费和总成本。其中，总成本=装修费+人工费+水电费，在建表时应将字段“总成本”的数据类型定义为（　　）。

A. 数字　　B. 单精度　　C. 货币　　D. 计算

15. 在 Access 中，若要使用一个字段保存多个图像、图表、文档等文件，应该设置的数据类型是（　　）。

A. OLE 对象　　B. 查阅　　C. 超链接　　D. 附件

16. 以下不可以计算的字段类型是（　　）。

A. 文本　　B. 日期/时间　　C. 货币　　D. 自动编号

17. 下列字段名称的设置规则，错误的是（　　）。

A. 不能包含空格　　B. 字段名称长度为 1～64 个字符

C. 可以包含数字和其他字符　　D. 不能包含英文的“!”符号

18. 在修改字段的字段类型或字段大小的时候，以下（　　）操作会使存储的数据发生变化。

A. 把数字数据类型由整型改为单精度型

B. 把文本型改为长文本型数据

C. 把文本型字段大小由 255 改为 125

D. 对字段名进行修改

19. 关于字段属性，以下说法正确的是（　　）。

A. 当没有设置字段标题属性时，系统默认字段名称就是字段标题

B. 默认值是用户输入新记录时自动输入的字段值，目的是减少数据输入的重复性

C. 设置字段有效性规则可以对所输入的字段内容进行限制

D. 查阅向导可以应用于“文本”“数字”“是/否”“日期/时间”等数据类型的字段

20. 在设置输入数据时必须遵守的表达式规则，确保输入数据的合理性，防止非法数据输入的属性是（　　）。

A. 格式　　B. 默认值　　C. 验证规则　　D. 输入掩码

21. 在数据表中，要限制年龄字段的取值范围是 10～20（包括 10 和 20），则在字段的“验证规则”属性框中应输入（　　）。

A. >=10OR<=20　　B. >=10and<=20

C. Between (10,20)　　D. In (10,20)

22. 在字段的属性中，（　　）属性用来确定数据的显示方式和打印方式。

A. 字段大小　　B. 格式　　C. 标题　　D. 输入掩码

23. 在 Access 2013 中，为验证一个字段而设置的表达式是（　　），如果多个字段需要验证，则要用（　　）设置对应的字段属性。

A. 字段大小，输入掩码　　B. 字段大小，验证文本

C. 验证规则，输入掩码　　D. 字段验证规则，表的验证规则

24. 若要求设置数据的输入格式，在文本框中输入文本时获得密码“*”的显示效果，则应设置的属性是（　　）。

A. 默认值　　B. 标题　　C. 密码　　D. 输入掩码

25. 要求一个日期类型字段的数值显示为“2023 年 6 月 8 日”，则在“常规”选项卡的“格式”列表中选择（　　）。

A．常规日期　　B．长日期　　C．中日期　　D．短日期

26．在 Access 中，“输入掩码向导”可以为（　　）字段设置“输入掩码”。

A．备注型和日期/时间型　　B．文本型和日期/时间型

C．文本型和是/否型　　D．自动编号型和货币型

27．“学号”字段含有 1、2、3…，在设置数据类型时，可以设置该字段为数字类型，也可以设置该字段为（　　）类型。

A．短文本　　B．OLE 对象　　C．日期/时间　　D．长文本

28．可以设置“字段大小”属性的数据类型是（　　）。

A．OLE 对象　　B．超链接　　C．短文本　　D．自动编号

29．对于要求输入固定格式的数据，如电话号码 0371-********，应定义字段的（　　）。

A．“格式”属性　　B．“默认值”属性

C．“输入掩码”属性　　D．“字段验证规则”属性

30．在设计表时，若将输入掩码属性设置为“LLLL”，则能接收的输入是（　　）。

A．abCd　　B．aBc　　C．AB+C　　D．Abc5

31．对表中某个字段建立索引时，若其值无重复，则应选择（　　）索引。

A．主键　　B．有（无重复）　　C．无　　D．有（有重复）

32．如果某个字段的值大多数都一样，希望通过修改表结构提高数据录入效率，则应设置字段的（　　）。

A．关键字　　B．默认值　　C．验证文本　　D．输入掩码

33．在数据表中，其值能唯一标识一条记录的一个字段或多个字段的组合是（　　）。

A．字段　　B．主键　　C．标题　　D．属性

34．人员基本信息一般包括身份证号、姓名、性别、年龄等，其中可以作为主键的是（　　）。

A．身份证号　　B．姓名　　C．性别　　D．年龄

35．关于主键，下列说法错误的是（　　）。

A．数据库中每个表都必须有一个主键字段

B．主键可以是一个字段，也可以是一组字段

C．主键字段的值是唯一的

D．主键字段中不允许有重复值和空值

36．在使用表向导创建表时，如果选择系统自动设置主键，则会添加一个（　　）类型的字段作为主键，在输入数据时，该类型字段自动填入（　　）数字。

A．自动编号，阿拉伯序列　　B．短文本，001

C．自动编号，001　　D．自动编号，00X

37．定位到同一个字段第一条记录中的快捷键是（　　）。

A．“Home”　　B．“↑”

C．“Ctrl+↑”　　D．“Ctrl+Home”

38．对数据表中的记录进行操作时，如果记录行选择器中显示一个*号，则表示（　　）。

A．这是一条新记录　　B．该记录为当前记录

C．该记录正处于输入或编辑状态　　D．这是一条有数据内容的记录

39. 在 Access 中，利用“查找和替换”对话框可以查找满足条件的记录，要查找当前字段中所有第一个字符为“y”、最后一个字符为“w”的数据，下列选项中正确使用通配符的是（　　）。

A. y[abc]w　　B. y*w　　C. y?w　　D. y#w

40. 在查找和替换操作中，可以与多个字符匹配的通配符是（　　）。

A. *　　B. ？　　C. !　　D. #

41. 在查找和替换操作中，当输入查找内容为 pc-?时，正确的搜索记录是（　　）。

A. pc-02　　B. pc-stu　　C. pc-teacher　　D. pc-a

42. 在“查找和替换”对话框中不属于“搜索”列表框使用的方式是（　　）。

A. 向上　　B. 向下　　C. 全部　　D. 字段开头

43. 通配符“#”的含义是（　　）。

A. 与任何单个字符匹配　　B. 与任何单个数字字符匹配

C. 与任何个数的字符匹配　　D. 与任何多个字符匹配

44. 在查找和替换操作中，可以使用通配符，要查找包含双引号""的记录，在“查找内容”文本框中应输入的内容是（　　）。

A. [""]　　B. ""　　C. *[""]*　　D. like""

45. 满足准则 like"[!洛阳,开封,许昌]"能查到（　　）。

A. 洛阳　　B. 开封　　C. 许昌　　D. 信阳

46. 数据表中不能进行排序操作的数据类型是（　　）。

A. 数字　　B. 短文本　　C. 日期/时间　　D. 超级链接

47. 将数据表中的记录按照一个字段或多个字段的值重新排列，需要用（　　）。

A. 排序　　B. 筛选　　C. 查找　　D. 替换

48. 在对文本类型字段进行降序排序时，假设该字段有四个值：100、22、18、3，则最后排序的结果是（　　）。

A. 100 22 18 3　　B. 3 22 18 100　　C. 100 18 22 3　　D. 18 100 22 3

49. 以下关于空值的叙述中，错误的是（　　）。

A. 空值表示字段还没有确定的值　　B. Access 使用 NULL 来表示空值

C. 空值等于空字符串　　D. 空值不等于数值 0

50. 在 Access 中，关于排序的说法错误的是（　　）。

A. 不同的字段类型，有不同的排序规则

B. Access 2013 中数据类型为长文本、超链接或 OLE 对象的字段不能排序

C. 短文本类型的数字是按照数值的大小来排列的

D. 日期/时间类型降序时按日期时间从后到前排序

51. 筛选图书编号是“01”或“02”的记录，可以在条件行中输入（　　）。

A. "01"and"02"　　B. notin("01","02")

C. in ("01" , "02")　　D. not ("01" and "02")

52. 以数据表中的某个字段值为筛选条件，将满足条件的值筛选出来的筛选方式称为（　　）。

A. 按选定内容筛选　　B. 高级筛选

C. 使用公用筛选器筛选　　D. 按窗体筛选

53．在已经建立的数据表中，若在显示表中内容时使某些字段不能移动显示位置，可以使用的方法是（　　）。

A．排序　　B．筛选　　C．隐藏　　D．冻结

54．在 Access 中，不显示数据表中的某些字段的操作是（　　）。

A．筛选　　B．冻结　　C．删除　　D．隐藏

55．若要筛选数据表中“性别”为“女”的记录，下列方法错误的是（　　）。

A．将光标定位到“性别”字段中的“女”字，单击右键，在打开的快捷菜单中选择“等于”“女”选项

B．在“性别”字段任意单元格中右键单击，单击“文本筛选器”→“等于”选项，在打开的对话框中输入“女”后按“确定”按钮

C．选择“性别”为“男”的记录，单击工具栏上的“删除记录”按钮

D．单击“开始”→“排序和筛选”→“高级”下拉按钮，选择“按窗体筛选”选项，在“性别”字段对应的单元格的下拉列表框中，选择“女”再单击“切换筛选”按钮

56．在 Access 中，能显示满足某种条件的数据记录，把不满足条件的记录隐藏起来的是（　　）。

A．筛选　　B．冻结　　C．删除　　D．隐藏

57．关于改变数据表的外观，下列说法错误的是（　　）。

A．表的每一列的列宽可以不同

B．表的每一行的行高都相同

C．隐藏的字段将被删除

D．冻结后的字段将被固定在表的最左侧

58．在数据表视图方式下，更改数据表的显示方式，这些内容包括（　　）。

（1）冻结和取消冻结行。

（2）改变字体、字型、字号。

（3）改变单元格效果。

A．（1）（2）　　B．（1）（3）　　C．（1）（2）（3）　　D．（2）（3）

59．在“关系”窗口中，表间关系的连线两端显示符号“1”和“∞”，则说明建立的表间关系是（　　）。

A．一对一　　B．一对多　　C．多对多　　D．任意关系

60．要在一对多关系中，更改一方的原始记录后，另一方立即更改，应启动（　　）。

A．实施参照完整性　　B．级联更新相关字段

C．级联删除相关记录　　D．以上都不是

三、判断题

1．Access 2013 中数据库文件的“新建”操作是在“文件”选项卡中进行的。（　　）

2．空数据库是指数据表记录为空的数据库。（　　）

3．取消冻结字段后，被冻结的字段回到原来的位置。（　　）

4．在创建了表的结构以后，表中字段不可以更改。（　　）

5．一般情况下，在浏览数据表记录时，列标题显示的是字段名称。（　　）

6．在 Access 2013 中，直接使用“创建”-“表”创建新表时，系统会自动添加一个自动编号类型的字段。（　）

7．在 Access 2013 中，数字型字段大小默认为长整型。（　）

8．在 Access 中，“是/否”类型的数据值是“是”或“否”。（　）

9．如果在表中创建字段“性别”，要求数据值为“男”或“女”，那么其数据类型应当为“是/否”型。（　）

10．在 Access 2013 中，数据库文件的扩展名为.mdb。（　）

11．长文本数据类型在 Access 2013 中最多能存储 1GB 的字符。（　）

12．表中任何类型的字段都可以设置默认值属性。（　）

13．如果设置了字段的默认值，则该字段的值就固定不变了。（　）

14．每个表中最多包含 1 个自动编号型字段。（　）

15．要确保输入的联系电话的数据值只能为 8 位数字，可以通过设置字段的输入掩码的属性实现。（　）

16．学生表中“姓名”字段的数据类型为短文本，字段大小为 10，在输入姓名时，最多可以输入的汉字数为 10 个。（　）

17．货币型数据所占存储空间大小为 8 个字节。（　）

18．在成绩表中有字段：“平时成绩”“期中考试”“期末考试”“总评成绩”。其中，总评成绩=平时成绩＋期中考试×20%＋期末考试×70%，在建表时应将字段“总评成绩”的数据类型定义为单精度型。（　）

19．自动编号类型的数据记录一定是从 1 开始计数的。（　）

20．Access 数据库的一个关系中可能存在多个关键字。（　）

21．有重复值的字段不能建立索引。（　）

22．将字段的索引设置为“有”（无重复），就可以限制输入的记录值不能重复。（　）

23．日期/时间类型数据必须前后都用“#”。（　）

24．在数据表视图中，若需要在原有字段的前面插入新字段，就直接在字段名称列的最后一列单击，即可在数据表中添加新字段。（　）

25．要设置表中多个字段的组合为主键，在按住“Ctrl”键的同时，分别单击字段左侧的按钮即可。（　）

26．如果将某字段设置为主键，则该字段不允许是 NULL 值。（　）

27．Access 2013 中，向表中添加记录时，不同的数据类型记录的添加方法都相同。（　）

28．在 Access 2013 的数据表中删除一条记录，被删除的记录可以通过按“Ctrl+Z”组合键执行撤回操作恢复该条记录。（　）

29．当字段被删除后，如果表中有数据，则会同时删除该字段中的全部数据。（　）

30．“OLE 对象”类型的数据没有“格式”属性。（　）

31．在数据表的“查找”操作中，通配符“ - ”的含义是匹配指定范围内的任意单个数字字符。（　）

32．在“查找和替换”对话框中输入“2#1”，可以找出 201、2e1。（　）

33．查找和替换操作是在表的数据表视图中进行的。（ ）

34．在“查找和替换”对话框中，“查找范围”下拉列表用于确定是在整个表中查找数据还是在某个字段中查找数据。（ ）

35．在“查找和替换”对话框中，“查找范围”的“匹配”列表框用来确定匹配方式，包括“向上”“向下”“全部”3 种方式。（ ）

36．在 Access 2013 中，英文字母数据按照 26 个英文字母的顺序排序。（ ）

37．Access 2013 中数据类型为长文本、超链接或 OLE 对象的字段不能排序。（ ）

38．当字段内容为空时，值最小。当记录按升序排序时，含有空字段（包含 NULL 值）的记录排在第一位。（ ）

39．对记录按录入日期降序排序，最新的记录显示在前。（ ）

40．在数据表视图中进行冻结列操作的目的是保持对应字段值在数据表视图中不可修改。（ ）

41．在表的数据表视图中，可通过双击字段的右边界来自动调整列宽。（ ）

42．可以为表中的部分数据设置特定的字体和颜色。（ ）

43．如果一个数据表和其他数据表之间建立了关系，那么在查看该数据表中的记录时，每一行都有一个“+”图标。（ ）

44．在关系型数据中，已创建的表间关系不能删除。（ ）

45．在“关系”窗口中，所有以粗体显示的字段名称都是主键。（ ）

46．已知火车票实行实名购票方式，2023 年 6 月 15 日 G80 次列车 5 车 1A 号，身份证和火车票的关系为一对一关系。（ ）

47．Access 2013 中的关系指的是二维表，表间关系是指在两个表的字段之间所建立的联系。（ ）

48．在两表之间建立关系，并实施参照完整性操作时，不能随意更改两表的主键。（ ）

49．在创建表间关系时选择了“级联删除相关记录”选项，如果删除父表记录，那么与之相关的子表记录也会被自动删除。（ ）

50．如果在参照完整性设置中勾选“级联更新相关记录”复选框，则在更改主表记录时，相关字段的值和主表的主键值相同的记录将被同步修改。（ ）

三、简答题

1．写出启动 Access 2013 的方法（至少两种）。

2．数据库打开的方式有哪几种？

3．写出 Access 2013 中数字、货币、自动编号、计算字段等数据类型的功能特点。

4．简述表的视图方式及其功能。

5．什么是主键？Access 2013 中主键有哪些特征？

6．字段验证规则和记录验证规则有什么不同？

7．通配符“？”“*”“#”各有什么作用？

8．记录的排序和筛选各有什么作用？Access 2013 提供了 3 种公用筛选器，分别是什么？

9．对表中的记录按照字段排序时，不同类型的字段是如何排序的？

10．为什么要隐藏字段？使用拖曳鼠标的方法，怎样隐藏字段列？

11．什么是表间关系？简述 Access 2013 中两张表之间建立关系的前提。

12．假设表 A 和表 B 建立表间关系，什么是一对多关系？什么是多对多关系？

13．为什么在设置表间关系时会实施参照完整性检查？

四、操作题

1．在“商品进销存管理系统”中，已经建立员工表，表结构如下：

员工（员工号、姓名、性别、职务、出生日期、联系电话、邮编、电子邮箱、简历）。

请在 Access 2013 中，按照下列要求写出详细的操作步骤。

（1）设置“性别”字段的默认值为“男”。设置“联系电话”字段的标题为“联系方式”，设置该字段只能输入 8 位阿拉伯数字。

（2）设置“电子邮箱”字段必须输入包含@符号的数据。

2．在“进销存管理”数据库中，已经建立员工信息表，表结构如下：

员工（员工编号、姓名、性别、出生日期、学历、入职时间、联系电话）。

请在 Access 2013 数据库中，完成对员工信息表的记录数据进行筛选，要求如下：

（1）先筛选出“员工”表中“女”员工的记录；

（2）然后再筛选出 2019 年以前入职的“女”员工的记录。

根据上述要求，写出筛选记录的详细步骤。

项目三

查询的创建与应用

思维导图

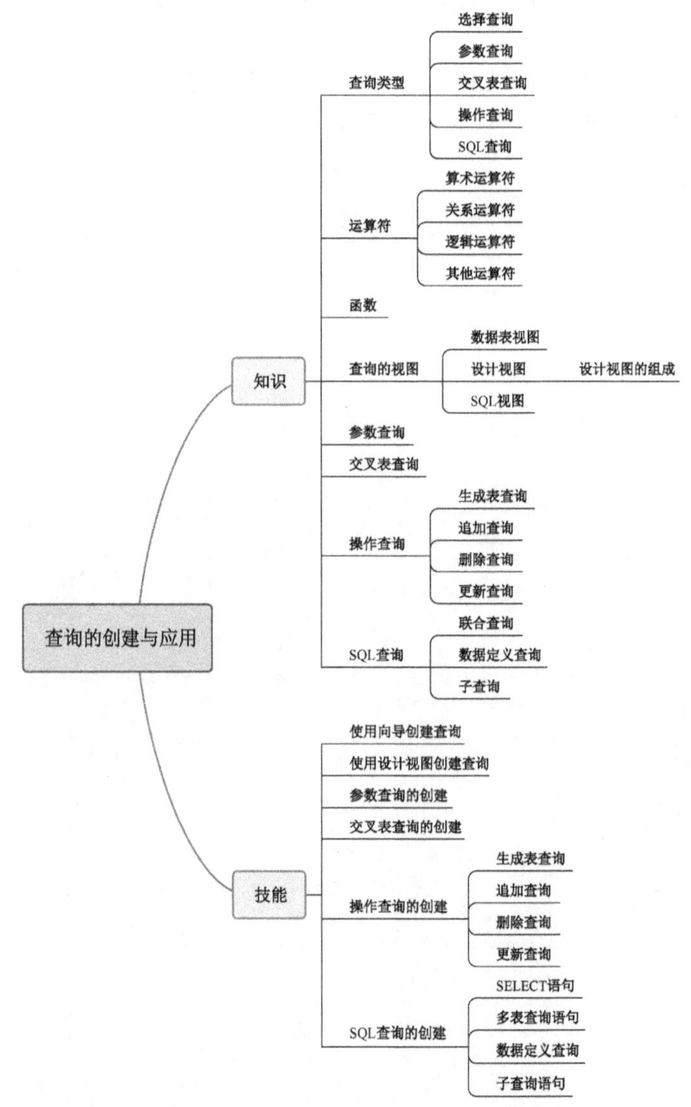

复习要求

1. 熟练掌握查询的概念和查询的类型；
2. 熟练掌握使用查询向导创建查询的操作方法；
3. 熟练掌握使用设计视图创建、修改查询的方法；
4. 熟练掌握查询条件的设置方法；
5. 熟练掌握选择查询、参数查询、交叉表查询和操作查询的创建方法及操作；
6. 了解 SQL 的概念；
7. 熟练掌握 SELECT 语句的基本格式，实现建立简单查询、条件查询、分组统计、多表连接的功能；
8. 了解 SQL 数据定义查询的使用方法；
9. 了解 SQL 创建子查询的方法。

考点详解

知识点一　查询的基本概念

查询是 Access 数据库的重要对象，是用户按照一定条件从 Access 数据库表或已建立的查询中检索所需数据的主要方法。查询不仅可以根据指定的条件对表或其他查询进行检索，筛选符合条件的记录，构成一个新数据集合，还可以对数据进行更改、添加、删除等操作，以便对数据库表进行管理。

1. 查询的类型

根据对数据源的操作方式和操作结果，Access 2013 中的查询分为 5 种类型：选择查询、参数查询、交叉表查询、操作查询和 SQL 查询。

（1）选择查询：根据指定的查询条件，从一个或多个表中获取满足条件的数据，并按指定顺序显示数据。选择查询还可以对记录进行分组，并可以计算数据的总和与平均值，以及进行不同类型的计算。

（2）参数查询：这是一种交互式的查询类型，可以提示用户输入查询信息，并根据用户输入的查询信息来检索记录。例如，它可以提示用户输入两个日期，并检索这两个日期之间的所有记录。使用参数查询的结果作为窗体、报表和数据访问页的数据源，可以方便地显示或打印查询的信息。

（3）交叉表查询：对来源于某个表中的字段进行分组，一组列在数据表的左侧，另一组列在数据表的上部，并在数据表的行与列的交叉处显示表中某个字段的各种计算值。例如，计算数据的平均值或总和等。

（4）操作查询：用于对记录进行复制和更新的查询。Access 数据库中包括 4 种类型的操作查询，即生成表查询、追加查询、删除查询和更新查询。

（5）SQL（Structured Query Language）查询：直接使用 SQL 语句创建的查询。SQL 查询包括 4 种类型，即联合查询、传递查询、数据定义查询和子查询。

2. 查询的条件设置

（1）查询条件及运算符。

① 查询条件。

在创建查询时，有时需要对查询记录中的某个或多个字段进行限制，这时就要将限制条件添加到字段上，只有完全满足限制条件的记录才能被显示出来。

一个字段可以有多个限制条件，每个限制条件之间可以用逻辑符号来连接。例如，当限制条件为“数量”字段的值小于或等于 5 且大于 0 时，只需在“数量”字段对应的条件单元格中输入“<=5 And >0”即可。

在输入条件时，要使用一些特定的运算符、数据、字段名和函数，这些运算符、数据、字段名和函数等组合在一起称为表达式，输入的条件称为条件表达式。

查询中通常有两种情况需要书写表达式。

- 用表达式表示一个查询条件，如[数量]<5。
- 在查询中添加新的计算字段。例如，“商品成本价：[商品单价]×(1+ 0.30)”，其含义是“商品单价”为计算字段，字段的标题为“商品成本价”。

每个表达式都有一个计算结果，这个结果称为表达式的返回值。表示查询条件的表达式的返回值只有两种：True（真）或 False（假）。

② 算术运算符。

算术运算符只能对数字型数据进行运算。表 1-3-1 列出了 Access 数据库中可以使用的算术运算符。

表 1-3-1 算术运算符

运 算 符	描 述	例 子
+	两个操作数相加	12+23.5
-	两个操作数相减	45.6−30
*	两个操作数相乘	45*68
/	用一个操作数除以另一个操作数	23.6/12.55
\	用于两个整数的整除	5\2
Mod	返回整数相除时所得到的余数	27 Mod 12
^	指数运算	5^3

说明：

\: 整除运算符。当使用整除运算符时，带有小数部分的操作数将被四舍五入为整数，在结果中小数部分将被截断。

Mod: 该运算符返回整除的余数。例如，13 Mod 3 返回 1。

^: 指数运算符，也称为乘方运算符。例如，2^4 返回 16（即 2 × 2 × 2 × 2）。

③ 关系运算符。

关系运算符也称为比较运算符，使用关系运算符可以构建关系表达式，表示单个条件。关系运算符用于比较两个操作数的值，并根据两个操作数和运算符之间的关系返回一个逻辑值（True 或 False）。表 1-3-2 列出了 Access 数据库中可以使用的关系运算符。

表 1-3-2 关系运算符

关系运算符	描 述	例 子	结 果
<	小于	123<1000	True
<=	小于或等于	5<=5	True
=	等于	2=4	False
>=	大于或等于	1234>=456	True
>	大于	123>123	False
<>	不等于	123<>456	True

④ 逻辑运算符。

逻辑运算符通常用于将两个或多个关系表达式连接起来，表示多个条件，其结果也是一个逻辑值（True 或 False）。表 1-3-3 列出了 Access 数据库中可以使用的逻辑运算符。

表 1-3-3 逻辑运算符

逻辑运算符	描 述	例 子	结 果
And	逻辑与	True And True	True
		True And False	False
Or	逻辑或	True Or False	True
		False Or False	False
Not	逻辑非	Not True	False
		Not False	True

在为查询设置多个条件时，有以下两种写法。

- 将多个条件写在设计网格的同一行，表示 And 运算；将多个条件写在不同行，表示 Or 运算。
- 直接在条件单元格中书写逻辑表达式。

⑤ 其他运算符。

除了使用关系运算符和逻辑运算符来表示条件，还可以使用 Access 数据库提供的功能更强的其他运算符进行条件设置。表 1-3-4 列出了 Access 数据库中可以使用的其他运算符。

表 1-3-4 其他运算符

其他运算符	描 述	例 子
Is	和 Null 一起使用，确定某值是 Null 还是 Not Null	Is Null，Is Not Null
Like	查找指定模式的字符串，可使用通配符“*”和“？”	Like"jon*"，Like"FILE???? "
In	确定某个字符串是否为某个值列表中的成员	In("CA"，"OR"，"WA")
Between	确定某个数字值或日期值是否在给定的范围内	Between 1 And 5

例如，逻辑运算“[数量]>=5 And [数量]<=50”可改写为“[数量] Between 5 And 50”，这两种写法是等价的。

（2）常用函数。

查询表达式中还可以使用函数，表 1-3-5 列出了 Access 数据库中的常用函数。

表 1-3-5 常用函数

函　数	描　述	例　子	返 回 值
Date()	返回当前的系统日期	Date()	2006/7/15
Day()	返回 1～31 的一个整数	Day(Date)	15
Month()	返回 1～12 的一个整数	Month(#1998-7-15#)	7
Now()	返回系统时钟的日期和时间值	Now()	2006/7/15 5:10:10
Weekday()	以整数的形式返回相应的某个日期为星期几（星期日为 1）	Weekday(#1998/7/15#)	4
Year()	返回日期/时间值中的年份	Year(#1998/7/15#)	1998
Len()	获得文本的字符数	Len("数据库技术")	5
Left()	获得文本左侧指定字符个数的文本	Left("数据库技术",3)	“数据库”
Right()	获得文本右侧指定字符个数的文本	Right("数据库技术",3）	“库技术”
Mid()	获得文本中从指定位置开始的特定数目字符的文本	Mid("数据库技术与应用",4,2)	“技术”
Int(表达式)	得到不大于表达式计算结果的最大整数	Int(2.4+3.5)	5

考点 1：查询的基本概念

例 1 （单选题）根据指定查询条件，从一个或多个表中获取数据并显结果的查询为（　　）。

A．交叉表查询　　B．参数查询　　C．选择查询　　D．操作查询

解析：本题考查的是各种查询的概念，故选 C。

例 2 （单选题）Access 中的联合查询、传递查询、数据定义查询和子查询的查询类型是（　　）。

A．选择查询　　B．SQL 查询　　C．交叉表查询　　D．操作查询

解析：本题主要考查查询的类型，查询类型分为 5 种：选择查询、参数查询、交叉表查询、操作查询、SQL 查询。其中，SQL 查询又包括联合查询、传递查询、数据定义查询和子查询，故选 B。

考点 2：查询条件及运算符

例 3 （单选题）在逻辑表达式中，要求多个条件同时满足，需要用到的运算符是（　　）。

A．And　　B．Not　　C．Or　　D．!

解析：本题主要考查逻辑运算符，多个条件同时满足使用逻辑与，故选 A。

例 4 （单选题）在商品表中，查询数量大于或等于 50 且小于 100 的商品信息，正确的条件设置为（　　）。

A．>=500or<100　　B．Between50and100

C．>=50and<100　　D．in(50,100)

解析：本题考查的是查询条件的设置，故选 C。

例 5 （单选题）在 Access 数据库的员工信息表中，要查询工号是 201613 和 202117 的记录，应该在查询设计条件行中输入（　　）。

A．between "201613" and "202117"　　B．not in ("201613","202117")

C．in("201613","202117")　　D．not("201613","202117")

解析：本题主要考查其他运算符（Between、Is、Like、In）的用法，In 的作用是确定

某个字符串是否为某个值列表中的成员，故选 C。

考点 3：函数

例 6 （单选题）在创建查询时，如果想根据员工信息表中的“出生日期”字段查询“年龄”字段，那么计算表达式为（　　）。

A．Year(Date())-Year(Date[出生日期])

B．Month(Date( ))- Year([员工信息]![出生日期])

C．Year(Date( ))- Year([员工信息]![出生日期])

D．Year(Date( ))- [出生日期]

解析：当前年份减员工出生年份就是员工年龄，故选 C。

例 7 （单选题）LEFT("学校人事管理系统".2)的值是（　　）。

A．学校　　B．人事　　C．管理　　D．系统

解析：本题考查的是左截取函数，故选 A。

知识点二　使用查询向导创建查询

1．查询的视图

在 Access 2013 中，查询有 3 种视图：数据表视图、设计视图、SQL 视图。在设计视图中，既可以创建不带条件的查询，又可以创建带条件的查询，还可以对已经存在的查询进行修改。

（1）数据表视图。

查询的数据表视图以行和列的格式显示查询结果。

打开数据库，在导航窗格中选中“查询”命令，切换到查询列表页，双击某个查询名称，即可以数据表视图的形式打开当前查询。

（2）设计视图。

设计视图是用于设计查询的窗口。使用设计视图不仅可以创建新的查询，还可以对已经存在的查询进行修改和编辑。

打开数据库，在导航窗格中选中“查询”命令，右击某个查询名称，在弹出的快捷菜单中选择“设计视图”命令，即可以设计视图的形式打开当前查询。

查询的设计视图由上、下两部分构成。设计视图的上半部分创建的查询是基于全部表和查询的，被称为查询基表，用户可以向其中添加或删除表和查询。具有关系的表之间带有连接线，连接线上的标记是两个表之间的关系，用户可以添加、删除和编辑关系。

设计视图的下半部分为查询设计窗口，又称为设计网格。使用设计网格可以设置查询字段、来源表、排序和条件等。

（3）SQL 视图。

SQL 视图用于显示当前查询的 SQL 语句窗口。用户可以使用 SQL 视图创建一个 SQL 特定查询，如联合查询、传递查询或数据定义查询，也可以对当前查询进行修改。

当查询以数据表视图或设计视图的方式打开后，单击“查询工具/设计”→“视图”下拉按钮，在弹出的下拉列表中选择“SQL 视图”选项，即可打开当前查询的 SQL 视图，视图中显示了当前查询的 SQL 语句。

2. 使用查询向导创建查询

（1）打开数据库。

（2）单击“创建”→“查询”→“查询向导”按钮，打开“新建查询”对话框，选择“简单查询向导”选项，单击“确定”按钮。

（3）打开“简单查询向导”对话框，在“表/查询”下拉列表中选择表和字段。

（4）单击“下一步”按钮，弹出“简单查询向导”的第二个对话框。

（5）根据需要选择查询选项，并根据打开的对话框进行相应的操作。

（6）单击“下一步”按钮，弹出“简单查询向导”的第三个对话框，输入查询标题，单击“完成”按钮。

考点 4：向导创建查询

例 8 （单选题）使用查询向导不可能创建（ ）。

A．带条件查询 B．不带条件查询 C．单表查询 D．多表查询

解析：在使用向导创建查询时，数据源可以是单表，也可以是多表，但是不能创建带条件的查询，条件的设置只能在设计视图中完成，故选 A。

知识点三 创建选择查询

在 Access 2013 中，可以使用两种方式创建查询：一种是查询向导；另一种是查询设计。查询向导能够有效地指导操作者创建查询，并且在创建过程中对参数的选择有详细解释，能够以图形的方式显示结果。查询设计指的是在设计视图中创建查询，可以完成新建查询的设计，还可以修改已有查询。

1. 查询的设计视图

单击“创建”→“查询”→“查询设计”按钮，打开查询的设计视图。

查询的设计视图分为“字段列表区”和“设计网格区”两部分。

- 字段列表区：显示所选表的所有字段。
- 设计网格区：该区域的每一列对应查询动态集中的一个字段，每一项对应字段的一个属性或要求。设计网格中行的作用如表 1-3-6 所示。

表 1-3-6 设计网格中行的作用

行 的 名 称	功 能
字段	设置查询对象时要选择的字段
表	设置字段所在的表或查询的名称
排序	定义字段的排序方式
显示	定义选择的字段是否在数据表（查询结果）视图中显示
条件	设置字段限制条件
或	设置“或”条件来限定记录的选择

2. 在查询中进行计算

在创建查询时，有时需要记录统计结果，如统计商品数及平均单价等。为了获取这样的数据，可以使用查询的设计视图中的总计功能，用右键单击设计网格，在弹出的快捷菜单中选择“汇总”命令，添加“总计”栏，从而对查询中的全部记录或记录组计算一个或

多个字段的统计值。计算的统计值可以是合计、平均值、最小值、最大值和计数等。

考点 5：查询设计视图

例 9 （单选题）查询中的分组条件应写在设计视图的（ ）。

A. 显示行 B. 条件行 C. 字段行 D. 总计行

解析：查询的设计视图分为“字段列表区”和“设计网格区”两部分。查询中的分组条件应该写在设计视图的条件行，故选 B。

知识点四 创建参数查询

参数查询是一种交互式的查询方式，在执行时会弹出一个对话框，以提示用户输入查询条件，并根据用户输入的查询条件来检索记录。可以建立一个参数提示的单参数查询，也可以建立多个参数提示的多参数查询。

1. 在设计视图中建立表之间的关系

在创建多表查询时，必须在表之间建立关系。在设计视图中添加表或查询时，如果添加的表或查询之间已经建立了关系，则在添加表或查询的同时会显示已有的关系；如果没有建立关系，则需要手动建立表或查询之间的关系，其方法如下。

在查询的设计视图中，从表或查询的字段列表区中将一个字段拖动到另一个表或查询中的相同字段上，即可建立表或查询之间的关系。如果要删除两个表之间的关系，则单击两个表之间的连接线，使连接线变粗，用右键单击连接线，在弹出的快捷菜单中选择“删除”命令即可。

2. 查询中字段的操作

对查询中字段的操作，如添加字段、删除字段、插入字段、移动字段等，需要在设计视图的设计网格区进行。

（1）添加和删除字段。

在设计网格区添加字段，可采用两种方法：一种方法是将“字段列表区”的字段拖到“设计网格区”的列中；另一种方法是双击“字段列表区”的字段。

当不再需要“设计网格区”的某列时，可将该列删除，操作方法有以下两种。

① 选中该列，单击“查询工具/设计”→“查询设置”→“删除列”按钮。

② 将光标放在该列的顶部，单击即可选中整列，按“Delete”键。

（2）插入和移动字段。

如果需要在某列之前插入一列，则可以采用以下方法。

① 选中该列，单击“查询工具/设计”→“查询设置”→“插入列”按钮，即可在当前列之前插入一个空列。

② 将光标放在该列的顶部，单击即可选中整列，按“Insert”键。在插入空列后，即可在“设计网格区”设置该列的字段。

要改变列的排列顺序，可以进行移动字段的操作。同时，在查询的数据表视图中的显示顺序也将被改变。移动字段的操作步骤如下。

① 将光标放在该列的顶部，单击即可选中整列。

② 将光标放在该列的顶部，拖曳鼠标可以将该列拖曳到任意位置。

（3）为查询添加条件。

在查询中可以通过添加条件的方法来检索满足特定条件的记录。为查询字段添加条件的操作步骤如下。

① 在设计视图中打开查询。

② 选中“设计网格区”某列的条件单元格。

③ 在条件单元格内输入提示语，以提示用户输入查询条件，并根据用户输入的查询条件检索记录。

要删除“设计网格区”某列的条件，可以选中该条件，按“Delete”键删除。

考点 6：参数函数

例 10 在创建参数查询时，在查询条件中要输入提示信息，该信息中要加上的符号为（ ）。

A. [] B. {} C. () D. <>

解析：本题主要考查参数查询的创建方法。参数查询是一种交互式的查询方式，创建时必须在条件行中输入英文半角状态下的[]，将提示信息输入方括号内部，故选 A。

知识点五 创建交叉表查询

交叉表查询显示来源于表或查询中某个字段的总计值（如汇总值、平均值、计数值等），并将它们分成两组，一组列在数据表的左侧，称为行标题；另一组列在数据表的上部，称为列标题。交叉表查询增加了数据的可视性，便于数据的统计与查看。

创建交叉表查询的方法：单击“查询向导”→“交叉表查询向导”或“查询设计”按钮。在创建交叉表查询时，需要指定三个字段：第一个字段被放置在交叉表左侧的行标题中，它将某一字段的相关数据放入指定的行；第二个字段被放置在交叉表最上部的列标题中，它将某一字段的相关数据放入指定的列；第三个字段被放置在交叉表行与列交叉位置的字段中，需要用户为其指定一个总计项。交叉表查询的数据来源只能是一个表或查询，并且不能指定限制条件。如果要查询多个表，就必须先创建一个含有全部所需字段的查询，再用这个查询来创建交叉表查询。

考点 7：交叉表查询

例 11 （单选题）在创建交叉表查询时，行标题字段最多选择 3 个，列标题字段最多选择（ ）。

A. 1 个 B. 2 个 C. 3 个 D. 4 个

解析：交叉表查询需要指定三个字段，即行标题、列标题和总计项，其中行标题可以是多个，而列标题和总计项只能有一个，故选 A。

知识点六 创建操作查询

操作查询用来复制或更改表中的数据，包括生成表查询、追加查询、删除查询、更新查询。

1. 生成表查询

生成表查询可以使用一个或多个表中的全部或部分数据创建新表。在Access数据库中，从表中访问数据要比从查询中访问数据快很多。因此，如果经常需要从几个表中提取数据，则最好的方法是使用生成表查询，将从多个表中提取的数据组合起来，生成一个新表。

2. 追加查询

在维护数据库时，如果要将某个表中符合一定条件的记录添加到另一个表中，则可以使用追加查询。追加查询能够将一个或多个表的数据追加到另一个表的尾部。

追加查询最大的特点是，追加查询的运行结果是将找到的数据追加到另一个表中。

3. 删除查询

删除查询能够从一个或多个表中删除记录。如果删除的记录来自多个表，则必须满足以下几点。

（1）在关系窗口中定义相关表之间的关系。

（2）在“编辑关系”对话框中勾选“实施参照完整性”复选框。

（3）在“编辑关系”对话框中勾选“级联删除相关记录”复选框。

删除查询是将满足条件的记录在原表中删除，在删除时一定要注意满足参照完整性。在使用删除查询删除记录后，不能用“撤销”命令来恢复，因此在执行删除查询时要慎重。

4. 更新查询

更新查询可以对一个或多个表中的一组记录进行全部更新。

更新查询是将原表中满足条件的记录进行批量修改。

选择查询、交叉表查询及参数查询只根据要求从表中选择数据，并不对表中的数据进行修改；而操作查询除了从表中选择数据，还对表中的数据进行修改，而且这种修改是不能恢复的。为了保证数据安全，在进行操作查询前应先对相关的数据库或表进行备份。由于在执行操作查询时可能会对数据库中的表进行大量的修改，因此为了避免因误操作而引起不必要的改变，Access在数据库窗口中的每个操作查询图标之后都显示一个感叹号，以引起用户注意。

考点8：操作查询

例12　（单选题）操作查询不包含（　　）。

A．生成表查询　　　　B．追加查询

C．删除查询　　　　D．交叉查询

解析：操作查询包括生成表查询、追加查询、删除查询、更新查询，故选D。

知识点七　创建SQL查询

1. SQL及语句格式

（1）SQL简介。

SQL是一种完整的结构化查询语言，其语法简单、功能强大，只需使用为数不多的几条命令即可完成操作。

（2）SELECT语句的基本格式。

SELECT语句是用于查询、统计的应用十分广泛的SQL语句，它不仅可以创建简单查询，还可以实现条件查询、分组统计、多表连接查询等功能。

SELECT 语句的基本格式由 SELECT-FROM-WHERE 查询块组成，多个查询块可以嵌套使用。

SELECT 语句的基本语法格式如下。

```
SELECT [表名.]字段名列表[AS<列标题>]
[INTO 新表名]
FROM <表名或查询名>[,<表名或查询名>]...
[WHERE <条件表达式>]
[GROUP BY 分组字段列表[HAVING 分组条件]]
[ORDER BY <列名>[ASC|DESC]]
```

其中，方括号中的内容是可选的，尖括号中的内容是必选的。

SELECT 语句中各子句的意义如下。

① SELECT 子句：用于指定要查询的字段数据，并且只有指定的字段才能在查询中出现。如果希望检索表中的所有字段信息，则可以使用星号（*）来代替所有字段的名称，而列出的字段顺序与表定义的字段顺序相同。

② INTO 子句：用于指定使用查询结果来创建新表。

③ FROM 子句：用于指定要查询的数据来自哪些表、查询或链接。

④ WHERE 子句：用于给出查询条件，只有与这些查询条件匹配的记录才能出现在查询结果中。WHERE 后不仅可以连接条件表达式，还可以使用 In、Between、Like 表示字段的取值范围，其作用分别如下。

- In 在 WHERE 子句中的作用：确定 WHERE 后的表达式的值是否等于指定列表的几个值中的任意一个。例如，WHERE 学历 In("本科","专科")，表示如果“学历”字段的值是“本科”或“专科”，则满足查询条件。
- Between 在 WHERE 子句中的作用：条件可以用 Between…And…表示在二者之间，用 Not Between…And…表示不在二者之间。例如，WHERE 商品单价 Between 2000 And 5000，表示如果“商品单价”字段的值为 2000～5000，则满足查询条件。
- Like 在 WHERE 子句中的作用：使用通配符“*”或“？”实现模糊查询。其中，“*”匹配任意数量的字符，如姓名 Like"张*"，表示所有以“张”开头的姓名都满足查询条件；“？”匹配任意单个字符，如姓名 Like"张？"，表示以“张”开头的姓名为两个字的满足查询条件。

⑤ GROUP BY 子句：用于指定在执行查询时，对记录的字段分组。

⑥ HAVING 子句：用于指定查询结果的附加筛选条件，该子句从筛选结果中对记录进行筛选，通常与 GROUP BY 子句一起使用。

⑦ ORDER BY 子句：用于对查询的结果按“列名”进行排序，ASC 表示升序，DESC 表示降序，默认为升序。

SELECT 语句不区分大小写，如 SELECT 可为 select，FROM 可为 from。

SELECT 语句中的所有标点符号（包括空格）必须使用半角符号，如果使用了全角符号，则会弹出要求重新输入或提示出错的对话框，改正后才能正确执行 SELECT 语句。

2．创建数据定义查询

数据定义查询与其他查询不同，它可以用来创建、删除和更改表，也可以在数据库表中创建索引。在数据定义查询中需要输入 SQL 语句，每个数据定义查询只能由一个数据定义语句组成。Access 数据库支持的 SQL 语句如表 1-3-7 所示。

表 1-3-7 Access 数据库支持的 SQL 语句

SQL 语句	语 句 功 能
CREATE TABLE	创建一个数据表
ALTER TABLE	对已有表进行修改
DROP	从数据库中删除表，或者从字段或字段组中删除索引
CREATE INDEX	为字段或字段组创建索引

在使用 CREATE TABLE 语句创建表时，需要注明各字段的数据类型。SQL 语句中的基本数据类型如表 1-3-8 所示。

表 1-3-8 SQL 语句中的基本数据类型

名 称	数 据 类 型
DATE TIME	日期/时间型
REAL	单精度浮点型
INTEGER	长整型
IMAGE	图片、OLE 对象型
CHAR	字符型

3. 创建子查询

子查询是指嵌套于其他 SQL 语句中的查询，一个查询语句最多可以嵌套 32 层子查询。子查询也称为内部查询，包含子查询的语句称为外部查询。通常，子查询可以作为外部查询 WHERE 子句的一部分，用于替代 WHERE 子句中的条件表达式。在创建子查询时，查询条件本身就是一个查询语句。

考点 9：SQL 语句的概念

例 13 （单选题）SQL 语句的核心是（　　）。

A．数据定义　　B．数据控制　　C．数据查询　　D．数据修改

解析：本题考查 SQL 语句的基本概念，它是一种完整的结构化查询语言，故选 C。

考点 10：SELECT 语句格式

例 14 （单选题）在 SELECT 语句中使用 ORDER BY 是为了指定（　　）。

A．查询的表　　B．查询的字段　　C．查询的条件　　D．查询结果的顺序

解析：本题考查 SELECT 语句的格式，其中 ORDER BY 是为了指定查询的条件，故选 D。

例 15 （单选题）SELECT 命令中用于计数的关键词是（　　）。

A．EROM　　B．GROUPBY　　C．ORDERBY　　D．COUNT

解析：本题考查 SELECT 语句中统计函数的运用，其中计数函数是 COUNT，故选 D。

例 16 （单选题）SELECT 命令中用于分组的关键词是（　　）。

A．FORM　　B．GROUP BY　　C．ORDER BY　　D．COUNT

解析：本题考查 SELECT 语句的格式，其中 GROUY BY 是分组，故选 B。

例 17 （单选题）在 SELECT 语句中，使用查询结果创建新表的子句是（　　）。

A．INTO 子句　　B．FROM 子句

C．WHERE 子句　　D．ORDER BY 子句

解析：使用查询结果创建新表的子句是 INTO 子句，故选 A。

考点 11：SELECT 语句综合运用

例 18 （单选题）用 SQL 查询“学生信息”数据表中所有的记录和字段，其语句是（　　）。

A．SELECT 姓名 FROM 学生信息 WHERE 学号=202101

B．SELECT 姓名 FROM 学生信息

C．SELECT*FROM 学生信息 WHERE 学号=202101

D．SELECT*FROM 学生信息

解析：本题考查 SQL 语句中 SELECT 语句的整体使用，所有的记录和字段用*表示，不需要其他条件，故选 D。

同步练习

一、选择题

1．在 Access 2013 中，运算 5\2 的返回值是（　　）。

A．2.5　　B．2　　C．1　　D．25

2．在 Access 2013 中，函数 Month("21-10-13")的返回值是（　　）。

A．13　　B．21　　C．10　　D．20

3．在 Access 2013 中，函数 Year("21-10-13")的返回值是（　　）。

A．1921　　B．21　　C．2021　　D．13

4．在 Access 2013 中，显示 10 天及 10 天前参加工作的记录的条件是（　　）。

A．>=Date()-10　　B．<Date()-10　　C．>Date( )-10　　D．<=Date( )-10

5．在 Access 2013 中，Left("网店销售管理系统",2)的值是（　　）。

A．网店　　B．销售　　C．管理　　D．系统

6．在 Access 2013 中，Right("ACCESS 数据库",4)的值是（　　）。

A．据库　　B．ACCE　　C．S 数据库　　D．SS 数据

7．在 Access 2013 中，查询姓名中后两个字一样的条件是（　　）。

A．Right(姓名,1)=Mid(姓名,2,1)

B．Left(姓名,2)=Left(姓名,3)

C．Mid(姓名,2,1)=Mid(姓名,3,1)

D．Right(姓名,1)=Left(Right(姓名,2),1)

8．要将选课成绩表中学生的成绩取整，可以使用（　　）。

A．Abs([成绩])　　B．Int([成绩])　　C．Srq([成绩])　　D．Sgn([成绩])

9．在 Access 2013 中，某体检预约登记表中有日期/时间型数据“体检日期”，预约体检规则为自填约定体检日期，正确的表达式是（　　）。

A．Day()+30　　B．Date()+30

C．Now( )+30　　D．Dateadd("d",30,Date( ))

10．在 Access 2013 中，条件“Between 60 And 80”的含义是（　　）。

A．数值 60 和 80 这两个数字

B．数值 60 到 80 之间的数字，并且包含 60 和 80

C．数值 60 和 80 这两个数字之外的数字

D．数值 60 和 80 之间的数字，并且不包含 60 和 80

11．在以下选项中，与表示成绩不为 60～80 分完全等价的是（　　）。

A．成绩>75 And 成绩<85　　B．成绩 Between 60 And 80

C．成绩 Not In (60 And 80)　　D．成绩 Not Between 60 And 80

12．下列返回 1～31 的一个整数的是（　　）。

A．Weekday(date())　　B．Moth(Date())

C．Day(Date())　　D．Year(Date())

13．在 Access 数据库中创建 tBook 表，若查找“图书编号”是“112266”和“113388”的记录，则应在查询的设计视图的条件行中输入（　　）。

A．:"112266"And"113388"　　B．:Not In("112266","113388")

C．:In("112266","113388")　　D．:Not("112266" And "113388")

14．在设置查询条件时，如果想查找书名中以“数据库”3 个字结尾的记录，正确的条件表达式为（　　）。

A．Like"*数据库*"　　B．Like"数据库*"

C．Like "*数据库"　　D．Like "?数据库"

15．在 Access 2013 中，内置计算函数 Count()的功能是（　　）。

A．计算指定字段的记录数量

B．计算全部数字型字段的记录数量

C．计算一条记录中数字型字段的数量

D．计算一条记录中指定字段的数量

16．内置计算函数 Sum()的功能是（　　）。

A．计算指定字段的记录数量

B．计算指定数字型或货币型字段的总和

C．计算指定数字型或货币型字段的平均值

D．计算指定数字型或货币型字段的最大值

17．内置计算函数 Max()的功能是（　　）。

A．计算指定字段的总和　　B．计算指定字段的平均值

C．计算指定字段的最小值　　D．计算指定字段的最大值

18．在 Access 2013 中，查询的数据来源是（　　）。

A．报表　　B．表或查询

C．表或窗体　　D．只有表

19．在 Access 2013 中，查询不姓“张”的学生，使用的表达式是（　　）。

A．Not Like"张*"　　B．Like Not"张*"

C．Not Like"张？"　　D．Like Not"张？"

20．在 Access 2013 中，下列选项中不是算术运算符的是（ ）。

A．\ B．Mod C．& D．^

21．运算级别最高的运算符是（ ）运算符。

A．算术 B．关系 C．逻辑 D．字符

22．在 Access 2013 中，查询分为 5 种类型，分别为选择查询、（ ）。

A．追加查询、生成表查询、更新查询、删除查询

B．联合查询、传递查询、数据定义查询、子查询

C．参数查询、生成表查询、操作查询、SQL 查询

D．参数查询、交叉表查询、操作查询、SQL 查询

23．使用查询向导不可能创建（ ）。

A．带条件查询 B．不带条件查询 C．单表查询 D．多表查询

24．下列不属于 Access 2013 中查询视图的是（ ）。

A．数据表视图 B．SQL 视图

C．数据透视图 D．设计视图

25．为了方便用户的输入操作，可以在屏幕上显示提示信息。在设计参数查询条件时，可以将提示信息写在特定的符号中，该符号是（ ）。

A．() B．<> C．{} D．[]

26．如果经常定期执行某个查询，但每次都需要输入查询的条件，则可以考虑使用（ ）查询。

A．选择 B．参数 C．交叉表 D．操作

27．在查询的设计视图中，下列选项不能运行查询结果的是（ ）。

A．单击“查询工具/设计”→“结果”→“视图”按钮

B．单击“查询工具/设计”→“结果”→“运行”按钮

C．选择导航窗格

D．用右键单击查询设计视图标题栏，并在弹出的快捷菜单中选择“数据表视图”选项

28．下列关于查询的设计视图中“设计网格区”各行作用的叙述错误的是（ ）。

A．“总计”行用于对查询的字段进行求和

B．“表”行用于设置字段所在的表或查询的名称

C．“字段”行表示可以在此输入或添加字段的名称

D．“条件”行用于输入一个条件来限定记录的选择

29．（ ）不会在简单查询的设计网格中出现。

A．字段 B．条件 C．总计 D．排序

30．在创建汇总计算查询时，经常使用 Sum()、Avg()、Count()、Max()和 Min()这些聚合函数。使用聚合函数的前提是（ ）。

A．排序 B．分组 C．总计 D．筛选

31．下列说法错误的是（ ）。

A．日期型数据前后用“#”作为定界符

B．文本型数据前后用双引号作为定界符

C．数字不需要定界符

D．文本型数据前后不需要定界符

32．将学生名单 2 表的记录复制到学生名单 1 表中，并且不删除学生名单 1 表中的记录，使用的查询方式是（　　）。

A．删除查询　B．生成表查询　C．追加查询　D．交叉表查询

33．（　　）查询不但可以进行数据查询，而且可以对该查询所基于的表中的多条记录进行添加、删除等操作。

A．选择　B．参数　C．操作　D．交叉表

34．在创建查询时，当查询的字段中包含数字型字段时，系统将会提示选择（　　）。

A．明细查询、汇总查询　B．明细查询、按选定内容查询

C．汇总查询、按选定内容查询　D．明细查询

35．将 2010 年以前参加工作的教师职称全部改为“讲师”，适合使用操作查询中的（　　）查询。

A．更新　B．删除　C．追加　D．生成表

36．在 Access 2013 的查询设计视图中，若选择“生成表”查询，则应单击（　　）。

A．“查询工具/设计”→“查询类型”→“生成表”按钮

B．“查询工具/设计”→“查询设置”→“生成表”按钮

C．“创建”→“查询”→“生成表”按钮

D．“数据库工具”→“查询”→“生成表”按钮

37．在 Access 2013 中，需要指定行标题和列标题的查询是（　　）。

A．参数查询　B．选择查询　C．交叉表查询　D．操作查询

38．在交叉表查询中，行字段最多可以有（　　）个。

A．1　B．2　C．3　D．多

39．（　　）是交叉表查询必须具备的参数。

A．行标题　B．列标题　C．值　D．以上都是

40．在创建交叉表查询时，必须对（　　）字段进行分组（GROUP BY）操作。

A．行字段　B．列字段

C．行字段和列字段　D．行字段、列字段和值

41．在 Access 2013 中，SQL 查询包括联合查询、（　　）、数据定义查询、（　　）。

A．参数查询，子查询　B．传递查询，子查询

C．选择查询，操作查询　D．删除查询，参数查询

42．在命令行窗口中输入 SQL 语句，字段之间的分隔符是（　　）。

A．冒号　B．分号　C．逗号　D．句号

43．SQL 语句的核心是（　　）。

A．数据定义　B．数据控制　C．数据查询　D．数据修改

44．SQL 的含义是（　　）。

A．结构化编程语言　B．数据定义语言

C．数据库查询语言　D．结构化查询语言

45．在使用 SQL 查询时，分组后满足条件的查询关键短语是（　　）。

A．HAVING　B．WHERE　C．WHILE　D．GROUP

46. 在 SELECT 子句中，如果希望检索表中的所有字段信息，可以使用（　　）来代替。

A. *　　B. #　　C. ？　　D. !

47. SQL 的数据操作语句不包括（　　）。

A. INSERT　　B. UPDATE　　C. DELETE　　D. CHANGE

48. 在 SELECT 语句中，使用 ORDER BY 子句是为了指定（　　）。

A. 查询的表　　B. 查询结果的顺序　　C. 查询的条件　　D. 查询的字段

49. 一个查询语句最多可嵌套（　　）层。

A. 30　　B. 31　　C. 32　　D. 33

50. SQL 语句中的 DROP 关键字的功能是（　　）。

A. 创建表　　B. 在表中增加新字段

C. 从数据库中删除表　　D. 删除表中的记录

51. 以下子句用于指定使用查询结果来创建新表的是（　　）。

A. SELECT　　B. INTO　　C. FROM　　D. WHERE

52. 表结构可以通过（　　）对其字段进行增加或删除操作。

A. SELECT　　B. ALTER TABLE

C. DROP TABLE　　D. CREATE TABLE

53. 以下数据定义语句中能创建表结构的是（　　）。

A. CREATE TABLE　　B. ALTER TABLE

C. DROP　　D. CREATE INDEX

54. 具有替换数据功能的查询是（　　）。

A. 删除查询　　B. 追加查询

C. 生成表查询　　D. 更新查询

55. SQL 的数据定义语句不包括（　　）。

A. CREATE　　B. DROP　　C. GRANT　　D. ALTER

56. 现有 SQL 语句“SELECT 月底薪+提成-扣除 AS 月收入 FROM 工资表”，其中子句“AS 月收入”的作用是（　　）。

A. 指定要统计的字段　　B. 指定统计字段的别名

C. 指定查询的条件　　D. 指定查询的数据源

57. 以下（　　）语句用来删除成绩表中语文成绩不及格的学生。

A. UPDATEFROM 成绩 WHERE 语文<60

B. DELETE FROM 成绩 WHERE 语文<60

C. INSERT FROM 成绩 WHERE 语文<60

D. CREATE FROM 成绩 WHERE 语文<60

58. Access 数据库中有教师表，表中有“教师编号”“姓名”“性别”“职称”“工资”等字段。执行如下 SQL 命令：

```
SELECT 性别, Avg(工资) FROM 教师 GROUP BY 性别
```

其结果是（　　）。

A. 计算工资的平均值，并按性别顺序显示每位教师的性别和工资

B. 计算工资的平均值，并按性别顺序显示每位教师的性别和工资的平均值

C. 计算男女教师工资的平均值，并显示性别和按性别区分的平均值

D．计算男女教师工资的平均值，并显示性别和总工资的平均值

59．为字段或字段组创建索引的语句是（　　）。

A．CREATE INDEX　　B．CREATE TABLE

C．DROP　　D．COUDITION

60．在 SELECT 语句中，用于求平均值的函数是（　　）。

A．Sum　　B．Count　　C．Average　　D．Avg

二、判断题

1．在保存查询时，保存的是查询的结果，其值不会随着源表的变化而变化。（　　）

2．内部计算函数 Max()的意思是求所在字段内所有数据的最大值。（　　）

3．表达式"76" < "168"的运算结果是真。（　　）

4．2022 年 6 月 8 日是星期三，则函数 Weekday(#06/08/2022#)的返回值是 3。（　　）

5．Int(−3.25)的结果是−3。（　　）

6．Now()函数用于返回系统时钟的日期和时间值。（　　）

7．Len()函数用于返回字符串所含字符的个数。在半角状态下，一个汉字所占的字符数是 2 个。（　　）

8．Date()函数的作用是获得系统当前日期。（　　）

9．表可以作为窗体和报表的数据来源，但查询不可以。（　　）

10．在创建分组统计查询时，总计项应选择 Sum。（　　）

11．查询的视图有 3 种，分别是设计视图、数据表视图、数据透视表视图。（　　）

12．在书写查询准则时，写在同一条件行上的准则之间进行的是逻辑或运算。（　　）

13．在 DELETE 语句中，如果不指定 WHERE 条件，则会删除所有记录。（　　）

14．在 SELECT 语句中，通常和 HAVING 子句同时使用的是 ORDER BY 子句。（　　）

15．在 SQL 语句中，省略排序方式代表默认降序。（　　）

16．Sum()函数的功能是计算指定范围内多条记录指定字段值的和。（　　）

17．在 SQL 查询中，GROUP BY 的含义是对查询进行排序。（　　）

18．在查询的设计视图中，可以控制字段的排序和显示。（　　）

19．在查询的设计视图中，不可以对多个字段设置条件。（　　）

20．选择查询不能修改源表中的数据，若要修改表中的数据，只能使用操作查询。（　　）

21．可以创建一个参数提示的单参数查询，也可以建立多个参数提示的多参数查询。（　　）

22．查询只能使用原来的表，不能生成新表。（　　）

23．查询的嵌套一般被放在主查询的 WHERE 子句中。（　　）

24．交叉表查询只能设置一个行标题。（　　）

25．所有查询都可以在 SQL 视图中创建、修改。（　　）

26．在创建查询时，如果该字段为“是/否”型，则查询条件可以为 True/False，也可以为 Yes/No。（　　）

27．查询的结果总是与数据源中的数据保持同步。 （ ）

28．在追加表查询中，如果源表中的字段个数比目标表中的字段个数多，则多余的字段会被忽略。 （ ）

29．在 SQL 语句中，FROM 关键字表示数据来源。 （ ）

30．在使用删除查询删除记录后，可以使用“撤销”命令恢复。 （ ）

31．在 SQL 语句中，“WHERE 成绩>=80”是指查找成绩大于 80 分的记录。 （ ）

32．内部计算函数 Min()的意思是求所在字段内所有值的平均值。 （ ）

33．SQL 语句不能创建新表。 （ ）

34．在创建参数查询时，在条件栏中应将参数提示文本放置在[ ]中。 （ ）

35．查询只能从一个表中获取数据，而筛选可以从多个表中获取数据。 （ ）

36．在设置查询条件时，任何数据类型的字段都需要使用定界符。 （ ）

37．在默认情况下，查询以源表的字段标题作为查询结果的标题。 （ ）

38．SELECT 语句不区分大小写。 （ ）

39．查询和表一样，也可以存放数据。 （ ）

40．在更新查询中，如果没有设置条件，则更新所有记录的值。 （ ）

三、简答题

1．什么是查询？查询有哪几种类型？

2．查询的设计视图由几部分组成？分别是什么？

3．交叉表查询的组成字段分别是什么？

4．操作查询有哪几种类型？

5．SQL 查询有哪几种类型？

6．简述选择查询和操作查询的区别与联系。

7．什么是参数查询？什么是 SQL 查询？

8．查询和筛选有什么区别？

9．在 Access 2013 中，查询的视图方式有哪些？

四、操作题（使用 SQL 语句完成以下操作）

1．“图书”数据库中有两个表，即图书信息表和图书借阅表，结构如表 1-3-9 和表 1-3-10 所示。

图书信息表有 6 个字段，分别是图书编号（文本型）、图书名称（文本型）、作者（文本型）、价格/元（数字型）、出版日期（日期/时间型）、出版社（文本型）。其中，图书编号为主键。

表 1-3-9 图书信息表的结构

图书编号	图书名称	作者	价格/元	出版日期	出版社
95000211	数据库技术	李欢	15	2015-06-02	高等教育出版社
95000212	自然与科学	陈欢	25	2018-12-10	机电出版社
95000213	大陆起源	陈欢	45	2020-01-15	高等教育出版社
95000210	海底世界	刘梅	80	2020-05-15	机电出版社

图书借阅表有 4 个字段，分别是读者编号（文本型）、图书编号（文本型）、借出日期（日期/时间型）、还书日期（日期/时间型）。其中，读者编号、图书编号为主键。

表 1-3-10　图书借阅表的结构

读者编号	图书编号	借出日期	还书日期
001	95000211	2021-01-15	2021-04-15
001	95000212	2022-04-01	2022-05-10
002	95000213	2021-01-15	2021-12-01

（1）从图书信息表中查询前 10 条图书信息。

（2）从图书信息表中查询作者为“李欢”的图书信息。

（3）从图书信息表中查询作者为“陈欢”、出版日期在“2019”年之后的图书信息。

（4）从图书信息表中查询价格为 20～45 元（包括 20 元和 45 元）的图书数量。

（5）从图书信息表中查询价格在 30 元以上的图书的图书编号和图书名称，要求按价格升序排序。

（6）在图书信息表中统计各个出版社出版的图书的平均定价和图书种数。

（7）在图书信息表中插入一条新的记录（95000214，海洋计划，张璐，25，2020-12-05，电子工业出版社）。

（8）在图书信息表中删除作者是“刘梅”的图书信息。

（9）在图书信息表中将图书名称为“海洋计划”的图书的价格修改为 50 元。

（10）在“图书”数据库中，从图书信息表和图书借阅表中查询《大陆起源》这本书的借阅情况。要求查询结果中包含读者编号、图书名称、作者、出版社、借书日期、还书日期字段。

2．在“学生管理系统”数据库中已创建学生表和成绩表。学生表有 7 个字段，分别是学号（文本型）、姓名（文本型）、性别（文本型）、出生日期（日期/时间型）、籍贯（文本型）、是否团员（是/否型）、头像（OLE 对象型）。其中，学号为主键。

成绩表有 5 个字段，分别是学号（文本型）、语文（数字型）、数学（数字型）、英语（数字型）、计算机（数字型）。其中，学号为主键。

（1）在成绩表中，使用子查询的方式查询“性别”为“女”的记录，并按数学成绩从高到低降序排列。

（2）使用联合查询的方式查询语文成绩和数学成绩不及格的学生的学号及姓名。

（3）在学生表中查看 20 世纪 80 年代出生的学生的学号及姓名。

（4）将学生表中学号为“220708”的“王萌萌”同学的“是否团员”字段确定为是。

项目四

窗体的创建与应用

思维导图

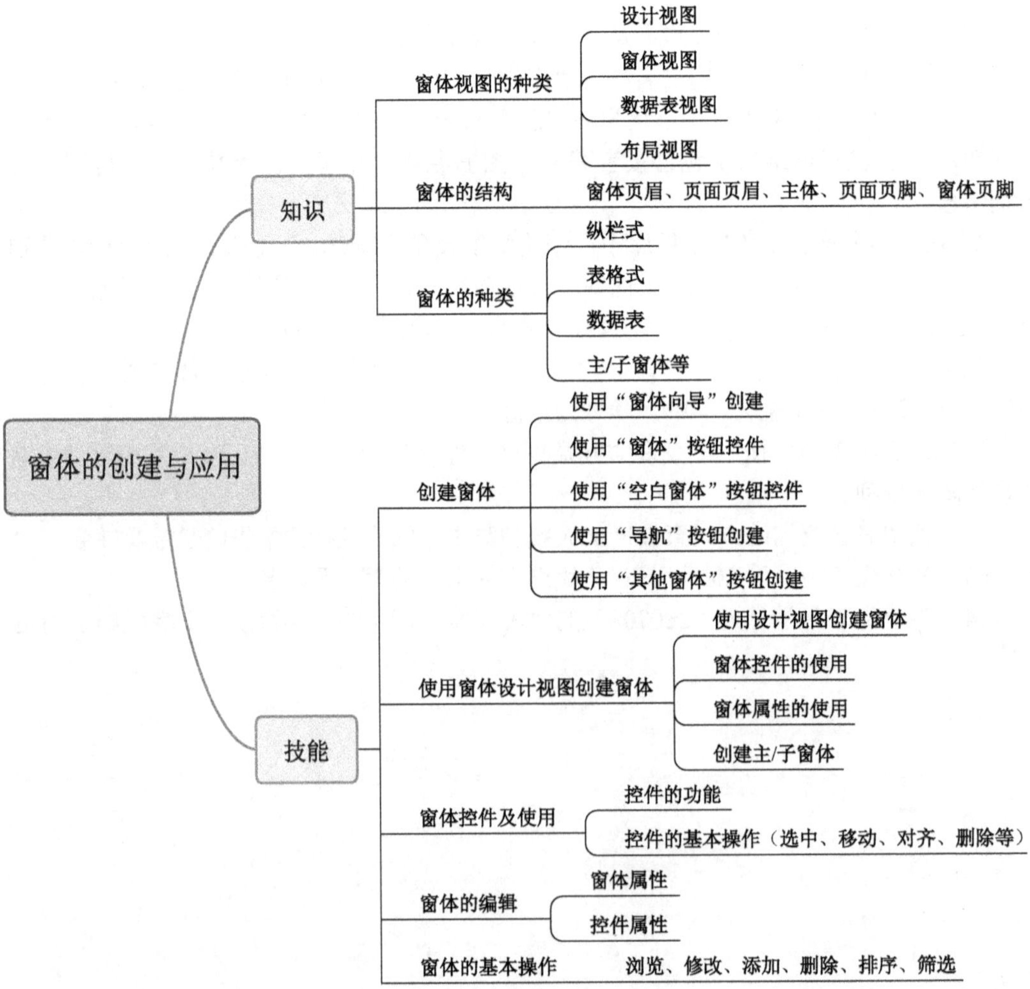

- 窗体的创建与应用
  - 知识
    - 窗体视图的种类
      - 设计视图
      - 窗体视图
      - 数据表视图
      - 布局视图
    - 窗体的结构
      - 窗体页眉、页面页眉、主体、页面页脚、窗体页脚
    - 窗体的种类
      - 纵栏式
      - 表格式
      - 数据表
      - 主/子窗体等
  - 技能
    - 创建窗体
      - 使用“窗体向导”创建
      - 使用“窗体”按钮控件
      - 使用“空白窗体”按钮控件
      - 使用“导航”按钮创建
      - 使用“其他窗体”按钮创建
    - 使用窗体设计视图创建窗体
      - 使用设计视图创建窗体
      - 窗体控件的使用
      - 窗体属性的使用
      - 创建主/子窗体
    - 窗体控件及使用
      - 控件的功能
      - 控件的基本操作（选中、移动、对齐、删除等）
    - 窗体的编辑
      - 窗体属性
      - 控件属性
    - 窗体的基本操作
      - 浏览、修改、添加、删除、排序、筛选

复习要求

1. 理解窗体的基本概念及作用；
2. 熟练掌握窗体的基本组成、分类和窗体的视图模式；
3. 熟练掌握创建、设计和美化窗体的方法；
4. 熟练掌握窗体设计中常用控件的使用方法；
5. 熟练掌握使用窗体管理数据的方法；
6. 熟练掌握主窗体/子窗体的设计方法。

考点详解

知识点一　使用向导创建窗体

窗体是 Access 2013 中的一种重要的数据库对象，是用户和数据库之间进行交流的接口。用户通过窗体可以方便地输入、编辑和显示数据库中的数据。窗体可以把整个数据库中的其他对象组织起来，并提供友好、直观的界面，以便用户管理和使用数据库。用户可以根据不同的需要创建不同样式的窗体，从而使数据的查看、添加、修改和删除更加直观和便捷。

1. 创建窗体的方法

Access 2013 提供了多种创建窗体的方法，窗体选项组中包括“窗体”“窗体设计”“空白窗体”3 个主要按钮，以及“窗体向导”“导航”“其他窗体”3 个辅助按钮，都可以用于创建窗体。

（1）“窗体”按钮：这是创建窗体最快的工具，只需单击该按钮即可创建窗体。在单击该按钮创建窗体时，来自数据源的所有字段都会被放在窗体上。

（2）“窗体设计”按钮：单击该按钮，可以打开空白窗体的设计视图。

（3）“空白窗体”按钮：这是一种快捷的窗体创建方式，以布局视图的方式设计和修改窗体。

（4）“窗体向导”按钮：使用窗体向导可以创建基于单个表或查询的窗体，也可以创建基于多个表或查询的窗体。

（5）“导航”按钮：可以创建带有标签的窗体。

（6）“其他窗体”按钮：包括“多个项目”“数据表”“分割窗体”“模式对话框”4 个类型，可以根据需要创建不同的窗体。

2. 窗体视图的种类

Access 2013 中的窗体共有 4 种视图，即窗体视图、数据表视图、布局视图、设计视图。可以使用“窗体设计工具/设计”选项卡“视图”选项组中的按钮切换视图。

（1）窗体视图：窗体视图用于查看窗体的设计效果。在该视图中，显示了来自数据源中的记录，也可以在此添加和修改数据源中的记录。

（2）数据表视图：数据表视图以表格形式显示数据源中的记录。在该视图中，可以编辑字段，也可以添加、修改和删除记录。

（3）布局视图：布局视图是比设计视图更加直观的视图。在该视图中查看窗体时，每个控件都会显示实际数据。也就是说，布局视图中的窗体正在实际运行，因此可以看到数据和窗体运行时的数据相同，并且可以在视图中更改窗体设计。

（4）设计视图：设计视图主要用于显示窗体的设计方案。在该视图中，可以创建新的窗体，也可以对现有窗体的设计进行修改。窗体在设计视图中显示时不会实际运行，因此在对其设计进行更改时无法看到基础数据。

根据创建窗体的方法不同，以上4种视图在“窗体设计工具/设计”选项卡“视图”选项组中的显示也稍有不同。在设计视图中打开窗体时，“窗体设计工具”选项卡将自动出现，“属性表”窗格也会自动显示在工作区右侧。

考点1：窗体的概念

例1 （单选题）Access 2013 中的窗体是（　　）。

A．用户和操作系统接口　　B．应用程序和用户接口

C．操作系统和数据库接口　　D．人和计算机接口

解析：窗体是Access 2013 中一种重要的数据库对象，是用户和数据库之间交流的接口。用户通过窗体可以方便地输入、编辑、查询、排序、筛选和显示数据库中的数据，故选B。

例2 （单选题）Access 2013 中数据库和用户之间的主要接口是（　　）。

A．表　　B．查询　　C．报表　　D．窗体

解析：同例1，故选D。

考点2：创建窗体的方法

例3 （单选题）不能创建窗体的方法是（　　）。

A．通过窗体向导　　B．使用SQL句

C．自动创建　　D．通过数据透视表向导

解析：窗体作为一种数据库对象，用户可以根据不同的需要来创建不同样式的窗体，可以通过窗体向导创建、自动创建，以及通过数据透视表向导创建，故选B。

考点3：窗体视图的种类

例4 （单选题）下列不属于 Access 2013 窗体的视图是（　　）。

A．设计视图　　B．窗体视图　　C．版面视图　　D．数据表视图

解析：Access 2013 中的窗体共有4种视图：窗体视图、数据表视图、布局视图、设计视图，故选C。

例5 （单选题）用于查看窗体设计效果的是（　　）。

A．窗体视图　　B．设计视图　　C．数据透视表视图 D．数据表视图

解析：窗体视图：用于查看窗体的设计效果。数据表视图：以表格形式显示数据源中的数据，在此视图中可以编辑、添加、修改和删除记录。布局视图：用于设置控件的大小或对字段属性进行设置。设计视图：用于显示窗体的设计方案，在该视图中可以创建新窗体，也可以对现有窗体的设计进行修改，故选A。

例6 （单选题）在窗体视图中，主要用于显示窗体设计方案的是（　　）。

A. 设计视图　　B. 数据表视图　　C. 设计视图　　D. 布局视图

解析：同例 5，故选 A。

例 7　（单选题）对窗体进行保存的快捷键是（　　）。

A. “Shift+S”组合键　　B. “Ctrl+S”组合键

C. “Alt+S”组合键　　D. “Enter”键

解析：按“Ctrl+S”组合键可以对窗体进行保存，故选 B。

知识点二　使用窗体的设计视图创建窗体

1. 窗体的构成

在窗体的设计视图中，窗体由上而下被分成 5 节，即页面页眉、页面页脚、窗体页眉、窗体页脚和主体。

窗体中各节的功能如下。

- 页面页眉：在每一页的顶部显示标题、字段标题和其他需要显示的信息。页面页眉只在打印窗体时出现，并且打印在窗体页眉之后。
- 页面页脚：在每一页的底部显示日期、页码和其他需要显示的信息。页面页脚只在打印窗体时出现。
- 窗体页眉：用于显示窗体标题、窗体使用说明等信息。在窗体视图中，窗体页眉显示在窗体的顶部，窗体页眉不会在数据表视图中出现。
- 窗体页脚：用于显示窗体命令按钮等。在窗体视图中，窗体页脚显示在窗体的底部，窗体页脚不会在数据表视图中出现。
- 主体：数据的显示区域。该节通常包含绑定到记录源中的字段控件，也可能包含未绑定控件，如标识字段内容的标签。

新建的窗体只包含主体节，如果需要其他节，则用右键单击窗体的设计视图，在弹出的快捷菜单中选择“页面页眉/页脚”或“窗体页眉/页脚”命令来添加或删除相应的节。

窗体中各节的尺寸可以调整，将光标移动到需要改变大小的节的边界，当光标变为✛形状时，拖动鼠标到合适位置，即可改变节的大小。

窗体视图中有便于在窗体中定位控件的网格和标尺。用右键单击窗体的设计视图，在弹出的快捷菜单中选择“标尺”或“网格”命令，即可以打开或关闭标尺或网格。

2. 窗体控件

控件是窗体或报表上的一个对象，用于输入或显示数据，以及装饰窗体页面。直线、矩形、图片、图形、按钮、复选框等都是控件。利用这些控件可以设计出满足不同需求的、个性化的窗体。Access 2013 中的控件分布在窗体的设计视图“设计”选项卡的“控件”选项组中。当通过“窗体设计”按钮创建窗体时，该选项卡会自动出现在功能区，用户可以通过具体的控件按钮向窗体或报表添加控件对象。

Access 2013 中各控件的功能如表 1-4-1 所示。

表 1-4-1　Access 2013 中各控件的功能

工　具	名　称	功　能
	选择对象	是打开工具箱时的默认工具控件，用于选择窗体上的控件

续表

工 具	名 称	功 能
ab	文本框	用于输入、显示和编辑数据记录源中的数据
Aa	标签	用于显示说明性文本文字，可以是独立的，也可以被附加到其他控件上
XXXX	命令按钮	创建命令按钮，用于执行某个动作
	选项卡	用于创建多页选项卡的窗体或对话框，在选项卡上可添加其他控件
	超链接	可以在窗体上直接打开超链接
	Web 浏览器	可以在窗体上显示网页
	导航控件	可以轻松地在各种报表和窗体之间切换数据库
XYZ	选项组	与切换按钮、选项按钮和复选框配合使用，可以显示一组可选值
	插入分页符	用于在窗体上创建一个新的屏幕，或者在打印窗体或报表时创建一个新页
	组合框	文本框和列表框的组合，既可以像文本框那样输入文本，也可以像列表框那样选择输入项中的值
	图表	用于在窗体中将表中的数据以图表的形式显示
	直线	用于在窗体中绘制一条直线
	切换按钮	有两种状态，在选项组之外可以使用多个复选框，以便每次可以做出多个选择
	列表框	用于显示多个值的列表
	矩形	用于在窗体上创建一个矩形
	复选框	用于表示选中或不选中
	未绑定对象	用于显示不与表字段连接的 OLE 对象，包括图形、图像等。该对象不会随记录的改变而改变
	附件	如果需要将附件用于窗体和报表，则可以使用附件控件。当在数据库记录中移动时，该控件会自动呈现图像文件
	选项按钮	一次只能选中选项组中的一个选项按钮
	子窗体/子报表	用于在窗体或报表中添加子窗体或子报表。在使用该控件之前，要添加的子窗体或子报表必须已经存在
XYZ	绑定对象	用于显示与表字段连接的 OLE 对象，该对象会随着记录的变化而变化
	图像	用于向窗体中添加静态图片，这不是 OLE 对象，添加图片后就不能编辑了

3. 窗体中控件的操作

窗体中控件的操作包括在窗体中添加控件、设置控件的属性等。

（1）添加控件。

在窗体中添加控件的操作方法如下。

在窗体的设计视图中，单击“窗体设计工具/设计”→“控件”选项组中需要添加的控件按钮，在窗体的合适位置单击或拖动鼠标即可创建控件。

（2）设置控件的属性。

控件的属性包括控件的名称、标题、位置、边框颜色、背景样式、背景色等，设置方法如下。

① 在添加控件时，单击“窗体设计工具/设计”→“控件”选项组右侧的下拉按钮，在弹出的下拉列表中选择“使用控件向导”选项，会自动打开对应的控件向导对话框。在控件向导对话框的提示下即可完成控件的属性设置。

② 如果没有控件向导或未启动控件向导，则先选中控件，再使用以下两种方法打开控件的“属性表”窗格。

- 单击“窗体设计工具/设计”→“工具”→“属性表”按钮。
- 用右键单击选中的控件，在弹出的快捷菜单中选择“属性”命令。

控件根据其作用可以分为以下 3 种类型。

- 绑定控件：与表或查询中的字段相连，可用于显示、输入及修改数据库中的字段。
- 未绑定控件：没有数据来源，一般用于提示信息和修饰。
- 计算控件：以表达式作为数据来源。

4. 控件的基本操作

（1）选择控件。

在对控件的位置、大小等属性进行调整前，要先选择该控件。选择控件有以下几种方法。

① 单击控件。

② 要选择多个相邻的控件，可以按住鼠标左键并拖动，在虚线框中及与虚线框相交的控件都会被选中。

③ 要选择多个不相邻的控件，可以按住“Shift”键或“Ctrl”键，再单击要选择的控件。

④ 要选择窗体中的全部控件，可以按“Ctrl+A”组合键。

控件被选中后，根据控件的大小，会出现 4～8 个黑色方块，这些黑色方块被称为句柄。左上角稍大的句柄称为移动句柄，拖动它可以移动控件；其他较小的句柄被称为调整句柄，拖动它们可以调整控件的大小。

（2）移动控件。

移动控件有以下几种方法。

① 在选择控件后，拖动移动句柄即可移动控件。

② 如果控件有标签，则拖动移动句柄只能单独移动控件或标签。要同时移动控件和标签，应将光标移动到控件上并单击（不是在移动句柄上单击）。

③ 使用键盘的方向键移动控件。在选择控件后，按方向键即可调整控件的位置。

（3）调整控件的大小。

调整控件的大小有以下几种方法。

① 在选择控件后，控件周围会出现调整句柄，将鼠标指针移动到调整句柄上，待鼠标指针形状变成双向箭头时，拖动鼠标即可改变控件的大小。若选中多个控件，则可以同时调整多个控件的大小。

② 在选择控件后，按“Shift+方向键”即可调整控件的大小。

（4）对齐控件。

当窗体中有多个控件时，为了保持窗体美观，应当将控件排列整齐。对齐控件有以下几种方法。

① 选中一组要对齐的控件，单击“窗体设计工具/排列”→“调整大小和排序”→“对齐”下拉按钮，在弹出的下拉列表中选择要使用的对齐方式。

② 用右键单击一组要对齐的控件，在弹出的快捷菜单中选择“对齐”命令，在其子菜单中选择要使用的对齐方式。

控件的对齐方式有5种：“靠左”“靠右”“靠上”“靠下”“对齐网格”。

（5）调整控件的间距。

控件的间距也可以通过按钮来快速调整，其操作方法如下。

选择一组要调整间距的控件，单击“窗体设计工具/排列”→“调整大小和排序”→“大小/空格”下拉按钮，在弹出的下拉列表中选择要使用的间距类型。控件的间距类型有6种：“水平相等”“水平增加”“水平减少”“垂直相等”“垂直增加”“垂直减少”。

（6）删除控件。

删除控件有以下几种方法。

① 选中要删除的控件，按“Delete”键。

② 用右键单击要删除的控件，在弹出的快捷菜单中选择“删除”命令。

注意：

① 若所选的控件附有标签，则标签会随控件一起被删除。

② 若只需删除附加标签，则应当只选中标签并执行删除操作。

考点4：窗体控件

例8 （单选题）在窗体的各个控件中，用来完成记录浏览、记录操作、窗体操作等任务的控件是（ ）。

A．组合框 B．文本框 C．命令按钮 D．单选按钮

解析：组合框是文本框和列表框的组合，既可以像文本框那样输入文本，也可以像列表框那样选择输入项中的值。文本框主要用于输入、显示和编辑数据记录源中的数据。命令按钮主要用于执行某个动作。例如，对控件进行浏览、记录操作、窗体操作等，单选按钮一次只能选择组中的一个选项按钮，故选C。

例9 （单选题）在窗体控件中，用于显示说明性文本文字，可以独立使用，也可以被附加到其他控件上的是（ ）。

A．标签 B．文本框 C．列表框 D．组合框

解析：标签用于显示说明性文本文字，可以是独立的，也可被附加到其他控件上，故选A。

例10 （单选题）控件的类型不包括（ ）。

A．绑定控件 B．未绑定控件 C．计算控件 D．窗体控件

解析：控件根据其作用可以分为 3 种类型：绑定控件、未绑定控件、计算控件，故选 D。

例 11　（单选题）关于调整控件大小的方法，下列说法错误的是（　　）。

A．选择控件，拖动鼠标

B．选择控件，移动鼠标调整句柄

C．选择控件，按“Ctrl+方向键”

D．选择“格式”菜单中“大小”子菜单

解析：调整控件大小有以下几种方法：选择控件，移动调整句柄；选择控件，按“Ctrl+方向键”调整控件尺寸；选择“格式”→“大小”子菜单命令也可调整控件大小，故选 A。

例 12　（单选题）在设计窗体时，表示省份的字段可使用控件（　　）。

A．分页符　　B．矩形　　C．列表框　　D．切换按钮

解析：列表框主要用于显示多个值的列表，表示省份的字段可使用列表框控件，故选 C。

例 13　（单选题）在 Access 中创建了教职工表，表中有存放照片的字段，在为该表创建窗体时，“照片”字段所使用的默认控件是（　　）。

A．列表框　　B．标签　　C．绑定对象　　D．未绑定对象

解析：绑定对象：主要用于显示与表字段连接的 OLE 对象，该对象会随着记录的变化而变化。未绑定对象：主要用于显示不与表字段连接的 OLE 对象，包括图形、图像等，该对象不会随记录的改变而改变。在为表创建窗体时，“照片”字段所使用的默认控件为绑定对象，故选 C。

例 14　（单选题）在窗体控件中，用于输入、显示和编辑数据记录源中数据的是（　　）。

A．标签　　B．文本框　　C．列表框　　D．复选框

解析：标签用于显示说明性文本文字，可以是独立的，也可附加到其他控件上。文本框主要用于输入、显示和编辑数据记录源中的数据。列表框用于显示多个值的列表。复选框用于表示选中或不选中，故选 B。

例 15　（单选题）在窗体控件中，用于显示说明性文本的是（　　）。

A．标签　　B．文本框　　C．列表框　　D．图像

解析：标签用于显示说明性文本文字，可以是独立的，也可附加到其他控件上。文本框主要用于输入、显示和编辑数据记录源中的数据。列表框用于显示多个值的列表。图像用于向窗体中添加静态图片，故选 A。

知识点三　对窗体进行编辑

窗体中各控件的颜色、字体、字号、字形、边框及窗体的背景等都是默认效果，为了更方便地使用窗体，样式更加个性化，还可以对控件及窗体的相关属性进行一些调整和设置。

1．窗体的属性

窗体的属性可以通过窗体的“属性表”窗格来设置，一般设置窗体的格式、窗体中的数据来源等属性。单击“窗体设计工具/设计”→“工具”→“属性表”按钮，可以打开或关闭“属性表”窗格。

部分窗体的属性及功能如下。

- 标题：窗体的名称。
- 图片：设置窗体的背景图片及图片路径。
- 图片缩放模式：设置背景图片在窗体中放置的方式。
- 图片对齐方式：设置背景图片在窗体中的位置。
- 记录选择器：设置窗体中是否显示记录选择器。
- “导航”按钮：设置窗体下方是否显示默认的“导航”按钮。
- 滚动条：设置窗体的右侧和下部是否显示滚动条。
- 最大化和最小化按钮：设置窗体右上角是否显示最大化和最小化按钮。

2. 控件的属性

用右键单击窗体设计视图中的控件，在弹出的快捷菜单中选择“属性”命令，即可打开控件的“属性表”窗格。控件的属性一般用于设置控件的格式、数据等。不同控件的属性也不同。控件的“属性表”窗格中有 5 个选项卡：格式、数据、事件、其他、全部。

部分控件的属性及功能如下。

- 宽度：设置控件的宽度。
- 高度：设置控件的高度。
- 背景样式：设置控件的背景样式，有“常规”和“透明”两种选择。
- 前景色：设置控件的前景颜色。
- 字体名称：设置控件中的字体。
- 字号：设置控件中字体的大小。

考点 5：窗体的属性

例 16 （单选题）决定窗体外观的是（　　）。

A．控件　　B．标签　　C．属性　　D．按钮

解析：控件主要是窗体或报表中的一个对象，用于输入或显示数据，以及装饰窗体页面，直线、矩形、图片、图形、按钮、复选框等都是控件。标签主要用来显示说明性文字。属性主要设置窗体的格式、窗体的样式、窗体中的数据来源等属性，故选 C。

例 17 （单选题）能设置窗体背景图片及图片路径的窗体属性是（　　）。

A．滚动条　　B．图片缩放模式　　C．图片　　D．图片对齐方式

解析：滚动条：设置窗体的右侧和下部是否显示滚动条。图片缩放模式：对设置的背景图片提供“剪裁”“拉伸”“缩放”3 种模式。图片：设置窗体背景图片及图片路径。图片对齐方式：指定在窗体中摆放背景图片的位置，故选 C。

知识点四　创建主/子窗体

在窗体应用中，当需要将有关联关系的两个表或查询中的数据在同一个窗体中显示时，使用主窗体/子窗体会更加方便。主窗体和子窗体通过特定字段进行关联。可以在子窗体中显示主窗体当前记录的相关数据。

基本窗体称为主窗体，窗体中的窗体称为子窗体。在显示具有“一对多”关系的表或查询中的数据时，主窗体/子窗体非常有用。在正确设置表间的“一对多”关系后，创建窗

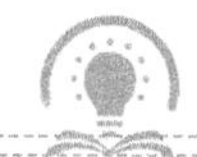

体时会自动创建有子窗体的窗体。

知识点五 窗体的基本操作

在窗体创建完成后，用户不仅可以方便地根据需要在窗体中进行记录的浏览、添加和修改等基本操作，还可以在窗体中对记录进行排序和筛选等。

1. 浏览记录

打开窗体，可以在窗体中浏览记录，浏览时可以通过窗体底部的导航条来改变当前记录。导航条文本框中的数字为当前记录号，在其中输入记录号后按“Enter”键，即可跳转到记录号对应的记录。

导航条中其他按钮的功能及快捷键如下。

按钮：跳转到第一条记录，快捷键为“Ctrl+Home”。

按钮：跳转到上一条记录，快捷键为“PageUp”。

按钮：跳转到下一条记录，快捷键为“PageDown”。

按钮：跳转到最后一条记录，快捷键为“Ctrl+End”。

按钮：添加新记录。

2. 修改记录

在窗体中，可以直接对记录进行修改。在修改前，要将光标定位到对应字段中，按“Tab”键，可以将光标移动到下一个字段中；按“Shift+Tab”组合键，可以将光标移动到上一个字段中。但是，不能修改自动编号类型的数据。对于 OLE 对象类型的数据，可以双击打开，在打开的编辑器中进行修改。

3. 添加记录

添加记录有以下几种方法。

- 单击记录导航条中的按钮。
- 单击“开始”→“记录”→“新建”按钮。

4. 删除记录

删除记录的方法如下。

删除当前记录：单击“开始”→“记录”→“删除”下拉按钮，在弹出的下拉列表中选择“删除记录”选项。注意，在删除记录时会打开删除确认对话框，单击“是”按钮即可。在窗口中删除的记录在表中也会被删除，并且删除后的记录是不能恢复的。

5. 排序记录

在默认情况下，窗体中显示的记录是按照窗体来源的表或查询中的顺序排列的，但是也可以根据实际需要在窗体中对记录进行排序，其排序方法与表对象中记录的排序方法相同。

将光标定位到窗体中需要进行排序的字段文本框中，单击“开始”→“排序和筛选”→“升序”按钮或“降序”按钮。窗体中记录的排序规则与表对象中记录的排序规则相同。

6. 筛选记录

在窗体中对记录进行筛选与在表对象中对记录进行筛选的方法相同，包括选择筛选和高级筛选两种。其中，高级筛选包括按窗体筛选、应用筛选/排序、高级筛选/排序等。单击

“开始”→“排序和筛选”选项组中的相关按钮即可进行筛选。

在设置筛选规则后，单击“切换筛选”按钮，可以执行筛选操作。筛选条件在窗体打开时一直有效。若要取消筛选，则再次单击“切换筛选”按钮即可。

同步练习

一、选择题

1．可以作为窗体记录源的是（　　）。

A．表　　B．查询　　C．SELECT 语句　　D．以上都可以

2．在窗体中，单独添加的标签控件不能在（　　）视图中出现。

A．窗体　　B．数据表　　C．布局　　D．设计

3．下列不属于 Access 2013“创建”选项卡“窗体”选项组中的按钮的是（　　）。

A．窗体　　B．窗体设计　　C．空白窗体　　D．设计视图

4．在窗体的各种控件中，代表复选框的是（　　）。

A．ab|　　B．　　C．　　D．

5．不属于图像控件缩放模式属性的是（　　）。

A．剪裁　　B．拉伸　　C．全屏　　D．缩放

6．下列不属于通过窗体向导创建窗体时可能使用的布局方式是（　　）。

A．纵栏表　　B．数据表　　C．数据透视表　　D．两端对齐

7．在设计窗体的过程中，如果要使用列表框，则应选择的图标是（　　）。

A．　　B．　　C．　　D．

8．Access 2013 中的窗体共有 4 种视图，分别为（　　）。

A．窗体视图、设计视图、数据表视图、数据透视表视图

B．窗体视图、数据表视图、布局视图、设计视图

C．窗体视图、数据表视图、数据透视图、数据透视表视图

D．窗体视图、设计视图、数据表视图、数据透视图

9．当使用窗体向导创建窗体时，“照片”字段使用的默认控件是（　　）。

A．图形　　B．图像　　C．绑定对象框　　D．未绑定对象框

10．左侧显示字段名称，右侧显示字段内容，一次显示一条记录的窗体是（　　）。

A．数据表窗体　　B．表格式窗体　　C．纵栏式窗体　　D．主子窗体

11．主窗体和子窗体　通常用于显示多个表或查询中的数据，这些表或查询中的数据一般应该具有（　　）关系。

A．一对一　　B．一对多　　C．多对多　　D．关联

12．下列关于列表框和组合框的叙述正确的是（　　）。

A．在列表框和组合框中均不可以输入新值

B．在列表框中可以输入新值，而在组合框中不可以

C．在组合框中可以输入新值，而在列表框中不可以

D．在列表框和组合框中均可以输入新值

13．用户可以输入数据的控件是（　　）。

A．图像控件　　B．文本框控件　　C．选项卡控件　　D．标签控件

14. 要设置窗体的数据源，应设置的属性是（　　）。
A. 记录源　　B. 默认值　　C. 控件来源　　D. 筛选

15. 不属于按钮控件事件的是（　　）。
A. 退出　　B. 右击　　C. 双击　　D. 单击

16. 在控件工具栏中，用于创建子窗体/子报表的按钮图标是（　　）。
A.　　B.　　C.　　D.

17. 在窗体中，拖动“是/否”型的字段自动生成（　　）控件。
A. 文本框和标签　　B. 复选框和命令按钮
C. 单选框和复选框　　D. 复选框和标签

18. 创建窗体最快的工具是（　　）按钮。
A. 窗体　　B. 窗体向导　　C. 其他窗体　　D. 窗体设计

19. 下列不属于“其他窗体”选项的是（　　）。
A. 数据表　　B. 分割窗体　　C. 模拟对话框　　D. 单个项目

20.（　　）以表格形式显示数据源中的数据。在该视图中，可以编辑字段，以及添加、修改、删除记录。
A. 窗体视图　　B. 布局视图　　C. 数据表视图　　D. 设计视图

21. 新建的窗体只包含（　　）节。
A. 主体　　B. 窗体页眉　　C. 页面页眉　　D. 窗体页脚

22. 下列区域用于显示窗体标题、窗体使用说明的是（　　）。
A. 窗体页眉　　B. 窗体页脚　　C. 页面页眉　　D. 页面页脚

23. 在窗体的 5 个构成部分中，（　　）只有在打印预览时才会出现在窗体顶部。
A. 窗体页眉　　B. 窗体页脚　　C. 页面页眉　　D. 页面页脚

24. 下列（　　）控件不能用来修饰窗体。
A. 图像　　B. 直线　　C. 矩形　　D. 命令按钮

25. 在窗体的各个控件中，（　　）控件用于完成记录浏览、记录操作、窗体操作等任务。
A. 单选按钮　　B. 命令按钮　　C. 文本框　　D. 组合框

26. 在打开窗体后，通过工具栏上“视图”选项组中的按钮可以切换的视图不包括（　　）。
A. 设计视图　　B. 窗体视图　　C. 打印预览视图　　D. 数据表视图

27. 用于设置控件的大小，或者对字段属性进行设置的视图是（　　）。
A. 布局视图　　B. 设计视图　　C. 数据表视图　　D. 窗体视图

28. 在 Access 2013 中，窗体类型决定了数据显示的方式。按照数据显示方式和显示关系，可以将窗体分为纵栏式、（　　）、数据表、主窗体/子窗体等类型。
A. 表格式　　B. 标签式　　C. 数据表　　D. 数据透视图

29. 窗体中的（　　）可以包含一列或几列数据，用户只能从列表中选择值，而不能输入新值。
A. 组合框　　B. 标签　　C. 列表框　　D. 文本框

30. 将背景图片附加到窗体时有（　　）和链接两种选择。
A. 嵌入　　B. 拉伸　　C. 缩放　　D. 剪裁

31．窗体中的（　　）属性决定了窗体显示时是否具有窗体滚动条。

A．滚动条　　B．分割线　　C．“导航”按钮　　D．记录选择器

32．下列不属于“窗体属性表”选项卡的是（　　）。

A．事件　　B．数据　　C．记录　　D．其他

33．在窗体视图中，打开“查找和替换”对话框的快捷键是（　　）。

A．Ctrl+F 键　　B．Ctrl+S 键　　C．Shift+F 键　　D．Shift+S 键

34．在窗体中，可以使用（　　）来执行某项操作或某些操作。

A．单选按钮　　B．选项组　　C．命令按钮　　D．文本框

35．（　　）用于显示控件实际数据。

A．窗体视图　　B．数据表视图　　C．布局视图　　D．设计视图

36．要把组合框选择的值保存到表的字段里，就要让组合框和表中的某个字段（　　）。

A．绑定　　B．不绑定　　C．进行计算　　D．生成表达式

37．选定控件，按“（　　）+方向键”可以调整控件位置。

A．Ctrl　　B．Shift　　C．Shift+Tab　　D．Alt+Tab

38．按“（　　）+方向键”可以调整控件尺寸。

A．Ctrl　　B．Shift　　C．Shift+Tab　　D．Alt+Tab

39．控件的格式属性除了可以通过属性窗口来设置，还可以通过窗体设计工具中的（　　）选项卡快速设置。

A．工具栏　　B．菜单栏　　C．属性　　D．设计

40．要删除控件，先选择要删除的控件，再按“（　　）”键删除。

A．删除　　B．Backspace

C．Delete　　D．Ctrl+Delete 组合

41．“Shift+Tab”组合键的作用是（　　）。

A．将光标移动到下一个字段中　　B．将光标移动到上一个字段中

C．定位该字段到最后一条记录　　D．将光标移动到第一条记录

42．要在窗体设计视图中插入文本框控件，应使用“窗体设计工具/（　　）”选择该控件。

A．排列　　B．创建　　C．设计　　D．格式

43．不能作为表或查询中“是/否”值控件的是（　　）。

A．复选框　　B．切换按钮　　C．选项按钮　　D．命令按钮

44．在窗体的设计视图中添加一个文本框控件时，下列说法中正确的是（　　）。

A．会自动添加一个附加标签　　B．不会添加附加标签

C．文本框的附加标签不能被删除　　D．都不对

45．要选择窗体中的全部控件，则可以按（　　）。

A．“Ctrl+A”组合键　　B．“Ctrl+B”组合键

C．“Alt+Tab”组合键　　D．“Enter”键

46．在窗体中对记录数据进行修改，将光标移动到上一个字段的快捷键是（　　）。

A．“Shift+Tab”组合键　　B．“Ctrl+Tab”组合键

C．“Alt+Tab”组合键　　D．“Tab”键

47. 在窗体对象中，如果要求文本框显示系统当前的日期，则应将文本框的控件来源属性设置为（　　）。

A. =Date()　　B. Date()　　C. =Now()　　D. Now()

48. 在窗体的设计视图中添加一个文本框控件时，下列说法正确的是（　　）。

A. 会自动添加一个附加标签　　B. 不会添加附加标签

C. 文本框的附加标签不能被删除　　D. 都不对

49. 在窗体的各个控件中，（　　）控件用来完成记录浏览、记录操作、窗体操作等任务。

A. 单选按钮　　B. 命令按钮　　C. 文本框　　D. 组合框

50. 窗体的每个部分称为（　　）。

A. 节　　B. 段　　C. 记录　　D. 行

51. 在（　　）选项卡中设置控件的字体、字号等格式。

A. “格式”　　B. “数据”　　C. “事件”　　D. “其他”

52. 在（　　）选项卡中可以设置控件的记录锁定。

A. “格式”　　B. “数据”　　C. “事件”　　D. “其他”

53. 在窗体中，按（　　）键，可将光标移到下一个字段中。

A. Tab　　B. Shift+Tab　　C. Shift+Alt　　D. Ctrl+Tab

54. 要使窗体没有记录选定器，应将窗体的“记录选定器”属性设置为（　　）。

A. 有　　B. 无　　C. 是　　D. 否

55. 设置控件的名称在（　　）选项卡。

A. “格式”　　B. “数据”　　C. “事件”　　D. “其他”

56. 能够输入数据的窗体控件是（　　）。

A. 图形　　B. 命令按钮　　C. 文本框　　D. 标签

57. 既可以直接输入文字，又可以从列表中选择输入项的控件是（　　）。

A. 选项框　　B. 文本框　　C. 组合框　　D. 列表框

58. 用于向窗体中添加静态图片，添加图片后不能进行编辑的控件是（　　）。

A. 图像　　B. 未绑定对象　　C. 绑定对象　　D. 选择对象

59. 不属于选项组控件的是（　　）。

A. 组合框　　B. 复选框

C. 切换按钮　　D. 选项按钮

60. 不属于图像控件缩放模式属性的是（　　）。

A. 剪裁　　B. 拉伸　　C. 缩放　　D. 全屏

61. 下列不属于 Access 2013 窗体图片对齐方式的是（　　）。

A. 中心　　B. 图片中心

C. 窗体中心　　D. 右上

62. 要将控件隐藏，应设置（　　）属性。

A. “可用”　　B. “输入掩码”　　C. “是否锁定”　　D. “可见”

63. 下列不属于 Access 2013 控件的是（　　）。

A. 列表框　　B. 分页符　　C. 换行符　　D. 矩形

二、判断题

1. 自动创建的窗体一次只能显示一条记录。（ ）
2. 不能通过窗体输入数据。（ ）
3. 在窗体中，图像控件主要用于显示与表字段链接的 OLE 对象。（ ）
4. 在窗体的设计视图中，可以编辑该窗体的 Visual Basic 代码。（ ）
5. 在窗体中，选择控件后按“Shift+方向键”可以调整控件间距。（ ）
6. 在 Access 2013 中，窗体属性的图片对齐方式有“靠左”“靠右”“靠上”“靠下”“中心”。（ ）
7. 窗体中没有删除记录的功能。（ ）
8. 纵栏式窗体同一时刻可以显示多条记录。（ ）
9. 在窗体的设计视图中，设置控件的背景样式有“常规”“透明”两种选择。（ ）
10. 窗体可以和用户进行交互，而报表不可以。（ ）
11. 窗体必须设置数据来源才能显示数据。（ ）
12. 窗体向导创建的窗体布局有四种：纵栏式、标签式、数据表、表格式。（ ）
13. 在窗体中添加标签控件，目的是显示某些说明性文字。（ ）
14. SQL 语句可以作为窗体的数据来源。（ ）
15. 标签控件用于在窗体中接收输入的数据。（ ）
16. 不能将数据库的窗体复制到另一个数据库中。（ ）
17. 在窗体视图中，不能进行字体、字号等格式设置。（ ）
18. 窗体中各个节的背景色是相互独立的。（ ）
19. 窗体中的控件属性不能被修改。（ ）
20. 非绑定控件没有数据来源。（ ）
21. 不能通过窗体输入数据。（ ）
22. 窗体只能手动创建，不能使用向导创建。（ ）
23. Access 2013 中提供了 5 种创建窗体的方法。（ ）
24. “空白窗体”是一种快捷的窗体创建方式。（ ）
25. “创建”“设计”“排列”属于“窗体布局工具”选项卡中的选项。（ ）
26. 用于设置控件大小或对字段属性进行设置的视图是设计视图。（ ）
27. 在 Access 2013 的窗体视图中，可以一次显示多条记录的是数据表窗体。（ ）
28. 如果节中包含控件，则在删除节的同时会删除节中包含的所有控件。（ ）
29. 在窗体对象中，既可以在记录中输入文字，又可以插入图表。（ ）
30. 在窗体和报表中都可以删除、修改源表中的记录。（ ）
31. 要选择窗体中的全部控件，可以按“Ctrl+B”组合键。（ ）
32. 纵栏式窗体一次可以显示多条记录信息。（ ）
33. 在创建主窗体/子窗体之前，必须正确设置表间的一对多关系。（ ）
34. 窗体由上而下被分成 4 个节。（ ）
35. 打开窗体的操作是 OpenForm。（ ）
36. 窗体中的窗体页眉部分只能在打印窗体时才能显示出来。（ ）

37. 窗体中只能显示文字内容，不能显示图片。 ( )
38. 不能在窗体中删除表中的数据。 ( )
39. 版面视图是 Access 2013 窗体中的视图之一。 ( )
40. 在窗体的组成部分中，除“主体”节是必选的外，其余部分都是可选的。 ( )
41. 能查看窗体设计效果的是布局视图。 ( )
42. 不能使用数据透视表向导创建窗体。 ( )
43. 窗体背景设置图片模式可用的选项有“拉伸”“剪裁”。 ( )
44. 在 Access 2013 中，Web 浏览器不可以在窗体中显示网页。 ( )
45. 计算控件以表达式作为数据来源。 ( )
46. 控件的对齐方式有“靠左”“靠右”“靠上”“靠下”“中心”。 ( )
47. 在窗体中，为了美化，命令按钮上可以是箭头或图片。 ( )
48. 在窗体中，可以对数据进行添加、删除、修改，以及排序和筛选等操作。 ( )
49. 未绑定控件没有数据来源。 ( )
50. 组合框可以输入新值。 ( )
51. 列表框可以输入新值。 ( )
52. 可以设置属性控件可见。 ( )
53. 窗体中的控件属性不能被修改。 ( )
54. 窗体中添加的每一个对象都是控件。 ( )
55. 窗体必须设置数据来源。 ( )
56. 窗体视图必须包含“窗体页眉/页脚”。 ( )
57. 切换面板不是窗体。 ( )
58. SQL 语句可以作为窗体的数据来源。 ( )
59. 在 Access 2013 中，窗体视图不可以直接通过状态栏进行切换。 ( )
60. 透明的背景色可以应用到窗体上。 ( )

三、简答题

1. 什么是窗体？
2. 创建窗体的方法及特点是什么？
3. 窗体的功能和特点是什么？
4. 窗体中控件的分类及作用是什么？
5. 窗体和报表的相同点与不同点是什么？
6. 简述创建主窗体/子窗体的方法。
7. 在窗体的设计视图中，按照从上到下的顺序，窗体分为哪几部分？
8. 简述 Access 2013 中窗体的视图种类及特点。
9. 控件的基本操作有哪些？
10. 创建窗体的基本方法有哪些？
11. 简述 Access 2013 中窗体的分类及特点。
12. 在窗体中，组合框和列表框有何主要区别？
13. 选中控件的方法有几种？
14. 为何要创建主/子窗体？
15. 控件根据其作用可分为哪 3 种类型？

四、操作题

“学生成绩管理系统”数据库中有3个表，分别是学生表、课程表、成绩表。3个表的结构分别如表1-4-2、表1-4-3、表1-4-4所示。

表1-4-2 学生表的结构

字段名称	字段类型	字段大小
学号（主键）	短文本	10
姓名	短文本	10
性别	短文本	2
中考成绩	数字	
入学时间	日期/时间	
出生日期	日期/时间	
身份证号码	短文本	18
团员	是/否	
照片	OLE 对象	
电子邮箱	短文本	18
联系地址	短文本	20

表1-4-3 课程表的结构

字段名称	数据类型	字段大小
课程编号（主键）	文本型	6
课程名称	文本型	20
学时	数字型	
学分	数字型	

表1-4-4 成绩表的结构

字段名称	数据类型	字段大小
学号（主键）	文本型	10
课程编号	文本型	6
成绩	数字型	

3个表的记录分别如表1-4-5、表1-4-6、表1-4-7所示。

表1-4-5 学生表的记录

学号	姓名	性别	中考成绩	入学时间	出生日期	身份证号码	团员	照片	电子邮箱	联系地址
2020101	张三	女	523	2021-09-01	2005-10-25	41108120051025****	是		hnzz@163.com	河南郑州
2020102	杨璐	男	506	2021-09-01	2006-09-15	41105120060915****	否		sxxa@163.com	陕西西安
2020103	刘丽丽	女	532	2021-09-01	2005-05-13	41106520050513****	是		Ly111@163.com	河北石家庄

表 1-4-6 课程表的记录

课程编号	课程名程	学　时	学　分
001	语文	90	10
002	数学	90	10
003	英语	60	10
004	计算机基础	100	10

表 1-4-7 成绩表的记录

学　号	课程编号	成　绩
2020101	001	75
2020101	002	80
2020102	001	90
2020102	002	75
2020101	003	94
2020103	001	63
2020103	002	78
2020102	003	90
2020103	003	85

以“学生成绩管理系统”数据库为基础，完成以下操作题。

1．使用向导创建一个窗体，要求如下。

（1）将窗体标题保存为“学生信息 1”。

（2）窗体布局为“纵栏表”。

（3）窗体显示内容包括学号、姓名、专业。

2．使用设计视图创建一个窗体，要求如下。

（1）在窗体页眉中添加标签控件“学生基本信息”，要求字体为楷体、加粗，字号为 36，文字颜色为“红色”。

（2）把学生表的所有字段添加到“主体”节，并将字号设置为 24。

（3）将窗体标题保存为“学生信息 2”。

3．创建窗体，要求如下。

（1）以成绩表作为数据源，使用窗体向导创建表格式窗体，并进入窗体的设计视图。

（2）使用条件格式，将成绩小于 60 分的学生记录显示为红色。

（3）将窗体标题保存为“学生信息 3”。

项目五

报表的创建与应用

思维导图

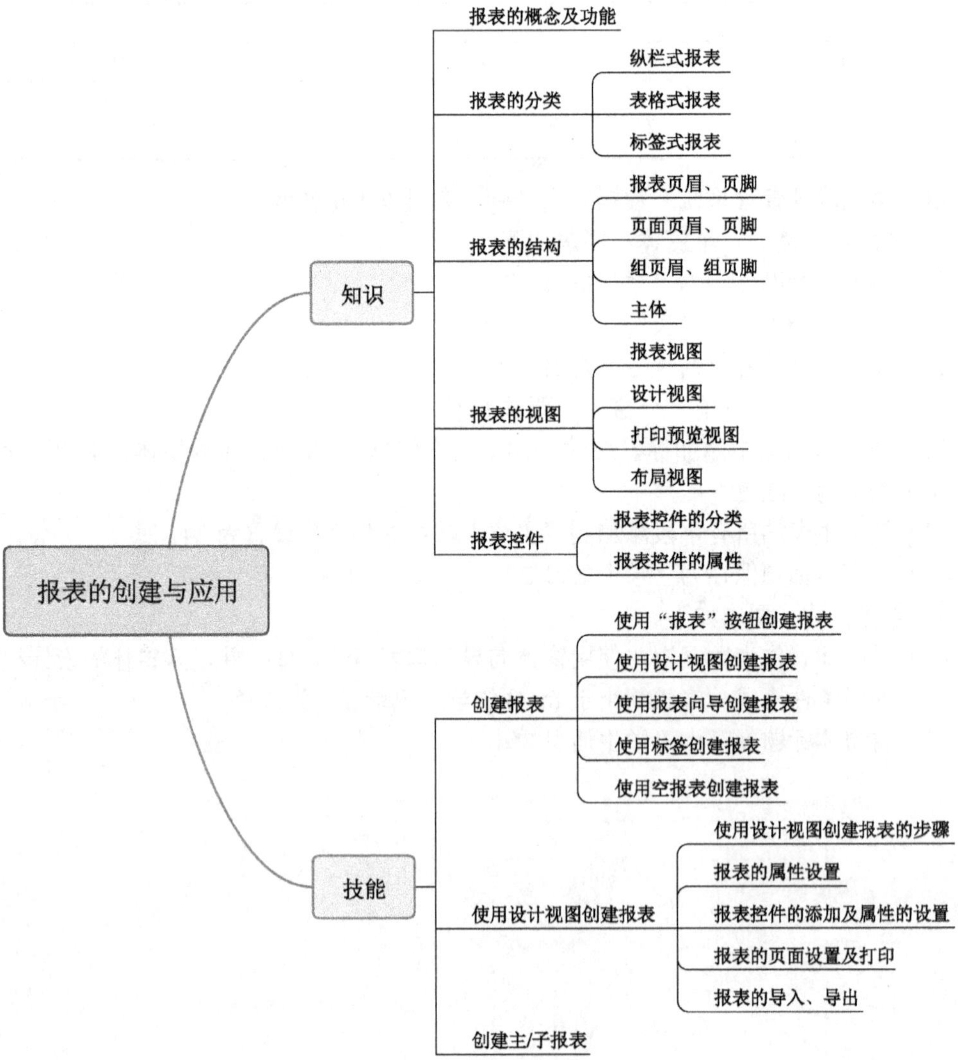

- 报表的创建与应用
  - 知识
    - 报表的概念及功能
    - 报表的分类
      - 纵栏式报表
      - 表格式报表
      - 标签式报表
    - 报表的结构
      - 报表页眉、页脚
      - 页面页眉、页脚
      - 组页眉、组页脚
      - 主体
    - 报表的视图
      - 报表视图
      - 设计视图
      - 打印预览视图
      - 布局视图
    - 报表控件
      - 报表控件的分类
      - 报表控件的属性
  - 技能
    - 创建报表
      - 使用“报表”按钮创建报表
      - 使用设计视图创建报表
      - 使用报表向导创建报表
      - 使用标签创建报表
      - 使用空报表创建报表
    - 使用设计视图创建报表
      - 使用设计视图创建报表的步骤
      - 报表的属性设置
      - 报表控件的添加及属性的设置
      - 报表的页面设置及打印
      - 报表的导入、导出
    - 创建主/子报表

复习要求

1. 掌握报表的概念、分类及操作视图；
2. 掌握使用向导创建报表的方法；
3. 熟练掌握使用设计视图创建报表和修改报表的方法；
4. 熟练掌握向报表中添加控件、编辑和修改控件及其属性的方法；
5. 掌握报表的排序与分组、计算与汇总；
6. 掌握报表页面的设置及打印报表；
7. 掌握主/子报表的创建方法。

考点详解

知识点一　使用向导创建报表

1. 报表的概念

报表是 Access 数据库的主要对象之一，报表可以按不同的形式显示和打印数据库中的数据，报表中的数据来源于表或查询，其中的记录不仅可按照一定的规则进行排序与分组，还可运用公式和函数进行计算与汇总等操作。也就是说，报表根据指定规则提供格式化和组织化数据信息的查询和打印功能。

2. 报表及其分类

Access 2013 中常用的报表布局有 3 种：纵栏式报表、表格式报表、标签式报表。

（1）纵栏式报表中每条记录的各个字段从上到下依次排列，左侧显示字段标题，右侧显示字段数据值。

（2）表格式报表以行和列的格式显示和打印数据，一条记录的所有字段内容都显示在同一行上，多条记录从上到下依次显示。

（3）标签式报表以每行两列或三列的形式显示多条记录，通常用来打印名片、信封、产品标签等。

3. 创建报表的方法

Access 提供了多种方法来创建报表，其方法和创建窗体的方法基本相同，具体如下。

（1）使用“报表”按钮创建报表。

启动 Access 2013，打开数据库后，在导航窗格中选择需要创建报表的表或查询作为数据源，单击“创建”→“报表”按钮创建报表。

（2）使用设计视图创建报表。

使用“报表”按钮创建报表比较简单、方便，但创建出来的报表形式和功能都比较单一，不能满足用户的要求。使用设计视图可以创建复杂的报表，并通过添加控件的方式增加报表的功能。

（3）使用报表向导创建报表。

使用报表向导能够比较灵活和方便地创建报表，用户只需选择报表的样式、布局和显示字段即可。在报表向导中，还可以指定数据的分组和排序方式，指定报表包含的字段和内容等。若指定表和查询之间的关系，则可以使用来自多个表或查询的字段创建报表。

（4）使用标签创建报表。

标签是一种特殊类型的报表，使用范围比较广泛，通常用于制作名片、邮件标签等。

（5）使用空报表创建报表。

在完全空白的页面上创建报表，可通过向空报表中添加字段、控件等来创建报表，其默认使用的是报表布局视图。

4．报表的视图

Access 2013 的报表提供了 4 种视图，分别是报表视图、设计视图、打印预览视图和布局视图。

在报表设计视图中，单击“报表设计工具/设计”→“视图”按钮，可在弹出的下拉列表中进行 4 种视图间的切换，也可以通过状态栏中对应的视图按钮进行切换。

报表视图：报表视图是报表设计完成后最终效果的展示视图。在报表视图中可以应用报表的高级筛选功能来筛选出所需要的信息。

设计视图：设计视图可以创建新的报表或修改已有报表。在设计视图中可以打开控件工具箱，向报表中添加各种控件。

打印预览视图：显示在设计视图中设计的报表的打印效果，预览效果中包含实际数据。

布局视图：在布局视图中，可以快速浏览报表的页面布局，或者在显示数据的情况下调整报表版式，也可以根据实际报表数据调整列宽，对列进行重新排列，并添加分组和汇总功能。

考点 1：报表的功能

例 1 （单选题）报表的作用不包括（　　）。

A．分组数据　　B．汇总数据

C．格式化数据　　D．输入数据

解析：在 Access 数据库中，报表根据指定规则提供格式化和组织化数据信息的查询和打印功能。报表可以打印、汇总、格式化、分组数据，但不可以输入数据，故选 D。

考点 2：报表的类型

例 2 （单选题）如果要制作部门负责人的名片，可以使用（　　）。

A．标签式报表　　B．表格式报表

C．图表式报表　　D．纵栏式报表

解析：标签式报表通常用来打印名片、信封、产品标签等。制作负责人名片，可以根据设计好的样式，设计为标签式报表，逐个打印，故选 A。

例 3 （单选题）以行和列的格式显示和打印数据的是（　　）。

A．表格式报表　　B．标签式报表

C．纵栏式报表　　D．图表式报表

解析：表格式报表以行和列的格式显示和打印数据，一条记录的所有字段内容显示在同一行上，多条记录从上到下依次显示，故选 A。

考点 3：创建报表的方法

例 4 （单选题）报表数据源可以是（ ）。

A．表　　B．查询　　C．SQL 语句　　D．以上都可以

解析：报表的数据源可以是表、查询和 SQL 语句，故选 D。

考点 4：报表的操作视图

例 5 （单选题）在 Access 2013 的报表视图方式中，能预览打印效果，并且预览效果中包含实际数据的是（ ）。

A．设计视图　　B．打印预览视图　　C．版面预览视图　　D．数据表视图

解析：Access 2013 能预览打印效果，并且能看到实际数据的是打印预览视图，故选 B。

例 6 （单选题）报表有多种视图，只显示其中部分数据的是（ ）。

A．布局视图　　B．报表视图　　C．打印预览　　D．设计视图

解析：在布局视图中，可以快速浏览报表的页面布局，不显示全部数据，主要用于版面的预览设计，故选 A。

例 7 （单选题）在 Access 2013 中，不是报表的视图方式的是（ ）。

A．设计视图　　B．布局视图　　C．窗体视图　　D．打印预览

解析：窗体视图不是报表的视图方式，故选 C。

知识点二 使用设计视图创建报表

1. 报表的结构

完整的报表由 7 个节组成。常见的报表有 5 个节，分别是报表页眉、页面页眉、主体、页面页脚、报表页脚。在分组报表中，还会有 2 个节，即组页眉、组页脚。

在使用设计视图新建报表时，空白报表由 3 个节组成，分别是页面页眉、主体、页面页脚，而报表页眉/页脚可以通过“视图”菜单或“报表”菜单添加或删除。

报表的每个节都有其特定的目的，并且按照一定的顺序显示在页面或打印在报表上，每个节的具体功能如下。

（1）报表页眉和报表页脚。

一个报表只有一个报表页眉和一个报表页脚。报表页眉只在整个报表第一页的开始位置显示和打印，一般用来放置徽标、报表标题等；报表页脚只显示在整个报表的最后一页的页尾，一般用来显示报表总结性的文字信息等内容。

（2）页面页眉和页面页脚。

页面页眉显示在报表每一页的最上方，用来显示报表的标题，在表格式报表中可以利用页面页眉来显示列标题；页面页脚显示在报表中每一页的最下方，可以利用页面页脚来显示页码、日期等信息。

（3）主体。

主体用于显示数据记录，这些记录的字段均需通过与文本框或其他控件的绑定来显示，主要与文本框绑定，与这些控件绑定的数据还可以是经过计算得到的数据。

（4）报表中节的基本操作。

每个节的左侧都有一个小方块，称为节选定器，单击节选定器或节的任何位置都可以

选定节，选定节后就可以对节进行属性设置等操作。

在报表的快捷菜单中选择“报表页眉/页脚”或“页面页眉/页脚”选项，可以在当前报表中添加或删除这几个节。“报表页眉/页脚”或“页面页眉/页脚”只能作为一对内容同时添加或删除。删除节的同时也删除了节中已存在的控件。

2. 报表的控件及属性

（1）报表中的控件可以分为以下 3 类。

- 绑定控件：与表字段绑定在一起，用于在报表中显示字段的值。
- 非绑定控件：用于显示文本、直线或图形，存放没有存储在表中但存储在窗体或报表中的 OLE 对象。
- 计算控件：建立在表达式基础上的用于计算的控件。

报表工具箱中的控件属性与窗体中的控件属性基本相同，在此不再赘述。

（2）报表及控件的属性。

在使用设计视图创建报表时，报表的标题、数据源、控件的格式等都可以通过属性来进行设置。切换到报表设计视图，单击“报表设计/工具设计”→“工具”→“属性表”按钮，即可打开报表的“属性表”窗格。

在“属性表”窗格中可以看到，一个报表对象的属性可以分为“格式”“数据”“事件”“其他”“全部”5 个选项卡，选择某一个选项卡，即可打开相应类别的具体属性。控件的属性也类似。若要对报表或报表中的某个控件设置属性，则应先选中报表或报表中的控件并单击鼠标右键，在弹出的快捷菜单中选择“属性”选项，打开“属性表”窗格，进行相关设置即可。

（3）报表常用格式属性值。

① 标题。

报表的名称在报表预览视图中显示为报表标题，标题不会被打印在报表上，也不设定标题属性值。

② 图片。

图片的属性值为一个图形文件名，指定的图形文件将作为报表的背景图片，结合图片的其他属性来设定背景图片的打印或预览形式。

③页面页眉（页面页脚）。

页面页眉（页面页脚）属性值有“所有页”“报表页眉不要”“报表页脚不要”“报表页眉页脚都不要”4 个选项，其属性决定报表打印时的页面页眉与页面页脚是否也打印。

（4）报表常用数据属性值。

① 记录源。

记录源属性值是数据库的一个表、一个查询或一条 SELECE 语句，它指明该报表的数据来源。记录源的属性还可以是一个报表名，被指定的报表将作为本报表的子报表存在。

② 筛选。

筛选的属性值是一个合法的字符串表达式，它表示从数据源中筛选数据的规则，比如筛选出计算机基础课程分数不及格的人员。

③ 排序依据。

排序的属性值由字段名或字段名表达式组成，可指定报表中的排序规则，比如报表按计算机基础课程分数排序，则属性值为“计算机基础”。

（5）报表中控件的常用属性及其值的含义。

报表中控件的作用不同，其属性也有一定的差别，但与窗体中的控件属性基本相同，在此不再赘述。

3. 使用设计视图创建报表的步骤

（1）单击“创建”→“报表”→“报表设计”按钮，进入报表设计视图，在报表属性表的“数据”选项卡→“记录源”中选择数据源。

（2）单击“报表设计工具/设计”→“工具”→“添加现有字段”按钮，打开字段列表窗格。将需要的字段拖放到“主体”节中，根据需要对标签进行修改。

（3）以合适的位置和间距摆放“主体”节中的文本框控件和标签控件。

（4）使用“标签”控件，在“页面页眉”节中添加标签的标题。

（5）单击“预览”工具按钮，查看用设计视图创建的报表。

（6）单击“文件”→“保存”命令，保存报表。

考点5：报表的结构

例8 （单选题）报表中“报表页眉”用来显示（　　）。

A．整份报表的汇总说明

B．本页的汇总说明

C．报表的标题、图形或说明文字

D．报表中的字段名称或记录的分组名称

解析：报表页眉只显示在报表的第一页的开始位置，一般用于报表的标题、图形或说明性文字。本页的汇总说明显示在页面页脚中；整份报表的汇总说明显示在报表页脚中；报表中的字段名称通常放在主体节或页面页眉中，故选A。

例9 （单选题）在使用控件对报表进行计算时，如果对报表的每一条记录的数据都进行计算并显示结果，则要把控件放在报表的（　　）。

A．控件表达式　　B．主体节　　C．组页眉　　D．报表页眉

解析：主体用于显示数据记录，这些记录的字段均需通过与文本框或其他控件的绑定来显示，主要与文本框绑定，与这些控件绑定的数据还可以是经过计算得到的数据。本题中需要对每一条记录的数据都进行计算并显示结果，而不是汇总数据，因此应该放置在主体节，故选B。

例10 （单选题）报表结构中用来在每页的下方显示页码、日期等信息的是（　　）。

A．页面页脚　　B．报表页眉　　C．页面页眉　　D．报表页脚

解析：页码、日期等信息一般出现在每一个页面的下方，即页面页脚，故选A。

例11 （单选题）报表结构中用来显示数据记录的节是（　　）。

A．页面页眉　　B．页面页脚　　C．报表页眉　　D．主体

解析：用来显示数据记录的节是主体，故选D。

考点6：报表的控件和属性

例12 （单选题）关于标签控件不正确的说法是（　　）。

A．用于一些说明性文字　　B．不可以调整大小

C．有时和文本框一起用　　D．可以自定义字体和颜色

解析：标签控件可以根据需要调整大小，故选 B。

例 13 （单选题）关于报表的数据源叙述，正确的是（　　）。

A. 只能是表对象　　B. 可以是任意对象

C. 可以是表对象或查询对象　　D. 只能是查询对象

解析：报表的数据来源可以是数据库的一个表、一个查询或一条 SELECE 语句，故选 C。

例 14 （单选题）用于在报表中显示字段的值，需要与表字段绑定在一起的控件是（　　）。

A. 计算控件　　B. 绑定控件　　C. 非绑定控件　　D. 其他控件

解析：报表中的绑定控件要求与表字段绑定在一起，用于在报表中显示字段的值，故选 B。

知识点三　报表的编辑及打印

1. 报表格式

Access 2013 中提供了多种预定义报表主题，用户可以根据实际需要套用已定义的报表主题，从而一次性地完成对报表中所有文本的字体、字号及线条粗细等格式的设置。

在报表设计视图中打开需要进行格式设置的报表，单击“报表设计工具/设计”→“主题”→“主题”下拉按钮，即可弹出系统预定义的各种主题。

2. 设置报表背景图片

（1）在报表设计视图中打开需要添加背景图片的报表。

（2）单击“报表设计工具/设计”→“工具”→“属性表”按钮，打开报表“属性表”窗格。

（3）在“属性表”窗格中选择“格式”选项卡，在“图片”属性中添加背景图片，可以设置图片的其他属性。

3. 添加页码、日期和时间

添加页码、日期和时间有两种方法，具体如下。

（1）在报表设计视图中打开报表，单击“报表设计工具/设计”→“页眉页脚”→“页码”按钮，打开“页码”对话框，在其中设置页码的格式与位置。设置完成后，单击“确定”按钮，即可完成对页码的添加操作。用同样的方法也可以插入日期和时间。

（2）在报表上添加一个文本框，通过设置其“控件源”属性为日期或时间的计算表达式（例如，=Date()或=Time()等），即可完成对日期和时间的添加操作，该控件位置可以安排在报表的任何节区。

4. 绘制线条

（1）在报表设计视图中打开报表。

（2）单击“报表设计工具/设计”→“控件”→“直线”按钮，再单击报表的任意处就可以创建默认大小的线条，通过单击并拖动的方式可以创建自定义大小的线条。

如果要细微调整线条的长度或角度，则可选中线条，同时按住“Shift”键和所需的方向键。如果要细微调整线条的位置，则可同时按“Ctrl”键和所需的方向键。

5. 绘制矩形

（1）在报表设计视图中打开报表。

（2）单击“报表设计工具/设计”→“控件”→“矩形”按钮，再单击窗体或报表的任

意处就可以创建默认大小的矩形，通过单击并拖动的方式可以创建自定义大小的矩形。

可以利用“属性表”窗格对线条、矩形等进行更多属性（如样式、宽度、颜色等）的设置。

6. 页面设置

创建报表的主要目的就是将显示的结果打印出来。

（1）打印预览。

预览报表就是在屏幕上预览报表的打印效果。预览报表可以通过“打印预览”窗口查看报表的打印外观和每一页上所有的数据。

（2）页面设置。

为了保证打印出来的报表符合要求，页面布局可以是纵向的、横向的，还可以在打印之前对页面进行设置，并预览打印效果，以便及时发现问题，进行修改。设置报表的页面，主要设置页面的大小、打印的方向、页边距等。在进行报表打印预览时，Access 工具区中与页面设置相关的选项组有“页面大小”选项组和“页面布局”选项组。单击“报表设计工具/页面设置”→“页面布局”→“页面设置”按钮，打开“页面设置”对话框，此对话框由以下 3 个选项卡组成。

- 打印选项：用于设置页边距，页边距指打印纸上四周需要空出来的宽度。
- 页：用于设置纸张的大小和方向，并选择打印机。
- 列：“列数”文本框用于将页面分成几列，“行间距”用于设置列之间的距离。

（3）显示比例。

打印显示时，还可以设置显示比例，以及单页、双页和其他页面等显示方式。

7. 报表打印

单击“文件”→“打印”按钮，选择“打印”选项，弹出“打印”对话框，在该对话框中可以选择打印机，并设置打印机属性，在设置完成后，单击“确定”按钮即可打印。

8. 报表的导入/导出

报表与窗体一样，可以进行导入/导出操作，但通常报表与窗体一样，也只用导出操作。选中要导出的报表，单击鼠标右键，在弹出的快捷菜单中选择“导出”选项，指定导出到哪一种类型文件。也可以选择系统菜单“外部数据”选项中的“导出”选项组，选择相应的命令按钮，指定导出哪种类型文件。

考点 7：报表的编辑

例 15 （单选题）在报表中插入日期的函数是（　　）。

A．time()　　B．date()　　C．page()　　D．pages()

解析：插入日期的函数是 date()，插入时间的函数是 time()，故选 B。

例 16 （单选题）报表属性中图片的缩放模式不包括（　　）。

A．缩放　　B．拉伸　　C．平铺　　D．剪裁

解析：报表背景图片的缩放模式有剪裁、缩放、拉伸、水平拉伸、垂直拉伸，不包括平铺，故选 C。

考点 8：报表的打印

例 17 （单选题）在 Access 2013 中要设置报表的打印方向，应该在“报表设计工具”

的（　　）选项卡中设置。

A. 设计　　B. 排列　　C. 格式　　D. 页面设置

解析：在 Access 2013 版本中，要设置打印方向，应选择“页面设置”选项卡，故选 D。

知识点四　报表的操作及应用

1. 报表的分组和排序

（1）分组和排序。

分组是指将具有共同特征的若干条相关记录组成一个集合。在报表分组后，相关记录会集中在一起显示，并且可以为同一组中的记录设置标题和汇总信息。

可以按“日期/时间”“文本”“数字”“货币”型字段对记录进行分组。

排序就是确定记录数据在报表中的一个或多个字段的显示顺序。

在使用报表向导创建报表的过程中也可以设置排序方式，但最多只能设置 4 个字段排序，且只有字段才能作为排序依据。在报表设计视图中可以使用更多的字段进行分组或排序，而且可以使用表达式作为分组或排序依据。

（2）分组和排序的方法。

报表中的分组和排序功能在“分组、排序和汇总”对话框中完成，可以使用以下方法打开“分组、排序和汇总”对话框。

① 单击“报表设计工具”→“设计”→“分组和汇总”→“分组和排序”按钮。

② 在报表设计视图中选择“主体”节并单击鼠标右键，在弹出的快捷菜单中选择“排序与分组”选项。

通过在“分组、排序和汇总”对话框中选择排序与分组的字段或表达式，指定排序方式，设置分组页眉和页脚属性，以及分组形式等，完成排序与分组。

不同数据类型的字段分组形式中的选项也不同。表 1-5-1 中列出了不同数据类型的字段对应的分组形式选项。

表 1-5-1　不同数据类型的字段对应的分组形式选项

字段数据类型	设　置	记录分组方式
文本	（默认值）每一个值	字段或表达式中的相同值
	前缀字符	前 n 个字符相同
日期/时间	（默认值）每一个值	字段或表达式中的相同值
	年	同一历法年内的日期
	季	同一历法季度内的日期
	月	同一月份内的日期
	周	同一周内的日期
	日	同一天的日期
	时	同一小时的时间
	分	同一分钟的时间
自动编号、货币及数字型	（默认值）每一个值	字段或表达式中的相同值
	间隔	在指定间隔中的值

2. 报表的计算与汇总

在报表中，可通过添加计算控件来实现多种运算。计算控件是报表中用于显示表达式结果的控件，当表达式或表达式的值发生变化时，计算控件上的显示结果也会随之发生改变，常用的运算包括求和、平均值、最大值、最小值等。不同数据类型的字段，可以进行不同的运算。可以对分组数据进行运算，也可以对整个报表进行运算。若要对一组记录进行运算，则可在该组页眉或页脚中添加计算控件；若要对整个报表的记录进行运算，则可在报表页眉或页脚中添加计算控件。

切换到报表设计视图，单击“报表设计工具”→“分组和汇总”→“合计”按钮，在弹出的下拉列表中可以选择不同的运算方式。

运算通常使用函数来完成，常用的运算函数有以下几种。

- Count( )函数：计数函数，表达式为“= Count(*)”，统计记录个数。
- Sum( )函数：求和函数，表达式为“= Sum([字段])”，求字段的和。
- Avg( )函数：求平均值函数，表达式为“= Avg([字段])”，求字段的平均值。

考点 9：报表的分组与排序

例 18 （单选题）报表中将具有共同特征的若干条记录组成一个集合的操作是（　　）。

A．排序　　B．统计　　C．汇总　　D．分组

解析：分组是指将具有共同特征的若干条相关记录组成一个集合。报表分组后，相关记录会集中在一起显示，并且可以为同一组中的记录设置标题和汇总信息，故选 D。

考点 10：报表的计算与汇总

例 19 （单选题）在报表中求字段的和的函数是（　　）。

A．Count()　　B．Avg()　　C．Sum()　　D．Number()

解析：Count()是计数，Avg()是平均值，Sum()是求和，故选 C。

例 20 （单选题）在报表中，由商品单价和数量确定的总价在文本框中显示，在文本框的控件来源属性框中输入的表达式为（　　）。

A．[商品单价]*[数量]　　B．=[商品单价]*[数量]

C．商品单价*数量　　D．=商品单价*数量

解析：报表的文本框控件，如果要绑定数据来源就必须以“=”开始，如果在绑定时需要使用字段，则字段需要用[]括起来，故选 B。

知识点五　创建主/子报表

1. 创建主/子报表

子报表就是包含在其他报表中的报表。包含子报表的报表称为主报表。主报表与子报表的关系可以是一对一的关系，也可以是一对多的关系。创建带有子报表的报表一般有两种方法。

（1）先创建主报表，然后通过控件工具箱中的“子报表/子窗口”控件创建子报表。

（2）将已有的报表作为子报表添加到其他报表中。

需要注意的是，主报表和子报表必须有关联字段，这样做出来的子报表才会随着主报

表中关联字段值的变化而在子报表中进行相应信息的显示。

考点11：主/子报表的创建

例21 （单选题）对主报表与子报表关系的描述，正确的是（　　）。

A．只能是一对一　　B．只能是一对多

C．没有关系　　D．可以是一对一，也可以是一对多

解析：主/子报表的创建可以是一对一的关系，也可以是一对多的关系，故选D。

同步练习

一、选择题

1．下列关于报表的叙述中，正确的是（　　）。

A．报表既可以输入数据，也可以输出数据

B．报表的样式外观可以修改

C．报表中不可以进行汇总统计

D．报表不能打印输出数据

2．若要对整个报表的记录进行运算，则可把控件放在报表的（　　）中。

A．组页眉的内容　　B．主体节

C．页面页眉　　D．报表页脚

3．要实现报表按某字段分组统计输出，需要设置的是（　　）。

A．报表页脚　　B．该字段的组页脚

C．主体　　D．页面页脚

4．在报表设计视图中（　　）节的内容，在报表打印输出时只出现一次。

A．报表页眉　　B．页面页眉　　C．主体　　D．页面页脚

5．要在报表最后一页的页尾输出信息，应通过（　　）设置。

A．组页脚　　B．报表页脚　　C．报表页眉　　D．页面页脚

6．Access 2013中常用的报表有3种，分别是（　　）。

A．纵栏式报表、表格式报表、标签式报表

B．纵栏式报表、表格式报表、数据表报表

C．纵栏式报表、表格式报表、图表式报表

D．纵栏式报表、表格式报表、数据透视表报表

7．在报表设计视图中，下列不属于“报表设计工具/格式”选项卡中选项的是（　　）。

A．所选内容　　B．字体　　C．表　　D．控件格式

8．报表页眉的默认打印位置是（　　）。

A．每一页的最上方　　B．每一页的左侧

C．最后一页页尾　　D．第一页开始

9．报表的页面页眉显示在报表（　　）。

A．每一页的最上方　　B．每一页的左侧

C．最后一页页尾　　D．第一页开始

10．计算报表中学生成绩的平均分，应把“控件来源”属性设置为（ ）。

A．=max(成绩) B．Min(成绩) C．=avg([成绩]) D．sum([成绩])

11．报表的各部分组成中，（ ）节主要显示报表的主要内容。

A．页面页眉 B．主体 C．页面页脚 D．报表页眉

12．下列叙述中，正确的是（ ）。

A．在窗体和报表中均不能设置组页脚

B．在窗体和报表中均可以根据需要设置组页脚

C．在窗体中可以设置组页脚，在报表中不能设置组页脚

D．在窗体中不能设置组页脚，在报表中可以设置组页脚

13．如果显示输出的内容只出现在整个报表第一页的开始位置，在报表设计视图中，应将这个绑定这个内容的控件放置在（ ）节中。

A．页面页眉 B．报表页眉 C．主体 D．组页眉

14．为了在报表每页的上部输出单位名称信息，应设置的位置是（ ）。

A．报表页眉 B．页面页眉 C．组页眉 D．主体

15．在报表中，要计算“数学”字段的最高分，应将控件的来源属性设置为（ ）。

A．=min([数学]) B．=max(数学) C．=max[数学] D．=min<数学>

16．报表的总计应该在报表（ ）节内进行设置。

A．报表页眉 B．报表页脚 C．页面页眉 D．页面页脚

17．每个报表在不分组的情况下，最多包含（ ）个节，完整报表包含（ ）个节。

A．5，7 B．6，6 C．7，5 D．7，7

18．报表的数据来源不包括（ ）。

A．表 B．查询 C．SQL 语句 D．窗体

19．报表的作用不包括（ ）。

A．分组数据 B．汇总数据 C．格式化数据 D．输入数据

20．要使打印的报表每页显示 3 列记录，应在（ ）中设置。

A．工具箱 B．页面设置 C．属性表 D．字段列表

21．在 Access 数据库中，专门用于打印输出的对象是（ ）。

A．表 B．查询 C．报表 D．窗体

22．在 Access 数据库中，可以利用数据库中不同的类型字段对记录进行分组，但是不能对（ ）字段分组。

A．文本型 B．数字型 C．日期型 D．备注型

23．可以作为报表记录源的是（ ）。

A．表 B．查询 C．SELECT 语句 D．以上都是

24．在报表中，要显示格式为“页码/总页数”的页码，应当设置文本框控件的来源属性为（ ）。

A．=[page]/[pages] B．=[pages]/[pages]

C．=[pages]&"/"&[pages] D．=[page]&"/"&[pages]

25．在报表的每一页的底部都输出信息，需要设置的区域是（ ）。

A．报表页眉 B．页面页眉 C．报表页脚 D．页面页脚

26．若设置报表上某个文本框的控件来源为“=7 Mod 4”，则在打印预览视图中，该文本框的显示信息为（　　）。

A．未绑定　　B．3　　C．7 Mod 4　　D．出错

27．在报表设计中，以下可以做绑定控件显示字段数据的控件是（　　）。

A．文本框　　B．命令按钮　　C．标签　　D．图像

28．要设计出带表格线的报表，需要向报表中添加（　　）控件完成表格的显示。

A．文本框　　B．标签　　C．直线或矩形　　D．复选框

29．当制作一个报表时，如果想要分两栏进行打印，则可以打开“页面设置”对话框，选择（　　）选项卡，在“列数”对应的文本框中输入“2”就可以了。

A．列　　B．行　　C．页　　D．打印选项

30．下列关于报表设计视图中各个节的叙述中，错误的是（　　）。

A．页面页脚节和页面页眉节不能省略　　B．每个节的高度可以调整

C．打开报表设计视图默认 3 个节　　D．每个节的背景颜色可以单独设置

31．主/子报表常用来查询和打印多个表中的数据，而这些数据通常具有（　　）。

A．一对多关系　　B．多对一关系　　C．没有关系　　D．多对多关系

32．设置报表属性，可切换到报表设计视图，单击（　　）按钮，选择“设计视图”。

A．“报表设计/工具设计”→“设计”→“视图”

B．“报表设计/工具设计”→“排列”→“视图”

C．“报表设计/工具设计”→“格式”→“视图”

D．“报表设计/工具设计”→“页面设置”→“视图”

33．若要对整个报表的记录进行运算，则可把控件放在报表的（　　）中。

A．组页眉的内容　　B．主体节　　C．页面页眉　　D．报表页脚

34．要实现报表按某字段分组统计输出，需要设置的是（　　）。

A．报表页脚　　B．该字段的组页脚

C．主体　　D．页面页脚

35．下列不属于“报表”选项组中选项的是（　　）。

A．报表向导　　B．空报表　　C．报表设计　　D．其他报表

36．在报表设计器中使用计算控件时，显示控件来源为公式和函数的标志是（　　）。

A．=　　B．[]　　C．:　　D．?

37．使用报表向导创建报表，最多只能设置（　　）个字段排序。

A．3　　B．4　　C．5　　D．10

38．在使用设计视图新建报表时，空报表由哪些节组成？（　　）

A．组页眉、主体、组页脚　　B．页面面眉、主体、页面页脚

C．报表页眉、主体、报表页脚　　D．主体

39．报表设计视图中的，如果要一次性修改报表的所有字体，应该在“报表设计工具”→“设计”的（　　）组选项中设置。

A．主题　　B．控制　　C．工具　　D．分组和汇总

40．以下不属于 Access 2013 报表的视图方式的是（　　）。

A．报表视图　　B．设计视图　　C．布局视图　　D．版面视图

41．在 Access 2013 中，下列不属于“创建报表”方法的是（　　）。

A．使用报表设计视图创建报表　　B．使用报表向导创建报表

C．使用“空”报表创建报表　　D．使用其他报表创建报表

42．下列关于子报表的概念叙述不正确的是（　　）。

A．两个报表中有一个必须是主报表

B．可以在已有报表中创建子报表

C．可以将已有的报表添加到其他已有的报表中来创建子报表

D．设置主/子报表链接字段时，链接字段一定要显示在主报表和子报表上

43．关于报表的功能，下列叙述不正确的是（　　）。

A．可以分组组织数据，进行汇总

B．可以包含子报表与图表数据

C．可以进行计数、求平均、求和等统计计算

D．可以输入数据，呈现各种格式的数据

44．在报表中，关于页面页眉和页面页脚错误的是（　　）。

A．如果不需要页眉和页脚，则可以将该节的“可见”属性设置为“否”

B．删除页面页眉和页面页脚节后，其中的控件自动被删除

C．在报表快捷菜单中选择“报表页眉/页脚”或“页面页眉/页脚”选项删除或添加节

D．页面页眉和页面页脚可以分开添加

二、判断题

1．报表页脚只显示在整个报表的第一页的页尾，一般用来显示报表总结性的文字等内容。（　　）

2．若在报表中显示格式为“页码/总页码”的页码，则文本控件来源属性为“=[pages/page]”。（　　）

3．在已经有学生表的情况下，要打印出每个学生的基本信息，应该创建报表对象。（　　）

4．报表中的计算控件是建立在表达式的基础上用于计算的控件。（　　）

5．在预览报表时用户可以任意修改报表中的数据。（　　）

6．在报表页眉中不可以插入图片。（　　）

7．在 Access 2013 的报表中不能对数据进行排序。（　　）

8．在 Access 2013 中，不可以使用查询创建报表。（　　）

9．在报表的设计视图中，报表的“页面页眉”节是可以省略的。（　　）

10．一个报表中可以有多个报表页眉和报表页脚。（　　）

11．在使用“标签”按钮创建标签式报表时，不可以设置字体和字号。（　　）

12．在报表的设计视图中，不可以添加线条和矩形进行修饰。（　　）

13．在报表设计器中，可以对所有字段进行分组汇总统计。（　　）

14．在报表的不同节添加相同的集合函数的计算控件，所得到的结果相同。（　　）

15．整个报表的计算汇总一般放在报表的主体节。（　　）

16．在报表的各个组成部分中，主体节是报表的主要内容，因此设计报表的数据来源必须在主体节的属性中设置。（ ）

17．报表页眉只能在报表的首页打印输出。（ ）

18．报表中页面页眉和页面页脚节的内容，在打印输出或打印预览时只出现一次。（ ）

19．在报表中进行分组时，不同数据类型的字段“分组形式”中的选项也不同。（ ）

20．在“标签向导”对话框中创建标签式报表时，原型标签中的固定信息只能输入文本，报表中的可用字段可以是备注型字段。（ ）

21．在报表设计视图中显示的网格是可以在打印中显示的。（ ）

22．在报表的设计视图中，使用“页码”按钮创建页码时，如果要在第一页显示页码，则必须在“页码”对话框中选中“首页显示页码”复选框。（ ）

23．在报表设计视图中，不可以在对报表打印时进行页面设置。（ ）

24．如果对报表中每一条记录的数据都进行计算并显示结果，则要把控件放在“报表页眉”节中。（ ）

25．在报表设计过程中，不适合添加的控件是选项组控件。（ ）

26．报表的分组必须先排序，否则分组会出现错误。（ ）

27．报表中插入页码的对齐方式有 3 种。（ ）

28．一个报表可以显示多个页，也可以有多个报表页眉和报表页脚。（ ）

29．在报表设计视图中可以使用多个字段进行分组和排序，不能使用表达式作为分组或排序的依据。（ ）

30．Access 2013 提供了多种打印预览模式，如“单页”“双页”“其他页面”“纵向”“横向”等显示方式。（ ）

三、简答题

1．简述报表的概念和特点。

2．简述子报表及创建子报表的方法。

3．简述报表设计器有哪些节，各节的主要功能是什么。

4．简述报表的操作视图有哪些。

5．简述标签报表的含义及创建方法。

6．报表的创建方法有哪些？

四、操作题

1．在“进销存管理系统”数据库中，已建立销售表，结构如下。

销售（销售编号、业务类别、客户编号、商品编号、销售单价、销售金额）

请在 Access 2013 中，使用报表向导创建报表，要求如下。

（1）报表标题为“销售记录表”。

（2）报表字段是“销售编号”“销售记录”。

（3）布局方式：布局为“递阶”，方向为“纵向”。

2．在“学生信息管理系统”数据库中，已经建立了学生表、课程表、成绩表，结构如下：

学生（学号、姓名、性别、中考成绩、入学时间、出生日期）

课程（课程编号、课程名称、学分、学时）

成绩（学号、课程编号、成绩）

请在 Access 2013 中，使用报表向导创建报表，要求如下。

（1）使用查询向导创建“学生成绩”查询，显示为学生的学号、姓名、课程名称和成绩。将查询保存为“学生成绩多表查询”。

（2）在报表设计视图中以“学生成绩多表查询”为数据源，创建“学生成绩分组”表格式报表。设计报表标题为“学生成绩”，要求报表标题字体为宋体、字号为 22 号、文字加粗，表头放在页面页眉，字体为宋体、字号为 18 号，对应表格内报表文字为楷体、字号为 18 号。

（3）按照学生学号进行分组，并设置组页眉和组页脚，在组页眉区域添加“学号”“姓名”字段，在组页脚区域添加两个文本框控件，分别计算每个人的总分和平均分。将报表保存为“学生成绩报表”。

项目六

宏的使用

思维导图

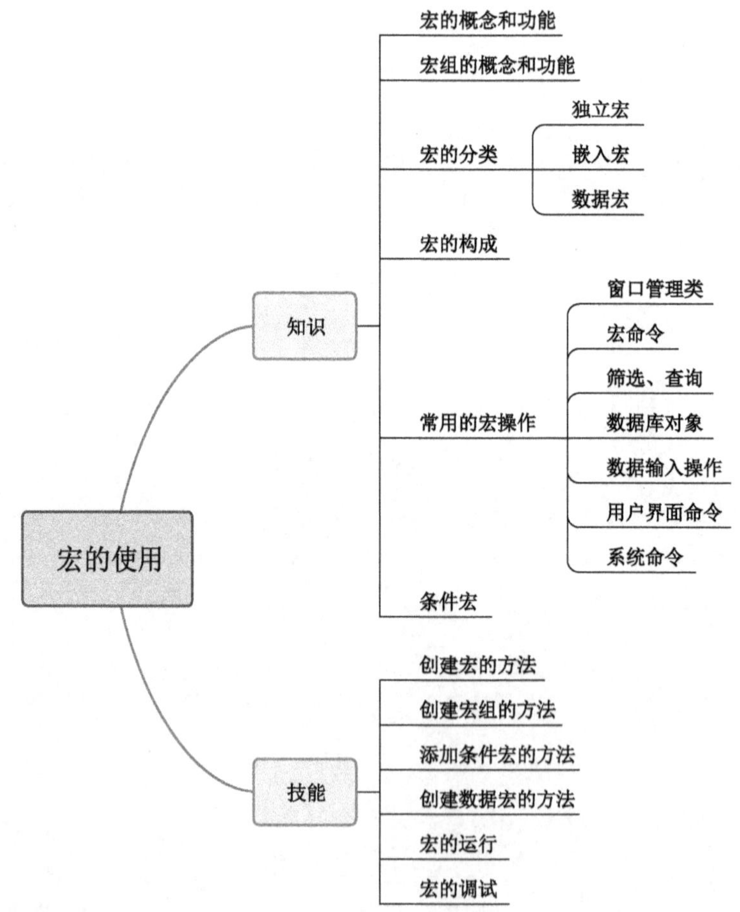
宏的使用
知识
宏的概念和功能
宏组的概念和功能
宏的分类
独立宏
嵌入宏
数据宏
宏的构成
常用的宏操作
窗口管理类
宏命令
筛选、查询
数据库对象
数据输入操作
用户界面命令
系统命令
条件宏
技能
创建宏的方法
创建宏组的方法
添加条件宏的方法
创建数据宏的方法
宏的运行
宏的调试

复习要求

1. 了解宏的概念；
2. 掌握宏的基本创建方法；
3. 掌握宏的执行及调试方法；
4. 掌握宏组、条件宏的使用方法；
5. 掌握在窗体中添加宏的操作。

考点详解

知识点一　认识并创建宏

1. 宏的概念及分类

宏作为 Access 2013 数据库的对象之一，是由一个或多个操作组成的集合。宏可以看作一种简化的编程语言，这种语言中包含了一系列的操作命令。通过使用宏来自动执行相关操作命令，可以操作其他数据库对象，如打开和关闭窗体、运行报表、浏览记录等，也可以向窗体、报表和控件中添加功能。和其他对象不同的是，宏不仅可以操作其他对象，还可以为其他对象更名，控制其他对象的数据交换、状态，改变它们的外观显示等。

宏是执行特定任务的操作或操作的集合，其中每个操作都能够实现特定的功能，每个宏操作都有名称，操作的命名是 Access 2013 事先确定好的，用户不能更改。一个宏中的所有操作都是封装在一起的，一次必须执行所有的操作，而不能只执行其中的部分操作。只有一个宏名的称为单一宏，包含两个以上宏名的称为宏组。

Access 中的宏可以分为两类：独立宏和嵌入宏。独立宏可以包含在一个对象内；而嵌入宏是指宏可以嵌入到窗体、控件或报表的任何事件属性中，成为所嵌入的对象或控件的一个属性。

Access 2013 新增加了数据宏。数据宏可以在对表中的数据进行增、删、改等操作时运行。数据宏主要有两种类型：一种是由表事件触发的数据宏；另一种是为响应按名称调用而运行的数据宏。

2. 宏的功能

宏的常用功能如下。

（1）打开及关闭表、查询、窗体等数据库对象。

（2）报表的预览、打印、查询的执行。

（3）筛选、查找记录。

（4）打开警告消息框，打开响铃警告。

（5）移动窗口，改变窗口的大小。

（6）实现数据的导入/导出。

（7）定制菜单。

（8）设置控件的属性。

（9）模拟键盘动作，为对话框或其他等待输入的任务提供字符串的输入。

3. 宏的创建

宏和宏组的创建都是在宏设计器中进行的。打开数据库文件，单击“创建”→“宏与代码”→“宏”按钮，切换到宏的设计视图。

宏的设计视图包含 3 个窗格，左侧是导航窗格，用于显示各个对象；中间是宏设计器，用于定义各种宏操作及操作流程；右侧是“操作目录”窗格。

“操作目录”窗格可分为 3 部分：上面是程序流程部分，中间是操作部分，下面是正在编辑的此数据库中的各种宏部分。程序流程部分主要是注释（Comment）、组（Group）、条件（If）和子宏（Submacro）。操作部分将宏操作分为窗口管理、宏命令、筛选/查询/搜索、数据导入/导出、数据库对象、数据输入操作、系统命令。

从宏的设计视图中可以看到，宏由宏名、条件、操作、参数、注释 5 部分组成。

- 宏名：单一宏只有宏对象的名称，并且通过宏对象的名称执行宏；宏组则通过 Submacro 命令来指明子宏名。宏组中的每个宏都有唯一的名称，并使用“宏组名.宏名”的格式来调用宏。
- 条件：用于设置宏执行需要满足的条件，并使用 if 命令来添加。如果有条件选项，则只有在满足条件时，宏才能执行。
- 操作：Access 2013 提供了各种宏可以执行的操作命令，可以在“添加新操作”下拉列表中选择操作选项。
- 参数：参数是一个值，用于向操作提供信息，如打开的窗体或报表的名称等。
- 注释：对宏操作的一个说明。使用 Comment 命令或“//”来完成注释语句的添加。

4. 常用的宏操作

Access 数据库提供了多种操作，用户可以从这些操作中做出选择，创建自己的宏。常用的宏操作及其功能如表 1-6-1 所示。

表 1-6-1 常用的宏操作及其功能

宏 操 作	功 能
AddMenu	创建自定义菜单栏、快捷菜单栏、全局菜单栏等
Beep	使计算机的扬声器发出“嘟嘟”声
Redo	重复最近的用户操作
UndoRecord	撤销最近的用户操作
GoToControl	将焦点移动到激活数据表或窗体上制定的字段或控件上
GoToRecord	可以使打开的表、窗体或查询结果集中的指定记录变为当前记录
FindRecord	查找符合指定条件的第一条或下一条记录
DeleteRecord	删除当前记录
SaveRecord	保存当前记录
MessageBox	打开一个警告或信息的消息框
OpenForm	打开指定的窗体
OpenQuery	打开指定的查询
OpenReport	打开指定的报表
OpenTable	打开指定的表
PrintObject	打印当前对象

续表

宏 操 作	功 能
PrintPreview	当前对象的打印预览
CloseDatabase	关闭当前数据库
QuitAccess	关闭所有窗口，退出 Access 数据库
RunMacro	运行宏，也可用该操作从其他宏中运行宏
RunDataMacro	运行数据宏
SetProperty	设置控件属性
StopMacro	停止当前正在运行的宏
StopAllMacro	停止所有正在运行的宏
CloseWindow	关闭指定的窗口，如果没有指定窗口，则关闭激活窗口
MaximizeWindow	最大化激活窗口
MinimizeWindow	最小化激活窗口
RestorWindow	将最大化或最小化窗口还原到原来的大小
MoveAndSizeWindow	移动并调整激活窗口

5. 宏的运行

（1）在数据库的导航窗格中选中宏对象，双击宏名称。

（2）切换到宏的设计视图，单击“宏工具/设计”→“工具”→“运行”按钮，执行正在设计的宏。

（3）在窗体、控件、报表和菜单中调用宏。

（4）自动执行宏。将宏的名称固定为“AutoExec”，当每次启动数据库时，将自动执行该宏。

宏在执行前必须被保存。如果宏在运行中出现了错误，或者需要跟踪宏的执行过程，则可以使用单步执行宏的方法，一步一步运行宏，这样可以很方便地观察宏的执行过程，发现错误并改正。

6. 宏的调试

在设计宏时一般需要对宏进行调试，以排除导致错误或产生非预期结果的操作。Access 2013 为调试宏提供了一个单步执行宏的方法，即每次只执行宏中的一个操作。使用单步执行宏可以观察宏的操作流程和每一个操作的结果，并且可以排除导致错计或产生非预期结果的操作。例如，在宏的设计视图中打开 MDY 宏，单击“设计”→“工具”→“单步”按钮，启动宏但不调试，再单击“运行”按钮，系统以单步的形式开始执行宏操作，并打开“单步执行宏”对话框。在“单步执行宏”对话框中显示当前单步运行宏的宏名称、条件、操作名称和该操作的参数信息，还包括“单步执行”“停止所有宏”“继续”三个按钮。如果单击“单步执行”按钮，则执行显示在该对话框中的第一步操作，并出现下一步操作的对话框。如果单击“停止所有宏”按钮，则将终止当前宏的运行，返回当前的操作状态。如果单击“继续”按钮，则将关闭单步执行状态，并运行该宏后面的操作。如果宏中存在问题，则将弹出错误提示信息对话框，根据对话框中的提示，可以了解出错的原因，以便进行修改和调试。

考点 1：宏的概念及功能

例 1 （单选题）宏是一个或多个（　　）的集合。

A．操作　B．命令　C．对象　D．表达式

解析：宏是由操作组成的，每个操作都能实现特定的功能，故选 A。

例 2 （单选题）关于宏的说法不正确的是（　　）。

A．宏一次能完成多个操作

B．每个宏操作都是由宏操作命令和操作参数完成的

C．宏是用编程的方法实现的

D．使用宏可以自动完成许多繁杂的人工操作

解析：宏由一个和多个操作组成，能完成多个任务。宏操作是由宏操作命令和操作参数完成的。宏中可以有多个操作，系统自动完成，简化操作流程，提高工作效率，故选 C。

考点 2：宏的创建

例 3 （单选题）使用宏打开表有 3 种模式，分别是增加、编辑和（　　）。

A．只读　B．删除　C．修改　D．打印

解析：宏打开表的 3 种模式有增加、编辑和只读，故选 A。

考点 3：常用宏操作

例 4 （单选题）在 Access 2013 中，可以在一个宏中调用另一个宏的操作是（　　）。

A．Open　B．Macro　C．Run　D．RunMacro

解析：在一个宏中调用另一个宏的操作是 RunMacro，故选 D。

例 5 （单选题）打开指定报表的宏命令是（　　）。

A．OpenTable　B．Openquery　C．OpenForm　D．OpenReport

解析：打开指定报表的宏命令是 OpenReport，打开表是 OpenTable，打开查询是 OpenQuery，打开窗体是 OpenForm，故选 D。

例 6 （单选题）每次启动数据库时，自动执行的宏的名称固定为（　　）。

A．AutoExec　B．Open　C．Msgbox　D．Beep

解析：Msgbox 是打开对话框，Beep 是发出“嘟嘟”声，AutoExec 是当每次启动数据库时，将自动执行该宏，故选 A。

例 7 （单选题）打开指定查询的宏命令是（　　）。

A．OpenTable　B．OpenForm　C．OpenQuery　D．OpenReport

解析：打开指定报表的宏命令是 OpenReport，打开表的宏命令是 OpenTable，打开查询的宏命令是 OpenQuery，打开窗体的宏命令是 OpenForm，故选 C。

知识点二　创建宏组

1. 宏组的概念

宏组是指一个宏中包含两个或多个宏，这些宏被称为子宏（SubMacro），即宏组的成员在通常情况下是宏。在宏组中，每个子宏都是独立的，相互之间没有关系。用户通常将

功能相近或操作相关的宏组织在一起构成宏组，以方便设计数据库的应用程序，也有利于对宏进行管理。宏组也是数据库的对象。

宏组的创建方法如下：

单击“创建”→“宏与代码”→“宏”按钮，切换到宏设计视图，选中并双击“操作目录”窗格中的“SubMacro”，为该宏添加子宏及宏名，创建多个子宏，组成宏组。

2. 宏组的调用

宏组就是包含多个宏的集合。在宏组中，每个子宏都有一个名称，引用宏组中的宏的格式为“宏组名.宏名”。如果直接执行宏组，则只执行宏组中的第一个子宏。

宏组与 Group 组是完全不同的概念。Group 组是在 Access 2010 新引入的，而宏组的概念早在 Access 2003 之前就已经存在了。使用 Group 组可以把宏的若干操作，根据其操作目的的相关性进行分块，每一块就是一组。分组后的宏结构比较清晰，方便用户阅读。Group 组的成员仍然是宏操作，而不是宏。Group 组在执行时，会按顺序执行组内所有的宏操作。

考点 4：宏组的概念及使用

例 8 （单选题）下列关于子宏的说法错误的是（ ）。

A．子宏本身就是宏

B．每个子宏是独立的，相互之间没关系

C．宏组不是数据库对象

D．用户通常将功能相近的宏放在一起构成宏组

解析：宏组也是数据库对象，故选 C。

知识点三 创建条件宏

通常情况下，宏的执行顺序是从第一个宏操作依次向下执行到最后一个宏操作。有时可能会要求宏按照一定的条件执行某些操作，这时就需要在宏中设置条件来控制宏的执行流程。条件宏通过 If 和 Else 语句来设置条件，系统根据对条件表达式的判断来执行宏操作。如果没有条件限制，那么系统将直接执行该行的宏操作。如果有条件限制，则系统将先计算条件表达式的逻辑值，当逻辑值为 True 时，系统执行该条件块中的所有宏操作，直到下一个条件表达式成立为止；当逻辑值为 False 时，系统将忽略该条件块中的所有的宏操作，并自动转到下一个条件表达式或空条件进行相应的操作。

可以为宏设置执行条件，当条件满足时，宏就执行相应的操作；当条件不满足时，宏就不执行该操作，而继续执行下一个操作，这种宏称为“条件宏”，其条件是一个计算结果为逻辑值的表达式，是通过 If 语句设置的。具体的条件表达式中包含算术、逻辑、常数、函数、控件、字段名和属性值。

在宏设计视图“添加新操作”下拉列表中，选择“If”，在“条件表达式”中输入条件，在“添加新操作”中添加操作命令。

考点 5：条件宏的含义及使用方法

例 9 （单选题）条件宏中用来判断是否执行的条件项是（ ）。

A．逻辑表达式　　B．字段列表　　C．算术表达式　　D．SQL 语句

解析：条件宏的条件是一个计算结果为逻辑值的表达式，是通过 If 语句设置的，故选 A。

知识点四 创建数据宏

添加数据宏来执行一些操作，就可以在表（更改前、删除前、插入后、更改后、删除后）的事件中控制用户的操作行为。每当在表中添加、更新或删除数据时，都会发生表事件。数据宏是一种触发器，可以用来检查数据表中输入的数据是否合理。当在数据表中输入的数据超出限定的范围时，数据宏就会给出提示信息。另外，数据宏可以插入、修改和删除记录，从而对数据更新，这种更新比使用查询更新的速度快很多。对于无法通过查询实现数据更新的 Web 数据库，数据宏尤其有用。数据宏从打开表后的“表格工具”→“表”选项卡中进行管理，不会显示在导航窗格中的“宏组”下。

（1）在导航窗格中，双击要添加数据宏的表。

（2）在“表格工具/表”选项卡的“前期事件组”或“后期事件组”中选择对应的按钮。

（3）Access 数据库打开宏生成器。如果以前为此事件创建过宏，则 Access 数据库会显示。

（4）添加希望宏执行的操作。

（5）保存并关闭宏。

考点 6：数据宏的含义及使用方法

例 10 （单选题）数据宏（　　）。

A．存在于对应的表中　　　B．独立存在

C．存在于对应的窗体中　　D．存在于对应报表中

解析：数据宏是指在表上创建的宏，当向表中插入、删除、更新数据时将触发数据宏，数据宏并不显示在导航窗格的宏对象下，故选 A。

一、选择题

1．（　　）才能执行宏操作。

A．创建宏组　　　B．编辑宏

C．创建宏　　　　D．运行宏或宏组

2．关于宏组的说法错误的是（　　）。

A．宏组是一个或多个操作指令的集合

B．宏组中的多个宏不能单独调用

C．宏组的创建也需要在宏设计器中

D．添加子宏需要双击“Submacro”命令

3．若要限制宏命令的操作范围，则可以在创建宏时定义（　　）。

A．宏操作对象　　　　　B．宏条件表达式

C．窗体或报表控件属性　D．宏操作目标

4．在宏设计器中，宏可以在（　　）下拉列表中进行添加。

A．添加新操作　B．展开新操作　C．单步　D．折叠新操作

5．下列属于通知或警告用户的命令是（　　）。

A．PrintOut　B．OutPutto　C．MsgBox　D．RunWarnings

6．打开数据表的宏命令是（　　）。

A．OpenTable　B．OpenForm　C．OpenQuery　D．OpenReport

7．宏命令 Beep 的基本功能是（　　）。

A．使计算机发出鸣响　B．将活动窗口最大化

C．弹出一个消息框　D．宏在运行时，鼠标指针变成一个沙漏状

8．若一个宏包含多个操作，则在运行时将按（　　）顺序来运行这些操作。

A．从上到下　B．从下到上　C．从左到右　D．从右到左

9．在 Access 中，使用（　　）操作可以在一个宏中调用另一个宏。

A．RunMacro　B．Run　C．Macro　D．Open

10．打开窗体的宏命令是（　　）。

A．OpenTable　B．OpenForm　C．OpenQuery　D．OpenReport

11．将活动窗口最大化的宏命令是（　　）。

A．CloseWindow　B．MaximizeWindow

C．MinimizeWindow　D．RestorWindow

12．宏操作 Setvalue 的作用是（　　）。

A．窗体或报表控件的属性　B．刷新控件数据

C．字段的值　D．当前系统的时间

13．下列操作中能产生宏操作的是（　　）。

A．创建宏　B．运行宏　C．编辑宏　D．创建宏组

14．有关宏操作，叙述错误的是（　　）。

A．宏的条件表达式不能应用窗体或报表的控件值

B．所有宏操作都可以转换为相应的模块代码

C．使用宏可以启动其他应用程序

D．可以利用宏组来管理相关的系列宏

15．在宏的表达式中要引用报表 test 上 txname 的值，可以使用引用式（　　）。

A．[txname]　B．[text]!txname

C．[Reports]![test]![txname]　D．[Reports]!txname

二、判断题

1．宏中只能包含一个操作指令。（　　）

2．找到符合由参数指定的选择条件的当前记录的第一条记录，可以使用 GoToRecord 操作。（　　）

3．宏组中上一个宏的运行会影响到下一个宏的运行结果。（　　）

4．宏需要通过编程实现。（　　）

5．若要限制宏命令的操作范围，则可以在创建宏时定义宏条件表达式。（　　）

6．宏命令 OpenQuery 是指打开指定的查询。（　　）

7．用户想要通过验证规则来限制数据表的输入信息可以使用数据宏。（　　）

8．宏组不是数据库对象。（ ）

9．每次打开数据库时会自动运行的宏是“AutoExec”。（ ）

10．使用宏组可以管理相关的系列宏。（ ）

三、简答题

1．简述条件宏创建的一般过程。

2．什么是宏？它有哪些功能？

3．什么是宏组？如何执行宏组中的宏？

4．简述单个宏的组成部分。

5．简述单个宏的运行方法。

6．简述宏和宏组的区别和联系。

7．简述打开宏设计视图的方法及宏设计视图的组成。

8．Access 2013 中宏操作按照用途可以分为哪些类？

四、操作题

1．在“学生管理”数据库中创建一个“用户登录”的窗体，并新建一个用户表，要求有用户名和密码。创建宏“用户密码验证”，对用户登录窗体进行密码验证。如果输入的密码正确，则提示“登录成功”，否则提示“密码输入错误”。

2．在“学生管理”数据库中，创建“打开窗体”宏组，要求里面有 4 个子宏，前 3 个分别打开“学生基本信息窗体”“课程窗体”“成绩窗体”，并可以出现对应的消息提示。第 4 个子宏为关闭当前窗体。

项目七

数据安全与数据交换

思维导图

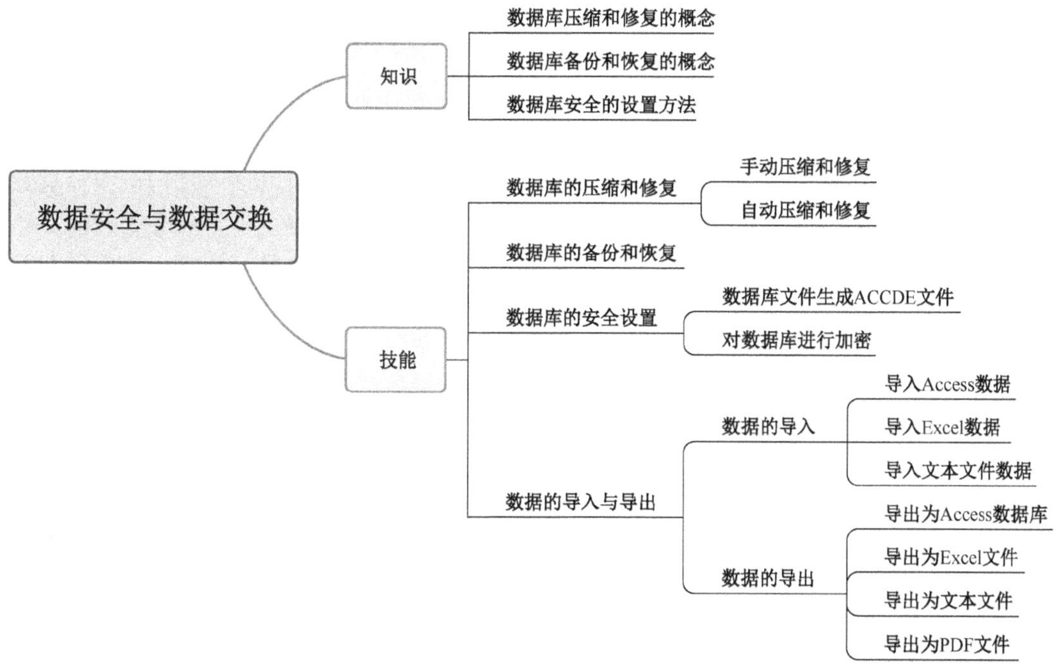

复习要求

1. 了解数据库安全的相关概念；
2. 了解数据库的压缩和修复的方法；
3. 了解将数据库文件生成 ACCDE 文件的方法；
4. 熟练掌握数据库的加密和解密技术；
5. 熟练掌握数据库数据的导入和导出方法。

考点详解

知识点一 数据库的压缩、修复、备份和恢复

1. 数据库的压缩和修复

压缩数据库并不是压缩数据，而是通过清除未使用的空间来缩小数据库文件。

（1）手动压缩和修复。

打开要压缩和修复的数据库，单击“数据库工具”→“工具”→“压缩和修复数据库”按钮，对打开的数据库进行压缩和修复。

（2）自动压缩和修复。

选择“文件”→“选项”命令，打开“Access 选项”对话框，选择“当前数据库”选项，在选项卡中勾选“关闭时压缩”复选框，单击“确定”按钮。设置完成后，数据库在每次关闭时都会自动进行压缩。

数据库的压缩和修复是同时完成的，执行上述操作，不仅对数据库进行了压缩，还对数据库本身的一些错误进行了修复。

2. 数据库的备份和恢复

为了保证数据库中数据的安全，可以通过另存操作对数据库进行备份。

打开要备份的数据库文件，选择“文件”→“另存为”命令，打开“另存为”对话框，在该对话框中选择数据库另存的类型，单击“另存为”按钮，在打开的对话框中选择另存文件存放的路径和文件名，单击“保存”按钮即可。如果不选择新的路径和设置新的文件名，则系统默认保存在当前数据库的路径下，并且以当前数据库文件名后加上当前日期作为备份数据库的文件名。

当需要恢复数据库时，只需对备份数据库进行重命名。在操作系统中，也可以直接以将数据库文件复制、粘贴到不同位置的方法来进行数据库的备份。

考点1：数据库的压缩、修复、备份和恢复

例1 （判断题）数据库的压缩和还原是同时完成的。（ ）

解析：数据库的压缩和修复是同时进行的，压缩和还原不能同时完成，故答案为×。

例2 （判断题）数据库修复功能可以修复数据库中的所有错误。（ ）

解析：数据库修复功能只能修复某些常规错误，不能修复全部的错误，故答案为×。

例3 （判断题）Access 提供了数据库备份功能，但没提供数据库还原功能。（ ）

解析：Access 提供了数据库备份功能，同时提供了还原功能，故答案为×。

知识点二 数据库的安全设置

如果希望创建的数据库文件不允许用户对窗体、报表或模块等对象进行编辑和修改，则可以将数据库文件生成 ACCDE 文件。ACCDE 文件就是对数据库进行打包、编译后生成的数据库文件。在 ACCDE 文件中，不能对窗口、报表或模块等对象进行编辑，无法切换到对象的设计视图，并且也不能查看数据库中的 VBA 代码。

如果需要对数据进行保护，则可以对数据库文件设置密码，密码正确才能打开数据库。这样在打开数据库时就需要用户输入正确的密码，这在一定程度上对数据库中的数据进行了保护。

1．将数据库文件生成 ACCDE 文件

打开数据库文件，选择“文件”→“另存为”命令，在“数据库另存为”对话框中选择“Access 数据库（*.accdb）”选项，单击“另存为”按钮，打开“另存为”对话框，选择另存的路径和文件名，单击“保存”按钮。

2．对数据库进行加密

以“独占”方式打开数据库。

选择“文件”→“信息”→“用密码进行加密”命令，打开“设置数据库密码”对话框。在该对话框中，分别在“密码”文本框和“验证”文本框中输入相同密码，并单击“确定”按钮，完成密码设置。

设置数据库密码的注意事项如下。

- 密码区分大小写，要注意密码输入的一致性。
- 密码可以包括字母、数字、空格和符号，最长可以有 15 个字符。
- 如果忘记密码，则无法正常恢复，也无法打开数据库。
- 对数据库设置密码时要以“独占”的方式打开数据库。

以后想要打开这个数据库时，系统会自动弹出“要求输入密码”对话框，只有输入正确的密码才能打开这个数据库。

如果要取消数据库的密码，则同样要以“独占”方式打开数据库，原“用密码进行加密”命令会变为“解密数据库”命令，使用相同的方法操作，即可取消数据库的密码。

注意，取消数据库密码也需要输入正确的密码。

考点 2：数据库安全

例 4　（单选题）对于数据库的安全说法错误的是（　　）。

A．要防止数据库被非法访问，可以对数据库进行加密

B．加密的数据库可以被解密

C．要加密的数据库必须以“共享”方式打开

D．加密后的数据库，必须输入正确的密码才能打开

解析：本题考查的是数据加密的问题，加密的数据库必须以“独占”的方式打开，不能以“共享”的方式打开，故选 C。

例 5　（单选题）在 Access2013 中，对数据库进行打包编译后生成的数据库文件是（　　）文件。

A．.mdb　　B．.accdb　　C．.accde　　D．mde

解析：在 Access 2013 中，对数据库打包编译后生成的文件是 accde 格式的文件，故选 C。

例 6　（判断题）要为数据库设置密码，需要将数据库文件的打开方式设置为“独占”方式。（　　）

解析：见例 4，答案为 √。

知识点三　数据的导入与导出

在创建数据库时，数据库中的对象可以从其他已存在的数据库中导入，也可以从文本文件、电子表格文件中导入，以提高数据输入的方便性和灵活性，还可以将 Access 数据库文件导出为文本文件、Excel 文件或其他类型的文件，以便在不同的应用程序中对数据进行重复使用。

1．数据的导入

数据的导入就是将外部的数据复制到 Access 数据库中，以提高数据输入的效率，最常见的有以下 3 种。

（1）导入 Access 数据：当需要对两个 Access 数据库中的对象进行合并时，或者需要根据现有的数据库创建另一个类似的数据库时，就可以使用数据库的导入功能。导入 Access 数据，就是将 Access 数据库中已经存在的表、窗体、查询或其他数据库对象复制到当前数据库中。如果当前数据库中已经存在相同名称的对象，则导入的对象会自动在对象名后加上“1”作为新的对象名。

（2）导入 Excel 数据：将 Excel 工作表中的数据或区域导入到一个新的或已经存在的数据库表。当 Excel 工作表中首行有标题名时，可以将 Excel 工作表中的数据或区域直接导入到已经存在的表，在导入过程中可以把标题名改为要导入的表中的字段名，而且要一一对应；如果 Excel 工作表中没有标题，则只能将 Excel 工作表中的数据或区域导入到新的表，并且在导入的过程中要添加字段名。

（3）导入文本文件数据：将符合格式要求的文本文件中的数据导入到数据库中。文本文件的格式分为固定宽度的和带分隔符的。固定宽度是指文件中记录的每个字段只使用空格分隔，并且所有字段在同一列中对齐。带分隔符的文件通常用逗号、分号、制表符或其他字符作为字段间的分隔符。在将带分隔符的文本文件数据导入到数据库的表中时，Access 数据库会根据分隔符自动识别并分隔字段，只有正确设置了字段的数据类型，才能保证导入正确。

打开数据库，单击“外部数据”→“导入并链接”选项组中的相应文件类型按钮，根据向导提示进行操作，即可导入相应类型的数据文件。

2．数据的导出

数据的导出就是将数据库中的数据导出到其他 Access 数据库中，或者导出为 Excel 文件、文本文件、PDF 文件或 XPS 文件等，以便数据被其他应用程序重新加工并使用。

打开数据库，在导航窗格中选中某个要导出的对象，单击“外部数据”→“导出”选项组中的文件类型按钮，根据向导提示进行操作，即可导出选中的格式数据文件。

考点 3：数据的导入与导出

例 7　（单选题）关于数据的导入和导出，说法错误的是（　　）。

A．一次导入可以导入多个对象，但只能同时导出 1 个对象

B．数据可以导入到新表中，也可以导入到现有的表中

C．在导入 Access 数据库表时，不但可以导入表结构和数据，还可以导入表间关系

D．在导出 Access 数据库表时，不但可以导出表结构和数据，还可以导出表间关系

解析：Access 数据库的导入操作可以导入表间关系，但不能导出表间关系，故选 D。

同步练习

一、选择题

1．如果一个数据库文件在打开时出现未知的错误，可以尝试采用（　　）方式后，再打开数据库。

A．加密　　B．解密　　C．压缩与修复　　D．另存为

2．关于压缩数据库的描述错误的是（　　）。

A．压缩数据库并不是压缩数据　　B．数据库在每次关闭时会自动压缩
C．压缩数据库可以清除未使用的空间　　D．压缩数据库会破坏原始文件

3．备份数据库的方法是（　　）。

A．“文件”→“另存为”　　B．直接对数据库进行复制、粘贴
C．“文件”→“保存”　　D．A 和 B

4．在设置数据库密码时，要以（　　）方式打开数据库。

A．独占　　B．只读　　C．打开　　D．独占只读

5．（　　）文件就是对数据库进行打包编译后生成的数据库文件。

A．ACCDE　　B．ACCDB　　C．ACCDC　　D．MDB

6．可以将 Access 数据库中的数据导出为（　　）。

A．Excel 文件　　B．PDF 文件
C．其他 Access 数据库　　D．以上都是

7．在向 Access 数据库中导入 Excel 数据时，（　　）。

A．只能导入当前数据表，不要求工作表以表格形式排列
B．可以选择要导入的数据表，不要求工作表以表格形式排列
C．只能导入当前数据表，要求工作表以表格形式排列
D．可以选择要导入的数据表，要求工作表以表格形式排列

8．在 Access 数据库中导入文本文件时，文本文件的格式有固定宽度和带分隔符两种。带分隔符的文件通常用（　　）作为字段间的分隔符。

A．逗号　　B．分号　　C．Tab 键　　D．以上都是

9．数据库密码的最长字符数是（　　）。

A．8　　B．10　　C．15　　D．20

二、判断题

1．压缩数据库是指压缩数据的大小。（　　）
2．为了保证数据库中数据的安全，应定期对数据库进行备份。（　　）
3．将数据库文件生成 ACCDE 文件后，不能对窗体、报表或模块等对象进行编辑。（　　）
4．数据库文件由 ACCDB 格式转换为 ACCDE 格式后，还可以转换回来。（　　）
5．数据库的修复可以修复数据库的所有错误。（　　）
6．在导出数据库的数据时，不能导出为 PDF 文件。（　　）
7．在对数据库文件设置密码以后，如果不想再使用密码，也无法撤销。（　　）
8．文本文件数据不能作为数据来源被导入到 Access 数据库中。（　　）
9．在 Access 数据库中导入数据时，导入新表和链接表数据是一样的。（　　）
10．在压缩和修复数据库时，既可以使用手动方式，也可以使用自动方式。（　　）
11．数据库的压缩和修复不可以同时进行。（　　）
12．加密和解密数据库都必须以独占方式打开数据库。（　　）

三、简答题

1．简述压缩和修复数据库的方法。
2．简述对数据库进行备份和还原的方法。
3．简述设置数据库密码的注意事项。
4．简述数据库导入外部数据的方法。

项目八

“进销存管理系统”的实现

思维导图

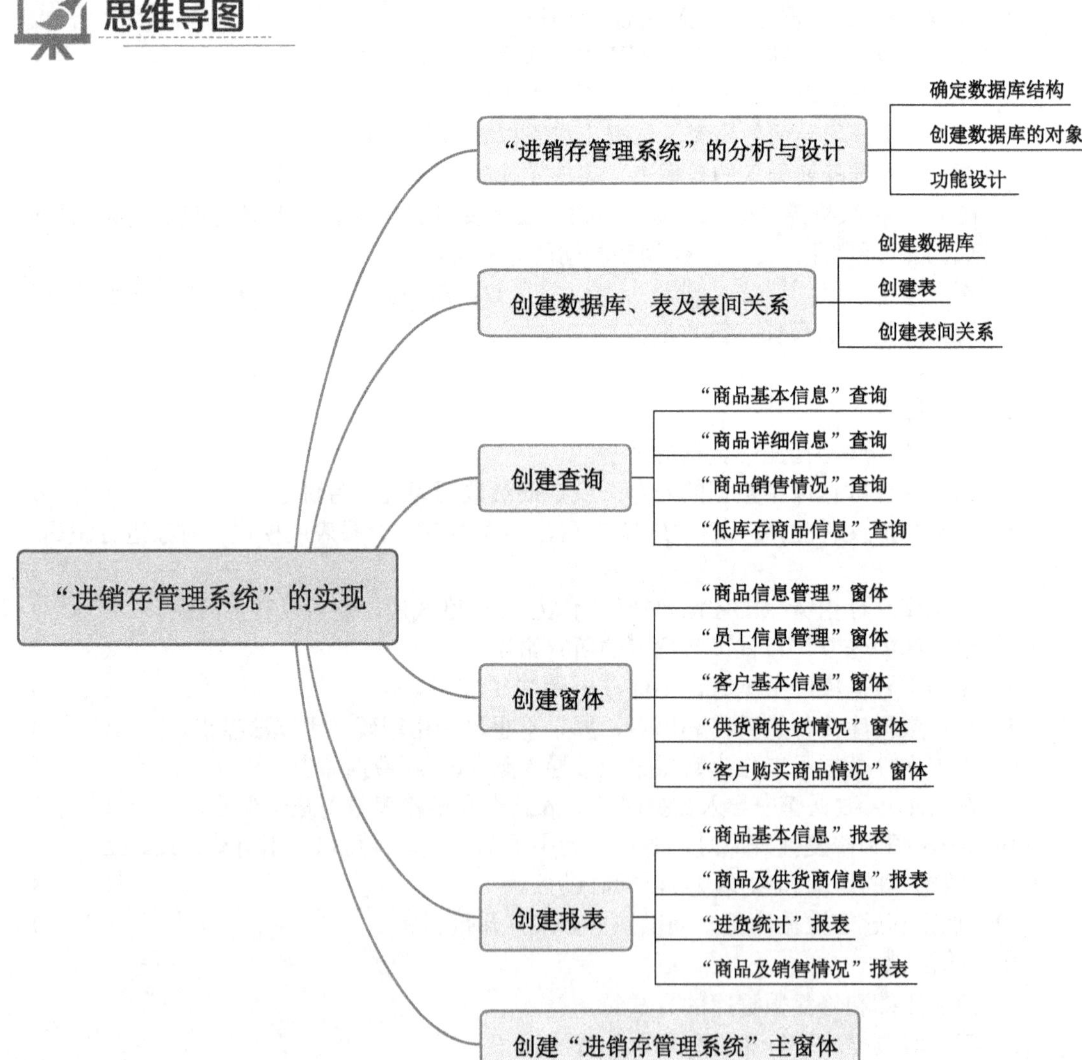

复习要求

1. 熟练掌握"进销存管理系统"中各种对象的创建方法；
2. 了解数据库管理应用系统的创建流程和方法；
3. 掌握数据库设计的基本过程。

考点详解

知识点一 "进销存管理系统"的分析与设计

1. 确定数据库结构

通过对企业的了解和对数据的收集与分析，确定数据库会涉及哪些数据表和每个表的属性。模拟小型销售企业的进销存管理，基本确定了 8 个表，以满足数据管理的需要。

2. 创建数据库中的各种对象

（1）根据确定的表结构创建各种表及输入数据。

（2）根据需要对表结构和表中的数据进行编辑和修改。

（3）创建基于表的各种查询及需要的查询操作。

（4）创建基于表、查询的各种报表。

（5）创建相应的宏，并通过宏创建控制面板的窗体，完成对各种对象的操作和系统的集成。

3. "进销存管理系统"的功能设计

一个数据库管理系统所需要的操作不外乎数据的查询、添加、修改和删除，根据对"进销存管理系统"的需求分析，确定"进销存管理系统"能够实现的功能如下。

（1）进销存信息管理：包含对商品、供应商、客户、员工、入库记录、销售记录及商品类别等信息的添加、修改、删除等，主要通过表或窗体来实现。

（2）进销存信息查询：包含对商品、供应商、客户、员工、入库记录、销售记录等基本信息的查询，主要通过窗体或查询来实现。

（3）进销存信息打印：包含对商品、供应商、销售记录等信息的报表输出。

知识点二 创建数据库、表及表间关系

（1）创建"进销存管理"数据库。

（2）创建表（供货商、客户、商品、入库记录、销售记录、商品类别、管理员、员工）。

（3）创建表间关系。

知识点三 创建查询

根据需要创建相关的查询，需求不同，创建的查询也不同。可以创建涉及一个表的查

询、有表间关系的多个表的查询和有条件的查询。

（1）创建“商品基本信息”查询。

（2）创建“商品详细信息”查询。

（3）创建“商品销售情况”查询。

（4）创建“低库存商品信息”查询。

知识点四 创建窗体

创建的窗体涉及各种信息的查询、添加、修改、删除等操作。窗体有不同的样式，可以是单个窗体，也可以创建主窗体、子窗体。

（1）创建“商品信息管理”窗体。

（2）创建“员工信息管理”窗体。

（3）创建“客户基本信息”窗体。

（4）创建“供货商供货情况”窗体。

（5）创建“客户购买商品情况”窗体。

知识点五 创建报表

有些信息需要以报表的形式打印输出，创建的报表涉及信息的查询、添加、修改、删除等操作。报表有不同的样式，可以是单个查询的报表，也可创建主报表、子报表。

（1）创建“商品基本信息”报表。

（2）创建“商品及供货商信息”报表。

（3）创建“进货统计”报表。

（4）创建“商品及销售情况”报表。

知识点六 创建“进销存管理系统”主窗体

当“进销存管理系统”中的数据库和数据库中表、查询、窗体、报表等对象创建完成后，需要把这些对象通过窗体进行系统集成，并通过窗体完成管理系统的所有操作。

（1）创建“用户登录”窗体。

（2）创建“进销存管理系统”主窗体。

（3）创建各种其他二级窗体。

（4）创建操作各类窗体的宏。

（5）创建自启动宏，使得系统打开后直接登录窗体。

第二部分 计算机网络技术

项目一

认识计算机网络

思维导图

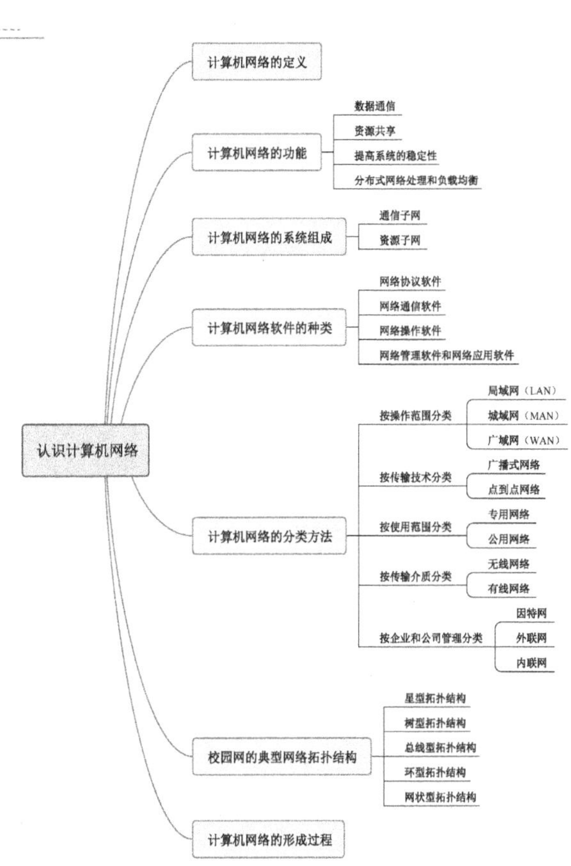

复习要求

1．掌握计算机网络的定义；
2．掌握计算机网络的主要功能；
3．掌握计算机网络的系统组成；
4．掌握计算机网络软件的种类；
5．掌握计算机网络的分类方法；
6．了解校园网的典型网络拓扑结构；
7．了解计算机网络的形成过程。

考点详解

任务一　计算机网络使用调查

1．计算机网络的定义

计算机网络是计算机技术与通信技术相融合的产物。

计算机网络把分布在不同地理区域的计算机与专门的外部设备用通信线路互联成一个规模大、功能强的系统，从而使众多计算机可以方便地互相传递信息，共享硬件、软件、数据信息等资源。简单来说，计算机网络就是由通信线路互相连接的许多自主工作的计算机构成的集合体。

2．计算机网络的功能

计算机网络具有以下功能。

（1）数据通信。数据通信是计算机网络最基本的功能，可在计算机与终端、计算机与计算机之间快速传送文字信息、新闻消息、咨询信息、图片资料、视频资源、电视电影等各种信息。利用这一特点，可将单位或部门分散在各个地区的计算机网络连接起来，进行统一调配、控制和管理。

（2）资源共享。充分利用计算机网络中的资源（包括硬件、软件和数据）是组建计算机网络的主要目标之一。

（3）提高系统的可靠性。在一些用于计算机实时控制和要求高可靠性的场合，通过计算机网络实现备份技术可以提高计算机系统的可靠性。

（4）分布式网络处理和负载均衡。

3．计算机网络的系统组成

计算机网络的系统组成如图 2-1-1 所示。

（1）通信子网：计算机网络中实现网络通信功能的设备及其软件的集合。通信子网负责计算机之间的数据通信，即信息的传输，包括传输信息的物理媒体、转发器、交换机等通信设备。

（2）资源子网：网络中实现资源共享功能的设备及其软件的集合。

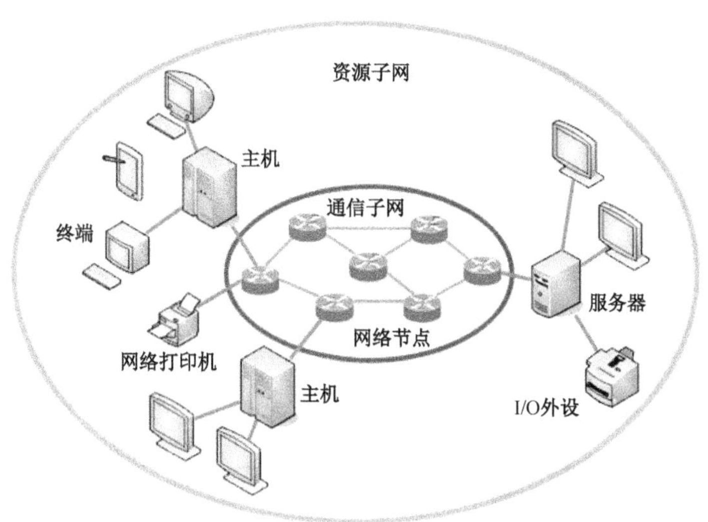

图 2-1-1 计算机网络的系统组成

4. 计算机网络软件的种类

计算机网络软件的种类如表 2-1-1 所示。

表 2-1-1 计算机网络软件的种类

网络协议（Network Protocol）软件	实现网络协议功能，如传输控制协议/网际协议（Transmission Control Protocol/ Internet Protocol TCP/IP）、IPX/SPX 等
网络通信软件	用于实现网络中各种设备之间通信的软件
网络操作系统	实现系统资源共享，管理用户的应用程序对不同资源的访问
网络管理软件和网络应用软件	网络管理软件是用来对网络资源进行管理，以及对网络进行维护的软件；而网络应用软件是为网络用户提供服务的，是网络用户在网络上解决实际问题使用的软件

考点 1：计算机网络的功能

例 1 （填空题）计算机网络的主要功能是________、________、________和________。

解析：计算机网络有四个主要功能：数据通信、资源共享、提高系统的可靠性、分布式网络处理和负载均衡。

考点 2：计算机网络的组成

例 2 （填空题）通信子网负责计算机之间的________，也就是信息的传输。

解析：通信子网（简称子网）是指网络中实现网络通信功能的设备及其软件的集合，通信设备、网络通信协议、通信控制软件等属于通信子网，是网络的内层，负责信息的传输。

例 3 （填空题）计算机网络的软件一般包括网络操作系统、________、________，以及网络管理软件和网络应用软件等。

解析：计算机网络的软件一般包括网络操作系统、网络协议软件、网络通信软件，以及网络管理软件和网络应用软件等。

任务二 了解计算机网络的分类

计算机网络可按不同的标准分类，如按网络的操作范围、网络的传输技术、网络的使用范围、网络的传输介质、企业和公司管理等，具体分类如图 2-1-2 所示。

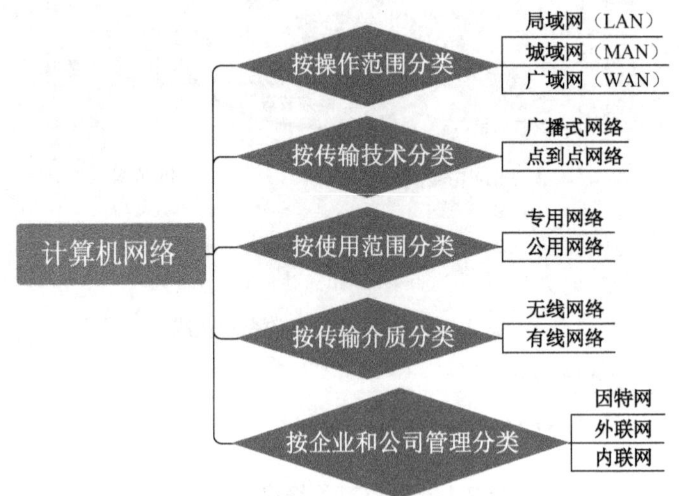

图 2-1-2 计算机网络的分类

1. 按网络的操作范围分类

（1）局域网（LAN）：一般在几十米至几十千米。

（2）城域网（MAN）：一般在几十千米至数百千米。

（3）广域网（WAN）：将分布在各地的局域网连接起来，其地理范围非常大，从数百千米至数千千米，甚至上万千米，可以跨越国界，覆盖全球。

2. 按网络的传输技术分类

（1）广播式网络。广播式网络仅有一条通信信道，网络上的所有计算机都共享这个通信信道。

在广播式网络中，某个分组发出信息以后，网络上的每一台计算机都接收并处理该信息，这种传输方式称为广播；若分组是将信息发送给网络中的某些计算机的，则称为多点播送或组播；若分组只将信息发送给网络中的某一台计算机，则称为单播。无线网和总线型网络一般采用广播传输方式。

（2）点到点网络。点到点网络由计算机之间的多条连线组成，从源到目的地的分组传输过程可能要经过多个中间计算机，而且可能存在多条传输路径，因此，点到点网络中的路由算法十分重要。星型网、环型网、网状型网一般采用点到点的方式传输数据。一般来讲，小的网络采用广播的方式，大的网络采用点到点的方式。

3. 按网络的使用范围分类

（1）公用网络。

（2）专用网络。

4. 按传输介质分类

（1）有线网络：采用双绞线、同轴电缆、光纤连接的计算机网络。有线网络的传输介质包括双绞线、同轴电缆、光纤。

（2）无线网络：使用电磁波传播数据，可以传送无线电波和卫星信号，一般包括以下几个方面。

① 无线电话。

② 无线电视网。

③ 微波通信网。

④ 卫星通信网。

5. 按企业和公司管理分类

（1）内联网：企业的内部网，由企业内部原有的各种网络环境和软件平台组成。

（2）外联网：与企业内部网相对，泛指企业之外，需要扩展连接到与自己相关的其他企业网。

（3）因特网：目前十分流行的一种国际互联网。

考点 3：计算机网络的分类

例 4 （判断题）在广播式网络中，某个分组发出信息以后，网络上的每一台计算机都接收并处理该信息，称这种方式为广播。 （ ）

解析：广播式网络，仅有一条通信信道，网络上的所有交换机都共享该通信信道。当一台计算机在信道上发送分组或数据包时，网络中的每台计算机都会接收到这个分组，故选√。

例 5 （填空题）________是对局域网的延伸，用来连接局域网，在传输介质和布线结构方面涉及范围较广。

解析：城域网（Metropolitan Area Network，MAN）是在一个城市范围内所建立的计算机通信网，属于宽带局域网。城域网采用具有有源交换元件的局域网技术，网中传输时延较小，其传输媒介主要采用光缆，传输速率在 100Mbit/s 以上。城域网的一个重要用途是用作骨干网，通过它将位于同一城市内不同地点的主机、数据库，以及 LAN 等互相连接起来，这与 WAN 的作用有相似之处，但两者在实现方法与性能上有很大差别，故答案是城域网。

任务三 了解校园网的典型网络拓扑结构

1. 校园网的典型网络拓扑结构

（1）星型拓扑结构：多个节点连接在一个中心节点上。

（2）树型拓扑结构：网络中的各节点形成了一个层次化的结构，树中的各个节点都为计算机。

（3）总线型拓扑结构：所有节点共享一条数据通道，一个节点发出的信息可以被网络上的多个节点接收，所以又称广播方式的网络。

（4）环型拓扑结构：节点通过点到点通信线路连接成闭合环路。

（5）网状型拓扑结构：分为完全连接网状和不完全连接网状。

2. 计算机网络的形成过程

（1）以单计算机为中心的联机系统。

（2）分组交换网的诞生。

（3）网络体系结构与协议标准化。

（4）高速计算机网络。

（5）未来的网络。

考点 4：计算机网络拓扑结构

例 6 （单选题）广域网一般采用哪种计算机网络拓扑结构？（　　）

A．树型拓扑结构　　B．总线型拓扑结构

C．环型拓扑结构　　D．网状型拓扑结构

解析：网状型拓扑结构，一般应用于大型网络系统，如广域网，故选 D。

例 7 （判断题）总线型网络一般采用点到点传输方式。（　　）

解析：总线型网络一般采用广播式传输方式，故答案为×。

同步练习

一、选择题

1．计算机网络是指（　　）的计算机系统集合。

A．不共享资源　　B．只共享硬件资源

C．只共享软件资源　　D．共享硬件和软件资源

2．以下哪个部分不属于计算机网络的主要组成部分？（　　）

A．多台计算机　　B．通信设备　　C．连接线　　D．打印机

3．计算机网络的最主要功能是（　　）。

A．数据通信　　B．资源共享　　C．分布式处理　　D．以上都是

4．互联网是指（　　）的集合。

A．计算机设备　　B．已连接的计算机

C．已连接的计算机和终端设备　　D．以上都是

5．计算机网络按照覆盖范围可以分为局域网、城域网和广域网，以下哪个选项属于局域网的特点？（　　）

A．有限的地理区域内　　B．高速传输速率

C．高可靠性　　D．以上都是

二、判断题

1．计算机网络是由多个计算机组成的，它们通过通信设备和线路连接起来，以实现信息交换和资源共享。（　　）

2．计算机网络中的计算机必须是分散的、独立的设备。（　　）

3．计算机网络中的计算机必须具有相同的功能和性能。（　　）

4．计算机网络中的计算机可以共享硬件和软件资源。（　　）

5．计算机网络中的计算机必须通过有线方式连接起来。（　　）

三、简答题

简述计算机网络的定义及其主要功能。

四、操作题

请根据以下步骤进行操作，以演示计算机网络的定义和基本概念。

（1）准备两台计算机，它们可以通过某种方式相互通信。

（2）在第一台计算机上打开一个文本编辑器，如 Notepad 或 Sublime Text。

（3）在文本编辑器中输入以下内容：这是一个简单的计算机网络。

（4）将文件保存为“计算机网络定义演示.txt”，选择一个合适的保存位置。

（5）在第一台计算机上打开文件共享功能，将该文件共享到网络中。

（6）在第二台计算机上打开文件浏览器，尝试访问第一台计算机上共享的文件。

通过以上操作，你可以亲身演示计算机网络的定义和基本概念，并理解不同计算机之间如何通过通信设备和线路进行连接和共享资源。

项目二

认识开放系统互连参考模型

思维导图

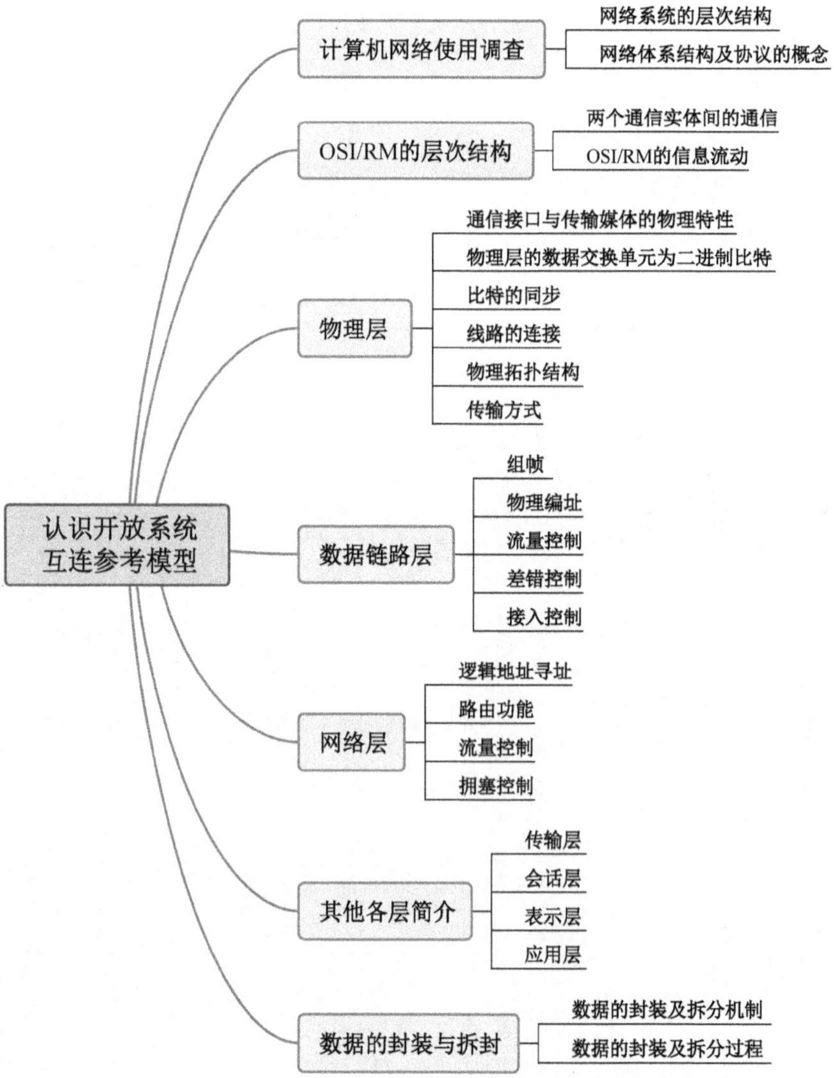

- 认识开放系统互连参考模型
  - 计算机网络使用调查
    - 网络系统的层次结构
    - 网络体系结构及协议的概念
  - OSI/RM的层次结构
    - 两个通信实体间的通信
    - OSI/RM的信息流动
  - 物理层
    - 通信接口与传输媒体的物理特性
    - 物理层的数据交换单元为二进制比特
    - 比特的同步
    - 线路的连接
    - 物理拓扑结构
    - 传输方式
  - 数据链路层
    - 组帧
    - 物理编址
    - 流量控制
    - 差错控制
    - 接入控制
  - 网络层
    - 逻辑地址寻址
    - 路由功能
    - 流量控制
    - 拥塞控制
  - 其他各层简介
    - 传输层
    - 会话层
    - 表示层
    - 应用层
  - 数据的封装与拆封
    - 数据的封装及拆分机制
    - 数据的封装及拆分过程

复习要求

1. 了解网络系统的层次结构；
2. 掌握 OSI/RM 体系结构及各层的功能；
3. 理解数据传递过程中数据的封装与拆分；
4. 了解利用 OSI/RM 分析网络工作机制；
5. 了解利用 OSI/RM 分析网络故障的方法。

考点详解

任务一　计算机网络使用调查

1. 网络系统的层次结构

（1）层次结构研究方法的优点。

① 各层之间相互独立。

② 灵活性强。

③ 各层都可以采用最合适的技术来实现。

④ 易于实现和维护。

⑤ 有利于促进标准化。

（2）分层的原则。

计算机网络体系结构的分层思想主要遵循以下几点原则。

① 功能分工的原则。

② 隔离稳定的原则。

③ 分支扩张的原则。

④ 方便实现的原则。

2. 网络体系结构及协议的概念

计算机网络体系结构就是为了完成计算机之间的通信合作，把每个计算机互联的功能划分成有明确定义的层次，并规定同层次进程通信的协议及相邻层之间的接口服务。

网络体系结构中所涉及的几个概念如下。

（1）网络协议。

网络协议是为网络数据交换而制定的规则、约定与标准。

网络协议的三要素有语义、语法与时序。具体如下。

① 语义：用于解释比特流的每一部分的意义。

② 语法：语法是用户数据与控制信息的结构与格式，以及数据出现的顺序的意义。

③ 时序：事件实现顺序的详细说明。

（2）实体。

实体是通信时能发送和接收信息的任何软/硬件设施。

（3）接口。

接口是同一节点内相邻层之间交换信息的连接点，一个节点的相邻层之间存在着明确规定的接口，低层向高层通过接口提供服务。

（4）服务。

服务是指某一层将自身的一种能力或功能通过接口提供给其相邻上层。

协议是“水平”的，服务是“垂直”的。

考点 1：网络系统的层次结构

例 1 （填空题）网络协议的三要素有________、________、________。

解析：网络协议的三要素有语义、语法与时序。语义：用于解释比特流的每一部分的意义。语法：用户数据与控制信息的结构与格式，以及数据出现的顺序的意义。时序：事件实现顺序的详细说明。

例 2 （多选题）计算机网络体系结构的分层思想主要遵循的原则是（　　）。

A．功能分工的原则

B．隔离稳定的原则

C．分支扩张的原则

D．方便实现的原则

解析：计算机网络体系结构的分层思想主要遵循以下几点原则：① 功能分工的原则；② 隔离稳定的原则；③ 分支扩张的原则；④ 方便实现的原则，故选 ABCD。

任务二　OSI/RM 的层次结构

OSI/RM（Open System Interconnect/Reference Model）参考模型的全称是开放系统互连参考模型，OSI/RM 体系结构是第一个标准化的计算机网络体系结构，OSI/RM 的层次结构如图 2-2-1 所示。

图 2-2-1　OSI/RM 的层次结构

OSI/RM 的层次结构分为 7 层，从下往上分别是物理层、数据链路层、网络层、传输层、会话层、表示层和应用层。层与层之间的联系是通过各层之间的接口来进行的，上层

通过接口向下层提出服务请求，而下层通过接口向上层提供服务。

1. 两个通信实体间的通信

在实际中，当两个通信实体通过一个通信子网进行通信时，必然会经过一些中间节点，一般来说，通信子网中的节点只涉及低3层的结构。两个通信实体之间的层次结构如图2-2-2所示。

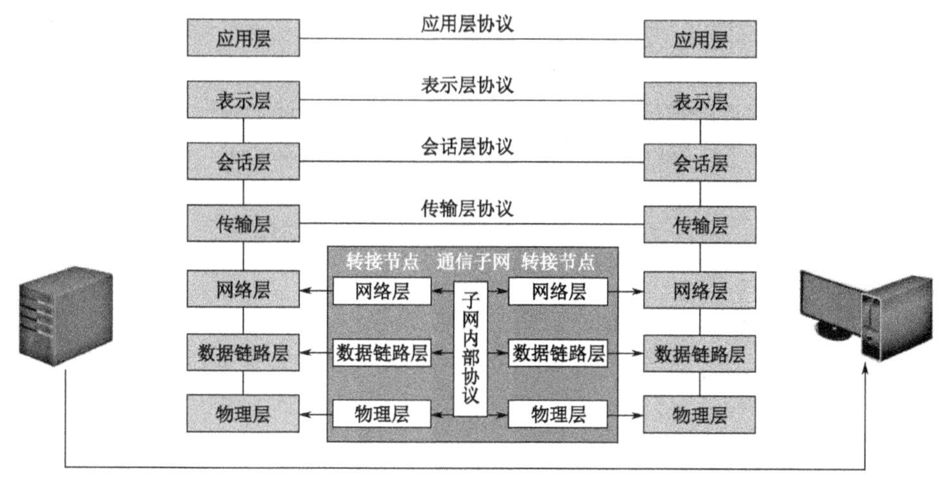

图 2-2-2　两个通信实体之间的层次结构

2. OSI/RM 的信息流动

物理层的通信是直接的二进制比特流传递。OSI/RM 的信息流动如图 2-2-3 所示，系统A将二进制比特流发送给系统B。在物理层上，通信在系统A的各层自上而下依次通过层间接口向下传递，到了系统B后再经过各层自下而上依次通过层间接口向上传递。在发送设备的每一层，从它紧挨着的上层接收到的报文要添加上本层的协议信息，之后将整个包装好的报文传递给紧挨着的下一层。

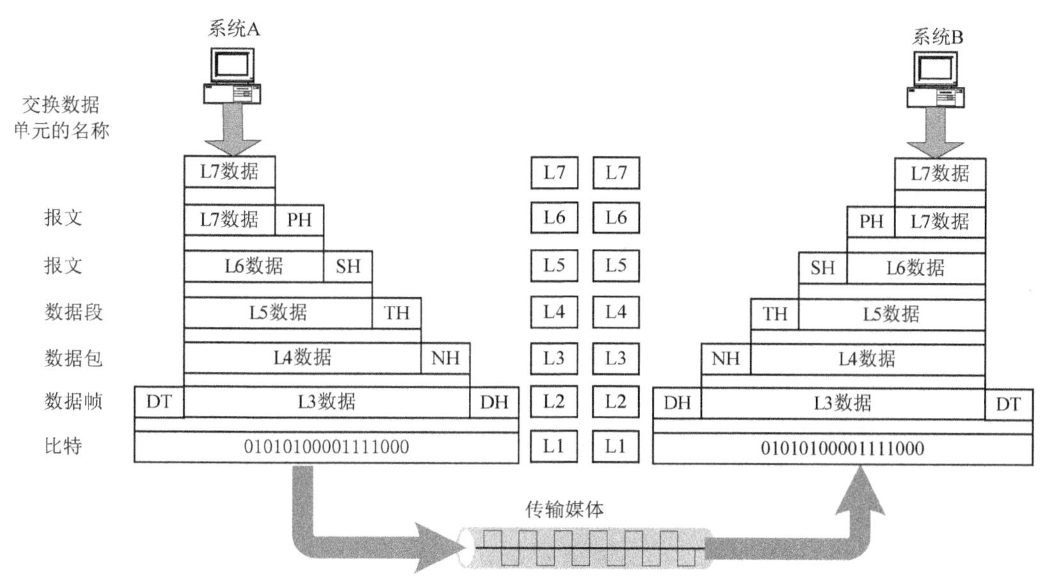

图 2-2-3　OSI/RM 的信息流动

考点 2：OSI/RM 的层次结构

例 3 （单选题）在 OSI 参考模型中，以下哪个层次实现了网络设备之间的端到端通信？（　　）

A．应用层　　　　B．表示层

C．会话层　　　　D．传输层

解析： OSI 参考模型分为 7 个层次，从上到下分别是应用层、表示层、会话层、传输层、网络层、数据链路层和物理层。其中，传输层的主要功能是实现网络设备之间的端到端通信，它负责分段并传输数据，并在接收端重新组装，故选 D。

例 4 （单选题）在 OSI 参考模型中，哪一层负责控制数据在设备之间的网络接口传输？（　　）

A．物理层　　　　B．数据链路层

C．网络层　　　　D．应用层

解析： OSI 参考模型的数据链路层负责控制数据在设备之间的网络接口传输，包括逻辑链路控制子层（LLC）和介质访问控制子层（MAC），MAC 负责控制设备如何在共享介质上传输数据，故选 B。

任务三　物理层

1．物理层的功能

物理层是 OSI 参考模型的底层，其任务就是为它的上一层提供一个传输数据的物理连接。物理层在物理信道上传输原始的数据比特流，提供建立、维护和拆除物理链路连接所需的各种传输介质、通信接口特性等。

2．通信接口与传输媒体的物理特性

通信接口与传输媒体的物理特性及其说明如表 2-2-1 所示。

表 2-2-1　通信接口与传输媒体的物理特性及其说明

特　性	说　明
机械特性	规定物理连接器的规格尺寸、插针或插孔的数量和排列情况、相应通信介质的参数和特性等
电气特性	规定了在链路上传输二进制比特流有关的电路特性，如信号电压的高低、阻抗匹配、传输速率和距离限制等
功能特性	规定各信号线的功能或作用
规程特性	定义 DTE 和 DCE 通过接口连接时，各信号线进行二进制位流传输的一组操作规程（动作序列）

3．物理层的数据交换单元为二进制比特

为了传输比特流，可能需要对数据链路层的数据进行调制或编码，使之成为模拟信号、数字信号或光信号，以实现在不同的传输介质上传输。

4．比特的同步

物理层规定了通信的双方必须在时钟上保持同步的方法，如异步传输和同步传输等。

5．线路的连接

线路的连接是指通信设备之间的连接方式。

6. 物理拓扑结构

物理拓扑定义了设备之间连接的结构关系，如星型拓扑、环型拓扑和网状型拓扑等。

7. 传输方式

传输方式是设备之间连接的传输方式，如单工、半双工和全双工。

考点 3：物理层

例 5　（单选题）在计算机网络中，负责将二进制数据从发送端传输到接收端的层是（　　）。

A．应用层　　B．传输层　　C．网络层　　D．物理层

解析：物理层是计算机网络的底层，负责在计算机之间传输二进制数据，故选 D。

例 6　（简答题）物理层与数据链路层有什么不同？

答案：物理层和数据链路层是两个不同的层次。物理层负责传输二进制数据，而数据链路层则负责建立连接并传输数据包。数据链路层使用物理层提供的传输机制，将数据包封装成帧，并通过发送端和接收端之间的逻辑连接进行传输。数据链路层还负责处理传输过程中的错误，如数据包丢失、错误序列等问题。

任务四　数据链路层

1. 数据链路层的功能

数据链路层通过物理层提供的比特流服务，在相邻节点之间建立链路，传送以帧（Frame）为单位的数据信息，并且对传输中可能出现的差错进行检错和纠错，向网络层提供无差错的透明传输。

2. 数据链路层的主要任务

（1）组帧。

数据链路层把从网络层接收的数据划分成可以处理的数据单元，即帧。帧是一种用来移动数据的结构包，帧的构成类似于火车的结构，一些车厢负责运送旅客和行李（相当于数据），车头、车尾保证了列车的完整性（帧结构的完整），还有一些车厢完成其他的工作（对帧信息的校验、标识目的地址和源地址等）。如图 2-2-4 所示为简化的帧结构。

源地址	目的地址	控制信息	数据	错误校验信息

图 2-2-4　简化的帧结构

（2）物理编址。

如果某个帧需要发送给网络上的不同系统，那么数据链路层就要把首部加到帧上，以明确帧的发送端或接收端。如果这个帧要发送给在发送端网络以外的一个系统，则接收端地址应当是将本网络连接到下一个网络的连接设备的地址。

（3）流量控制。

如果接收端接收数据的速率小于发送端发送数据的速率，那么数据链路层就应使用流量控制机制来预防接收端因过载而无法工作的情况。

（4）差错控制。

数据链路层增加了一些措施来检测和重传损坏或丢失的帧，因此给物理层增加了可

靠性。它还采用前导机制来防止出现重复帧。差错控制通常是在帧的最后加上尾部来实现的。

（5）接入控制。

当两个或更多的设备连接到同一条链路时，数据链路层就必须决定哪一个设备在什么时刻对链路有控制权。介质访问控制（Medium Access Control，MAC）技术是决定局域网特性的关键技术。

考点 4：数据链路层

例 7 （判断题）数据链路层是一种物理层协议，它使用物理层提供的传输机制来传输数据。（ ）

解析：数据链路层是一种数据链路协议，它使用物理层提供的传输机制来传输数据，但它不是物理层协议，答案为×。

例 8 （单选题）下列哪一项不是数据链路层的主要任务？（ ）

A．组帧　　B．传输方式

C．流量控制　　D．差错控制

解析：数据链路层的主要任务是：组帧、物理编址、流量控制、差错控制、接入控制，故选 B。

任务五　网络层

1．网络层的功能

网络层的主要功能是提供路由，即选择到达目标主机的最佳路径，并沿该路径传输数据包（Packet）。除此之外，网络层还能够消除网络拥挤，具有流量控制和拥塞控制的能力。

网络层位于 OSI/RM 的第 3 层，解决网络与网络之间的通信问题，而不是同一网段内部的事。

数据链路层只负责同一个网络中相邻两个节点之间的链路管理及帧的传输等问题。当两个节点连接在同一个网络中时，可能并不需要网络层，只有当两个节点分布在不同的网络中时，才会涉及网络层的功能，保证数据报从源节点到目的节点的正确传输。而且，网络层要负责确定在网络中采用何种技术，从源节点出发选择一条通路通过中间的节点，将数据报最终送达目的节点。

2．网络层的主要任务

（1）逻辑地址寻址。

（2）路由功能。

（3）流量控制。

（4）拥塞控制。

考点 5：网络层的功能

例 9 （填空题）网络层的主要功能是____________。

解析：网络层的主要功能是提供路由，即选择到达目标主机的最佳路径，并沿该路径

传输数据包。除此之外，网络层还能够消除网络拥挤，具有流量控制和拥塞控制的能力，故选提供路由。

考点 6：网络层的主要任务

例 10 （多选题）网络层主要负责的任务是（　　）。

A．逻辑地址寻址　　B．路由功能

C．流量控制　　D．拥塞控制

解析：网络层主要负责逻辑地址寻址、路由功能、流量控制、拥塞控制，故选 ABCD。

任务六　其他各层简介

1．传输层

传输层负责将报文准确、可靠、顺序地从源端传输到目的端（端到端）。

传输层在网络层提供服务的基础上为高层提供两种基本的服务：面向连接的服务和面向无连接的服务。面向连接提供的是可靠的服务，而面向无连接提供的是一种不太可靠的服务。

2．会话层

会话层的主要作用是在网络中的不同用户、节点之间建立和维护通信通道，两个节点之间的会话决定通信是否被中断及中断时从何处重新发送。

3．表示层

表示层处理的是两个系统所交换信息的语法和语义。表示层的作用如下。

（1）数据的解码与编码。

（2）数据的加密与解密。

（3）数据的压缩和解压。

4．应用层

应用层位于 OSI 参考模型的最高层，它为计算机网络与应用软件提供接口，从而使得应用程序能够使用网络服务。

考点 7：传输层

例 11 （判断题）传输层的主要任务是建立连接并传输数据包。（　　）

解析：传输层的主要任务是提供端到端的通信服务，同时确保数据的可靠传输。它通过建立连接并提供可靠的传输服务来实现这一目标，但这不是其唯一的任务，故答案为×。

考点 8：会话层

例 12 （单选题）会话层提供的服务包括（　　）。

A．会话的建立　　B．会话的维护

C．会话的关闭　　D．以上都是

解析：会话层主要负责建立、组织和协调两个会话进程之间的通信，如在两个终端用户之间建立连接、维护会话和关闭连接，故选 D。

考点 9：表示层

例 13 （单选题）表示层的作用（ ）。

A．数据的解码与编码　　B．数据的加密与解密

C．数据的压缩和解压　　D．以上都是

解析：表示层处理的是两个系统所交换信息的语法和语义。表示层的作用：数据的解码与编码、数据的加密与解密、数据的压缩和解压，故选 D。

考点 10：应用层

例 14 （判断题）应用层是计算机网络中通信的两个应用实体进行通信的第一层。（ ）

解析：应用层是计算机网络中通信的两个应用实体进行通信的第七层，故答案为×。

任务七 数据的封装与拆封

1．数据的封装及拆分机制

网络数据在通过各层的时候，均被附加一些该层的信息，把每一层在数据上附加该层信息的过程称为各层对数据的封装。当接收端接收数据的时候，在各层打开对应的封装，获得本层的数据，这个逆向的过程称为拆分。封装与拆分的过程主要在传输层、网络层、数据链路层、物理层实现。

2．数据的封装及拆分过程

数据的封装过程如下。

（1）在发送端，应用层将数据准备好后，会传递给传输层。

（2）传输层会对应用层的数据进行分段，添加源端口号和目标端口号等协议头信息，然后传递给网络层。

（3）网络层会对传输层的数据包进行进一步封装，添加源 IP 地址和目标 IP 地址等协议头信息，然后传递给数据链路层。

（4）数据链路层会在网络层的数据包基础上，添加源 IP 地址和目标 MAC 地址等协议头信息，然后传递给物理层。

（5）物理层将数据转换为可以在物理线路上传输的信号，然后发送到网络中。

数据的拆分过程如下。

（1）在接收端，物理层首先接收从网络中传输过来的信号，将其还原为原始数据包，然后传递给数据链路层。

（2）数据链路层根据协议头信息对数据包进行解封装，然后将数据包传递给网络层。

（3）网络层根据协议头信息对数据包进行进一步解封装，然后将数据包传递给传输层。

（4）传输层根据协议头信息对数据包进行分段解封装，然后将数据包传递给应用层。

（5）应用层对数据包进行最后解封装，得到原始的应用层数据。

数据传输的封装和拆分机制确保了数据的完整性和可靠性，因为它们提供了错误检测机制和数据封装机制。这样，即使在传输过程中出现错误或数据损坏，也可以通过错误检测机制进行纠正或重新传输。

考点 11：数据的封装及拆分机制

例 15 （多选题）数据封装与拆分的过程主要在（　　）实现。

A. 传输层　　B. 网络层　　C. 数据链路层　　D. 物理层

解析：数据封装与拆分的过程主要在传输层、网络层、数据链路层、物理层实现，故选 ABCD。

考点 12：数据的封装及拆分过程

例 16 （判断题）数据拆分是在接收端进行的，它将接收的数据包从物理层逐层解封装到应用层。（　　）

解析：在接收端，数据包从物理层开始，逐层解封装，直到达到应用层，这个过程被称为数据拆分或解封装，故答案为√。

同步练习

一、选择题

1. OSI 参考模型是由哪个组织制定的？（　　）

A. 国际电报电话咨询委员会（CCITT）

B. 国际标准化组织（ISO）

C. 电气电子工程师学会（IEEE）

D. 美国国防部（DoD）

2. 在 OSI 参考模型中，物理层负责下列哪个任务？（　　）

A. 数据的分段和重组　　B. 数据的加密和解密

C. 数据的传输　　D. 数据的错误检测

3. OSI 参考模型有多少层？（　　）

A. 4 层　　B. 5 层　　C. 7 层　　D. 8 层

4. 在 OSI 环境中，不同开放系统对等实体之间的通信，需要本层（N）实体向相邻的上一层（N+1）实体提供一种能力，这种能力称为（　　）。

A. 协议　　B. 服务　　C. 用户　　D. 功能

5. 在同一层次的对应实体之间交换的数据称为（　　）。

A. 接口数据单元　　B. 协议数据单元

C. 控制信息　　D. 服务数据单元

6. 在 OSI 中，为网络用户间的通信提供专用程序的是（　　）。

A. 运输层　　B. 会话层　　C. 表示层　　D. 应用层

7. 在采用专用线路通信时，可以省去的通信阶段是（　　）。

A. 建立通信线路　　B. 建立数据传输链路

C. 传送通信控制信号和数据　　D. 双方确认通信结束

8. 以下网络设备中，工作于物理层的设备是（　　）。

A. 调制解调器　　B. 以太网交换机

C. 中继器　　D. 网桥

9．在 OSI 参考模型中，物理层负责什么？（　　）

A．建立连接并传输数据　　B．格式化数据并将其传输到下一层

C．错误检测和修复　　D．传输原始比特流

10．物理层的主要功能是利用物理传输介质为数据链路层提供物理连接，以便透明地传送（　　）。

A．比特流　　B．帧序列　　C．分组序列　　D．包序列

二、判断题

1．OSI 参考模型是由国际标准化组织（ISO）制定的。（　　）

2．传输层的主要功能是向用户提供可靠的端到端服务，以及处理数据包错误、数据包次序等关键问题。（　　）

3．在 OSI 参考模型中，传输层的主要职责是错误检测和修复。（　　）

4．ISO 划分网络层次的基本原则：不同节点具有不同的层次，不同节点的相同层次有相同的功能。（　　）

5．ICMP 封装在 IP 数据报的数据部分。（　　）

6．OSI 中的“开放”意味着其中的标准可由人们任意修改和添加。（　　）

7. HTTPS 是安全的超文本传输协议，是安全版的 HTTP 协议，使用安全套接字层（SSL）进行信息交换。（　　）

8．国际标准化组织（ISO）对各类计算机网络体系结构进行了研究，并于 1979 年公布了开放式系统互联参考模型。（　　）

9．数据链路层在相邻节点之间建立链路，传送以帧（Frame）为单位的数据信息。（　　）

10．数据链路层的差错控制，通常是在帧的最前面加上头部来实现的。（　　）

三、名词解释

1．网络协议

2．网络体系结构

3．服务

4．接口

5．OSI

四、简答题

1．简述 OSI/RM 中数据的封装与拆分过程。

2．OSI/RM 没有得到推广应用的主要原因有哪些？

项目三

TCP/IP 参考模型

思维导图

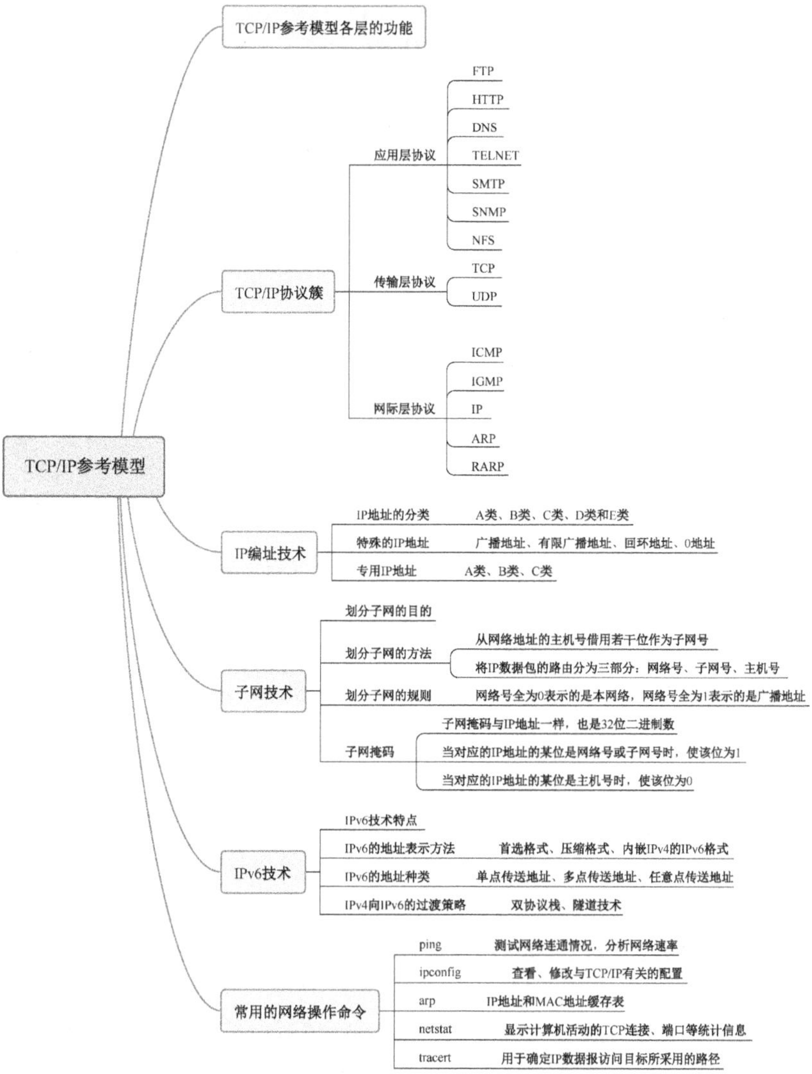

- TCP/IP参考模型
  - TCP/IP参考模型各层的功能
  - TCP/IP协议簇
    - 应用层协议
      - FTP
      - HTTP
      - DNS
      - TELNET
      - SMTP
      - SNMP
      - NFS
    - 传输层协议
      - TCP
      - UDP
    - 网际层协议
      - ICMP
      - IGMP
      - IP
      - ARP
      - RARP
  - IP编址技术
    - IP地址的分类　A类、B类、C类、D类和E类
    - 特殊的IP地址　广播地址、有限广播地址、回环地址、0地址
    - 专用IP地址　A类、B类、C类
  - 子网技术
    - 划分子网的目的
    - 划分子网的方法
      - 从网络地址的主机号借用若干位作为子网号
      - 将IP数据包的路由分为三部分：网络号、子网号、主机号
    - 划分子网的规则　网络号全为0表示的是本网络，网络号全为1表示的是广播地址
    - 子网掩码
      - 子网掩码与IP地址一样，也是32位二进制数
      - 当对应的IP地址的某位是网络号或子网号时，使该位为1
      - 当对应的IP地址的某位是主机号时，使该位为0
  - IPv6技术
    - IPv6技术特点
    - IPv6的地址表示方法　首选格式、压缩格式、内嵌IPv4的IPv6格式
    - IPv6的地址种类　单点传送地址、多点传送地址、任意点传送地址
    - IPv4向IPv6的过渡策略　双协议栈、隧道技术
  - 常用的网络操作命令
    - ping　测试网络连通情况，分析网络速率
    - ipconfig　查看、修改与TCP/IP有关的配置
    - arp　IP地址和MAC地址缓存表
    - netstat　显示计算机活动的TCP连接、端口等统计信息
    - tracert　用于确定IP数据报访问目标所采用的路径

复习要求

1．掌握 OSI/RM 与 TCP/IP 参考模型的对应关系和区别；
2．掌握 TCP/IP 参考模型中各层的功能；
3．掌握 TCP/IP 参考模型中各层的协议；
4．掌握 IP 地址的分类；
5．理解子网掩码的作用；
6．灵活运用子网划分技术；
7．了解 IPv6 技术；
8．熟悉常用的网络操作命令。

考点详解

任务一 TCP/IP 参考模型各层的功能

1．TCP/IP 参考模型各层的特点和功能

（1）网络接口层：底层，负责发送和接收 IP 数据包，允许以太网、令牌环网、帧中继、ATM 等协议。

（2）网际层：核心协议（IP），提供无连接网络服务，处理路由选择、流量控制与网络拥塞。

（3）传输层：对等实体之间建立会话的端到端连接；TCP 是可靠的面向连接协议；UDP 是不可靠的无连接协议。

（4）应用层：为用户提供应用服务。

2．OSI/RM 与 TCP/IP 的对应关系

OSI/RM 与 TCP/IP 的对应关系如表 2-3-1 所示。

表 2-3-1 OSI/RM 与 TCP/IP 的对应关系

OSI/RM	TCP/IP
应用层	应用层
表示层	
会话层	
传输层	传输层
网络层	网际层
数据链路层	网络接口层
物理层	

3．OSI/RM 与 TCP/IP 参考模型对比总结

（1）OSI/RM 与 TCP/IP 都采用分层的结构。

（2）TCP/IP 不是 ISO 制定的标准，但更适合计算机网络；OSI/RM 有严谨的通信系统

架构，是 ISO 制定的标准，但是实用性不如 TCP/IP。

（3）在寻址方式上，OSI/RM 地址字节长度可变，容量大；TCP/IP 地址空间为 4B。

（4）在传输服务上，OSI/RM 有 TP0/TP1/TP2/TP3/TP4；TCP/IP 有 TCP/UDP。

（5）在应用与发展上，TCP/IP 更有优势，更实用；OSI/RM 过于理想化，不易实现。

考点 1：TCP/IP 参考模型

例 1　（单选题）以下关于 TCP/IP 参考模型的描述中，错误的是（　　）。

A．IP 协议属于应用层

B．TCP、UDP 协议属于传输层

C．TCP 协议提供可靠的面向连接服务

D．UDP 协议提供简单的无连接服务

解析：IP 协议是网际层的核心协议，故选 A。

例 2　（单选题）在 TCP/IP 参考模型中，网卡完成（　　）功能。

A．传输层　　B．网际层　　C．网络接口层　　D．数据链路层

解析：在 TCP/IP 参考模型中，只有网络接口层需要网卡，故选 C。

例 3　（单选题）关于 TCP/IP 参考模型的描述错误的是（　　）。

A．它是计算机网络互联的事实标准　　B．它是因特网发展过程中的产物

C．它是 OSI 参考模型的前身　　D．它具有与 OSI 参考模型相当的网络层

解析：OSI 参考模型早于 TCP/IP 参考模型，故选 C。

例 4　（判断题）TCP/IP 参考模型中的传输层不能提供无连接服务。（　　）

解析：TCP/IP 参考模型中的传输层可以提供可靠的面向连接服务（TCP）和不可靠的无连接服务（UDP），故答案为×。

例 5　（判断题）在 TCP/IP 参考模型中，最高两层为表示层和应用层。（　　）

解析：在 TCP/IP 参考模型中，最高两层为传输层和应用层，表示层属于 OSI 参考模型，故答案为×。

例 6　（判断题）传输层的主要功能是向用户提供可靠的端到端服务，以及处理数据包错误、数据包次序等关键问题。（　　）

解析：传输层的功能：为对等实体之间建立会话的端到端连接；提供可靠的面向连接服务和不可靠的无连接服务，故答案为×。

任务二　TCP/IP 协议簇

在 TCP/IP 的 4 层体系参考模型中，侧重于网络传输和应用，大多数协议都集中在网际层、传输层和应用层，如表 2-3-2 所示。

表 2-3-2　网际层、传输层和应用层的各协议

结构层	协　议
应用层	FTP　HTTP　DNS　TELNET　SMTP　SNMP　NFS
传输层	TCP　UDP
网际层	IP　ICMP　IGMP　ARP　RARP

1. 网际层协议：IP、ICMP、IGMP、ARP、RARP

网际层协议的任务如下。

（1）对数据报进行相应的寻址和路由。寻址和路由，即找到数据的目的主机地址并转发出去，如果目的主机不在同一个局域网，则转发给相应的路由网关。

（2）对数据报进行分割和重编。当网络支持的数据报大小不一致时，IP 要在分割的每一段数据报之前加入控制信息；当接收端收到数据报后，根据相应的控制信息进行组合。

IP 是一个无连接服务的协议，是不可靠的。当数据发生丢失、重复，或者延迟时，会造成数据混乱，IP 不负责修复。要想实现数据报的可靠传输，需要利用传输层或应用层。

在 IP 层的分组叫作数据报，数据报由两部分组成：首部和数据。首部是固定长度，即 20 字节，160 个比特位；数据部分长度可变。

数据报的首部各字段所占用位数如表 2-3-3 所示。

表 2-3-3 数据报的首部各字段所占用位数

<table>
<tr><th colspan="2" rowspan="2">位（bit）</th><th colspan="5">0-31</th></tr>
<tr><th>4</th><th>4</th><th>8</th><th colspan="2">16</th></tr>
<tr><td rowspan="5">共
20
字
节
160
比特</td><td>4 字节</td><td>版本</td><td>首部长度</td><td>服务类型</td><td colspan="2">总长度</td></tr>
<tr><td>4 字节</td><td colspan="3">标识</td><td>标志（3）</td><td>片位移（13）</td></tr>
<tr><td>4 字节</td><td colspan="2">生存时间</td><td>协议</td><td colspan="2">首部校验和</td></tr>
<tr><td>4 字节</td><td colspan="5">源 IP 地址</td></tr>
<tr><td>4 字节</td><td colspan="5">目的 IP 地址</td></tr>
</table>

数据报首部各字段的意义，如表 2-3-4 所示。

表 2-3-4 数据报首部各字段的意义

名　称	意　义
版本	指 IP 的版本，常见的是 IPv4
首部长度	取值范围 5～15，最小值 5 代表 20 字节，最大值 15 代表 60 字节
服务类型	ToS，当网络流量大时，根据 ToS 值决定发送数据的先后顺序
总长度	最大长度为 65535 字节，实际上很少超过 1500 字节
标识	用于数据报的分片与重组
标志	表示数据报的分片信息
片位移	表示分片后的分组在原分组中的相对位置
生存时间	TTL，数据报在网络中的寿命，单位是秒
协议	常用的协议标识有：1 代表 ICMP，6 代表 TCP，17 代表 UDP，89 代表 OSPF 等
首部校验和	只检验 IP 数据报的首部
源 IP 地址	数据的发送端 IP 地址
目的 IP 地址	数据的接收端 IP 地址

ICMP，全称为 Internet Control Message Protocol，即互联网控制报文协议，是 IP 正式协议的一部分，为 IP 提供差错报告，向发送端的主机汇报错误，其数据报封装在 IP 内，并通过 IP 发出。ICMP 能够报告的一些错误类型有目的地无法到达、阻塞、回波请求和回波应答等。

IGMP，全称为 Internet Group Management Protocol，即互联网组管理协议，也是 IP 正式协议的一部分，用于主机与本地路由器之间进行组播组成员信息的交互，以实现跨越多个网络的组播。

ARP，全称为 Address Resolution Protocol；RARP，全称为 Reverse Address Resolution Protocol。ARP 即地址解析协议，RARP 即反向地址解析协议。ARP 将 IP 地址转换为物理地址，RARP 将物理地址转换为 IP 地址。

2. 传输层协议：TCP 和 UDP

TCP，全称为 Transmission Control Protocol，即传输控制协议。

UDP，全称为 User Datagram Protocol，即用户数据报协议。

TPC 与 UDP 的对比如表 2-3-5 所示。

表 2-3-5　TPC 与 UDP 的对比

TCP 特点	UDP 特点	TCP 和 UDP 相同点
有连接的协议	无连接的协议	都是传输层的协议 都封装在 IP 数据报中 数据报包含首部和数据字段两部分
可靠	不可靠	
流量控制	不需要确认	
差错检验	没有检测手段	
握手原理	传输效率高	

3. 应用层协议，如表 2-3-6 所示

表 2-3-6　应用层协议

名称	英文全称	功能
FTP （文件传输协议）	File Transfer Protocol	远程文件传输
HTTP （超文本传送协议）	Hypertext Transfer Protocol	主机通过浏览器访问网站
DNS （域名系统）	Domain Name System	主机名与 IP 地址之间的映射
TELNET 远程登录协议	TELNET Protocol	本地主机作为仿真终端，登录远程主机，常用于路由器和交换机
SMTP 简单邮件传输协议	Simple Mail Transfer Protocol	主机之间电子邮件的传送
SNMP 简单网络管理协议	Simple Network Management Protocol	实现网络的管理
NFS 网络文件系统	Network File System	主机之间文件系统共享

考点 2：TCP/IP 协议簇

例 7　（单选题）UDP 工作在 TCP/IP 参考模型的（　　）。

A. 网际层　　　　B. 应用层

C. 传输层　　　　D. 表示层

解析：本题考查 TCP/IP 参考模型的协议簇，UDP 和 TCP 工作在传输层，故选 C。

例 8 （单选题）远程登录协议是（ ）。

A．HDSL　　B．TELNET

C．POP3　　D．SNMP

解析：本题考查 TCP/IP 参考模型的应用层协议 TELNET，故选 B。

例 9 （单选题）TCP 和 UDP 的相似之处是（ ）。

A．面向连接的协议　　B．面向非连接的协议

C．传输层协议　　D．以上均不对

解析：TCP 和 UDP 都是传输层的协议，故选 C。

例 10 （单选题）下列哪个协议不是应用层协议？（ ）

A．TCP　　B．FTP

C．DNS　　D．NFS

解析：TCP 是传输层协议，FTP、DNS 和 NFS 都是应用层协议，故选 A。

例 11 （判断题）在 TCP/IP 体系中，ARP 属于网络层协议。（ ）

解析：ARP 将 IP 地址转换为物理地址，RARP 将物理地址转换为 IP 地址，二者属于应用层协议，故答案是√。

例 12 （判断题）由于 TCP 为用户提供的是可靠的、面向连接的服务，因此该协议对于一些实时应用，如 IP 电话、视频会议等比较合适。（ ）

解析：TCP 不适合一些实时应用场景，效率不如 UDP，故答案是×。

任务三　IP 编址技术

1. IP 地址的分类

在 Internet 中，网络地址唯一标识一台计算机，这个地址称为 IP 地址。

在 IPv4 中，IP 地址由 32 位二进制数组成，为了方便阅读和理解 IP 地址，采用“点分十进制”表示 IP 地址，即 IP 地址分为 4 字节，每字节 8 位，并用“.”隔开，每字节用十进制数表示，如下。

11000000 . 10101000 . 000000001 . 000000001

192 . 168 . 1 . 1

IP 地址的类别就是将 IP 地址划分为几个固定的类，每一类 IP 地址都由两个固定长度的字段组成，即网络号和主机号。目前 IP 地址的分类有 A 类、B 类、C 类、D 类和 E 类，如表 2-3-7 所示。

表 2-3-7　IP 地址分类

类别	位数				
	0~7	8~15	16~23	24~31	地址范围
A 类	0XXXXXXX	主机号占 24 位			0.0.0.0~127.255.255.255
B 类	10XXXXXX．XXXXXXXX		主机号占 16 位		128.0.0.0~192.255.255.255
C 类	110XXXXX．XXXXXXXX．XXXXXXXX			主机号 8 位	192.0.0.0~223.255.255.255
D 类	前四位 1110				224.0.0.0~239.255.255.255
E 类	前四位 1111				备用

表 2-3-7 中“X”表示网络号，其取值可以是 0 或 1。

A 类 IP 地址网络号占 8 位，且最高一位是 0，后 24 位是主机号。

B 类 IP 地址网络号占 16 位，且最高两位是 10，后 16 位是主机号。

C 类 IP 地址网络号占 24 位，且最高三位是 110，后 8 位是主机号。

A 类 IP 地址范围：0.0.0.0～127.255.255.255。

A 类有效 IP 地址范围：1.0.0.1～126.255.255.254。

B 类 IP 地址范围：128.0.0.0～191.255.255.255。

B 类有效 IP 地址范围：128.0.0.1～191.255.255.254。

C 类 IP 地址范围：192.0.0.0～223.255.255.255。

C 类有效 IP 地址范围：192.0.0.1～223.255.255.254。

D 类地址范围：224.0.0.0～239.255.255.255。

2. 特殊的 IP 地址

（1）广播地址，主机位全是 1，针对所在网络的所有主机。

（2）有限广播地址，IP 地址的 32 位全是 1，即 255.255.255.255。

（3）回环地址，A 类地址中网络号为 127 的地址是回环地址，访问该地址即代表访问本地网络，最常用的回环地址是 127.0.0.1，多用于测试本地的 TCP/IP 配置是否合理。

（4）0 地址，当主机号全为 0 时，表示“本地网络”，代表所在网络。

3. 专用 IP 地址

IANA 在 IP 地址中保留了 3 个地址字段，它们只在某机构的内部有效，不会被路由器转发到公网中。这种专用地址也称私有地址，可以理解为内网地址，可节省全球 IP 地址资源。

专用地址也分为以下三类。

A 类：10.0.0.0～10.255.255.255

B 类：172.16.0.0～172.31.255.255

C 类：192.168.0.0～192.168.255.255

考点 3：IP 地址

例 13 （单选题）下列 IP 地址属于 A 类地址的是（　　）。

A．172.117.160.35　　B．192.168.2.100

C．222.56.1.6　　D．120.47.26.3

解析：本题考查 IP 地址的分类，A 类地址范围：0.0.0.0～127.255.255.255，故选 D。

例 14 （单选题）IP 地址长度的字节数是（　　）。

A．2　　B．4　　C．6　　D．8

解析：本题考查 IP 地址，IP 地址共有 4 字节，每字节 8 位，共 32 位，故选 B。

例 15 （单选题）下列 IP 地址中哪一个是 B 类地址？（　　）

A．10.10.10.1　　B．191.168.0.1

C．192.168.0.1　　D．202.113.0.1

解析：B 类地址范围：128.0.0.0～191.255.255.255，故选 B。

例 16 名词解析：IP 地址。

解析：在 Internet 中，唯一标识一台计算机的地址编号称为 IP 地址。

任务四 子网技术

1. 划分子网的目的

（1）充分利用 IP 地址。

（2）更安全地管理网络，减少网络风暴。

2. 划分子网的方法

从网络地址的主机号借用若干位作为子网号，将 IP 数据包的路由分为三部分：网络号、子网号、主机号。以常见的 C 类 IP 地址 192.168.1.0 为例进行分析，如表 2-3-8 所示。

表 2-3-8 IP 数据包路由分为三部分

<table>
<tr><th rowspan="2"></th><th colspan="3">网络号</th><th>主机号（包含子网号）</th><th></th></tr>
<tr><th>192</th><th>168</th><th>1</th><th>0</th><th>取值范围</th></tr>
<tr><td>划分前</td><td>11000000</td><td>101010000</td><td>00000001</td><td>XXXXXXXX</td><td>0～255</td></tr>
<tr><td rowspan="4">划分后
借用 2 位主机号</td><td rowspan="4">11000000</td><td rowspan="4">101010000</td><td rowspan="4">00000001</td><td>00XXXXXX</td><td>0～63</td></tr>
<tr><td>01XXXXXX</td><td>64～127</td></tr>
<tr><td>10XXXXXX</td><td>128～191</td></tr>
<tr><td>11XXXXXX</td><td>192～255</td></tr>
</table>

表 2-3-8 中的“X”表示主机号，其取值可以是 0 或 1，下画线部分表示子网号。借用 2 位作为子网号，可以有 2^2=4 个子网，同理，若借用 3 位，可以有 2^3=8 个子网，依次类推。

3. 子网掩码

子网掩码与 IP 地址一样，也是 32 位二进制数，当对应的 IP 地址的某位是网络号或子网号时，则使该位为 1；当对应的 IP 地址的某位是主机号时，则使该位为 0。

表 2-3-8 中所示的 IP 地址，划分子网前主机号的取值范围为 0～255，划分子网后，取值范围被分为了 4 段，合起来依然是 0～255。例如，IP 地址 192.168.1.100，它可以是划分子网前的地址，也可以是划分子网后的地址。这个时候，通过 IP 地址对应的子网掩码就可以确定其所在的子网或者网络。

表 2-3-8 中：

在子网划分前，子网掩码为 255.255.255.0（11111111.11111111.11111111.00000000）。

在子网划分后，子网掩码为 255.255.255.192（11111111.11111111.11111111.11000000）。

4. 子网掩码的标注

标准的 A 类、B 类和 C 类地址都有一个默认的子网掩码，如表 2-3-9 所示。

表 2-3-9 A 类、B 类、C 类地址默认的子网掩码

类别	点分十进制	二进制
A 类	255.0.0.0	11111111.00000000.00000000.00000000
B 类	255.255.0.0	11111111.11111111.00000000.00000000
C 类	255.255.255.0	11111111.11111111.11111111.00000000

IP 地址与子网掩码一定是配对出现的。如果某一个 IP 地址后没有注明其子网掩码，则

根据其 IP 类别采用默认的子网掩码。

子网掩码决定了可能的子网数目和每个子网的主机数目。将 IP 地址与其子网掩码的二进制数做与运算，可以得到该 IP 地址的网络号，根据网络号和子网掩码可以确定该网络的地址范围。

当两个 IP 地址的网络号不一致时，则这两个 IP 地址不属于同一个网络区间；当这两个 IP 地址进行信息交换时，需要通过路由器或网关进行。

5. 划分子网的规则

网络号全为 0 表示的是本网络，网络号全为 1 表示的是广播地址。

虽然互联网的 RFC950 文档禁止使用子网网络号全为 0 和子网网络号全为 1 的子网网络，但在实际情况中，很多产品支持全为 0 和全为 1 的子网网络。

小提示：

（1）子网掩码还有一种表示方式是掩码位，如 192.168.1.0/24。其中的 24 表示子网掩码中从左至右有 24 位都是 1，即 11111111.11111111.11111111.00000000。

（2）在计算某个子网的可用主机数时，用该子网的主机数减去网络号和广播地址。

（3）在计算两个 IP 地址是否属于同一个网络空间时，用其 IP 地址和对应的子网掩码做与运算，运算后的结果若是一致的，则属于同一个网络。

考点 4：子网划分

例 17 （单选题）给出 B 类地址 190.168.0.0 及其子网掩码 255.255.224.0，请确定它可以划分几个子网。（　　）

A．8　　B．6　　C．4　　D．2

解析：由题知该 B 类 IP 地址的子网掩码由 255.255.0.0 变成了 255.255.224.0，转换为二进制可得该子网掩码向后借了三位，所以可以分为 $2^3=8$ 个子网，故选 A。

例 18 （综合题）在 Internet 中，某计算机的 IP 地址是 11001010.01100000.00101100.01011000，请回答下列问题：

（1）用十进制数表示上述 IP 地址。

（2）该 IP 地址是属于 A 类、B 类，还是 C 类地址？

（3）写出该 IP 地址在没有划分子网时的子网掩码。

（4）将该 IP 地址划分为 4 个子网，写出子网掩码。

解析：（1）将二进制转换为十进制为 202.96.44.88。

（2）C 类地址。

（3）默认情况下，C 类 IP 地址子网掩码为 255.255.255.0。

（4）划分 4 个子网，需要借用 2 位主机号作为子网号，借用之后的子网掩码为 255.255.255.192。

例 19 （单选题）某公司申请到一个 C 类 IP 地址，但要连接 6 个子公司，最大的一个子公司有 26 台计算机，每个子公司在一个网段中，则子网掩码应设为（　　）。

A．255.255.255.0　　B．255.255.255.128

C．255.255.255.192　　D．255.255.255.224

解析：C 类 IP 地址默认子网掩码为 255.255.255.0。如果要划分 6 个子网，则需要借用 3 位主机号作为子网号，借用之后的子网掩码为：255.255.255.224，每个子网可用的主机数

为 $2^5-2=30$，故选 D。

例 20 （单选题）IP 地址为 140.111.0.0 的 B 类网络，若要划分为 9 个子网，则子网掩码设为（　　）。

A．255.0.0.0　　B．255.255.0.0　　C．255.255.128.0　　D．255.255.240.0

解析：B 类网络默认的子网掩码为 255.255.0.0，若要划分为 9 个子网，则需要借用 4 位主机号作为子网号，即划分 $2^4=16$ 个子网，对应的子网掩码为 255.255.240.0，故选 D。

任务五　IPv6 技术

1. 认识 IPv6

IP 是互联网的核心协议。现在使用的 IPv4 始于 20 世纪 70 年代末期，随着计算机互联网的发展，针对 IP 地址耗尽的问题，虽然有一些缓解 IP 地址紧张的方法，但这些方法只是暂时的，不能解决长远的地址匮乏问题。

2. IPv6 技术特点

（1）扩展寻址能力，IP 地址长度扩展到 128 位。

（2）简化的报头和灵活的扩展，基本报头固定长度为 40 字节，有助于加快路由速度，扩展报头灵活、多用。

（3）即插即用的联网方式，无须用户设定，减轻网络管理者负担，有两种自动设定功能：全状态自动设定、无状态自动设定。

（4）对网络层的认证与加密，IPSec 即 IP 安全协议，是 IPv4 的可选扩展协议，是 IPv6 的一个组成部分。

（5）服务质量高，IPv6 数据报包含一个 8 位的通量类和一个 20 位的流标签。

（6）可更好地支持移动通信。

IPv6 和 IPv4 的地址表示方法对比如表 2-3-10 所示。

表 2-3-10　IPv6 和 IPv4 的地址表示方法对比

名称	位数	进制	示例	解释
IPv4	32 位	二进制/十进制	A.A.A.A	A 代表一个 8 位的二进制数 例如：10100000
IPv6	128 位	十六进制	X:X:X:X:X:X:X:X	X 代表一个 4 位的十六进制数 例如：FFFF

3. IPv6 的地址表示方法

（1）首选格式，省略无效的 0，如 0000 可以写成 0。

（2）压缩格式，一连串的 0 可以被一对冒号取代，如 1:0:0:0:0:0:0:1 可以写成 1::1。

（3）内嵌 IPv4 的 IPv6 格式，如 0:0:0:0:0:0:192.168.0.1，IPv4 格式的地址共 32 位，计算转换之后相当于 C0A8:1。

4. IPv6 的地址种类

（1）单点传送地址。

（2）多点传送地址。

（3）任意点传送地址。

5. IPv4 向 IPv6 的过渡策略

（1）双协议栈，同时具有 IPv4 和 IPv6 地址。

（2）隧道技术，将 IPv4 数据封装成 IPv6 数据或将 IPv6 数据封装成 IPv4 数据。

考点 5：IPv6

例 21　（单选题）IPv6 地址的位数是（　　）。

A．32　　B．128　　C．64　　D．256

解析：本题考查 IPv6 技术基础知识，故选 B。

例 22　（单选题）为了解决现有 IP 地址资源短缺、分配严重不均衡的局面，我国协同世界各国正在过渡到下一代 IP 地址技术，即（　　）。

A．TCP/IP　　B．IPv4　　C．NAT　　D．IPv6

解析：本题考查 IPv6 技术基础知识，故选 D。

例 23　（单选题）下面的 IPv6 地址中，合法的是（　　）。

A．1080:0:0:0:8:800:200C:417K　　B．FFO1::101::1OOF

C．23F0::8:D00:316C:4A7F　　D．0.0:0:0:0:0:0:0:1

解析：本题考查 IPv6 地址格式，故选 C。

例 24　（判断题）IPv6 地址采用十六进制的表示方法，共 128 位，分 8 组表示，每组 16 位。（　　）

解析：本题考查 IPv6 的表示方法，故答案为√。

任务六　常用的网络操作命令

掌握一些常用的网络操作命令，可以解决一些小故障，对我们的学习和生活会有很大帮助。一些常用的网络操作命令如表 2-3-11 所示。

表 2-3-11　一些常用的网络操作命令

名称	作用
ping	测试网络连通情况，分析网络速率
ipconfig	查看并修改 TCP/IP 有关的配置
arp	IP 地址和 MAC 地址缓存表
netstat	显示计算机活动的 TCP 连接、端口等统计信息
tracert	用于确定 IP 数据报访问目标所采取的路径

1. ping 命令使用方法

ping 命令是一个基于 ICMP 的实用程序，主要功能是检测网络的连通情况和分析网络速率。在默认情况下，ping 会发送 4 次数据，如果返回结果正常，则证明网络是连通的。

例如：ping 127.0.0.1，就是对本地网卡进行检测。

ping 命令可以自定义参数实现不同的功能，示例如下。

ping -t 192.168.1.1：表示不间断地 ping 地址为 192.168.1.1 的主机，直到管理员中断。

Ping -a 192.168.1.1：表示 ping 目的主机的同时，显示目的主机的计算机名。

Ping -n 60 192.168.1.1：表示向目的主机发送 60 个数据报。

Ping -l 65500 192.168.1.1：表示向目的主机发送大小为 65500KB 的数据报。

小提示：

（1）网络上的一些服务器为了安全，会禁用 ping 命令的响应。

（2）ping 命令是基于 ICMP 工作的。

（3）ping 命令的参数是可以同时使用的。

2. ipconfig 命令作用

利用 ipconfig 命令可以查看和修改网络中与 TCP/IP 有关的配置。

在没有参数的情况下使用 ipconfig 命令时，会显示 Internet 协议版本 IPv4 和 IPv6 地址、子网掩码及所有适配器的默认网关。

Ipconfig/all 显示所有当前的 TCP/IP 网络配置值。

Ipconfig/displaydns 显示 DNS 客户端解析程序缓存的内容。

Ipconfig/flushdns 刷新动态主机配置协议（DHCP）和域名系统（DNS）设置。

3. arp 命令使用方法

arp.exe 是一个管理网卡底层物理地址的程序，使用 arp 命令可以显示和修改 ARP 缓存中的项目。如表 2-3-12 所示为 arp 命令使用方法的示例。

表 2-3-12 arp 命令使用方法的示例

示　例	作　用
arp -a	显示所有 ARP 缓存记录
arp -a 192.168.1.100	显示 IP 地址为 192.168.1.100 的主机的物理地址
arp -s 192.168.1.200 00-ff-ff-ff-ff-ff	向 ARP 缓存中添加一条指定 IP 地址和物理地址的记录
arp -d 192.168.1.100	删除指定 IP 地址的缓存记录

4. netstat 命令作用

netstat 命令用于显示活动的 TCP 连接、计算机侦听的端口、以太网统计信息、IP 路由表、IPv4 和 IPv6 统计信息。在默认不带参数的情况下，显示活动的 TCP 连接。netstat 命令中各参数及其说明如表 2-3-13 所示。

表 2-3-13 netstat 命令中各参数及其说明

参　数	说　明
-a	显示所有活动的 TCP 连接数及计算机正在侦听的 TCP 和 UDP 端口
-b	显示创建每个连接或侦听端口所涉及的可执行文件。请注意，此选项可能很耗时，除非你有足够的权限，否则会失败
-e	显示以太网统计信息，如发送和接收的字节数和数据包数。此参数可与-s 一起使用
-n	显示活动的 TCP 连接数，地址和端口号以数字表示
-o	显示活动的 TCP 连接数，并包括每个连接的进程 ID（PID）。此参数可与-s、-n 和-p 一起使用
-p [tcp]	显示 Protocol 指定的协议的连接
-s	按协议显示统计信息。默认情况下，会显示 TCP、UDP、ICMP 和 IP 的统计信息
-r [interval]	显示 IP 路由表的内容，等效于 routeprint 命令。每隔 interval 秒重新显示一次所选信息。按“Ctrl+C”组合键停止重新播放。如果省略此参数，则此命令仅打印一次所选信息

5. tracert 命令使用方法

tracert 是路由跟踪使用程序，用于确定访问目标所采取的路径。

示例：tracert baidu.com 命令会详细列出从本机访问百度所经过的路由信息。

考点 6：常用的网络操作命令

例 25　（单选题）在 Windows 操作系统中，下列哪个命令能获知本地的 Mac 地址？（　　）

A．ping　　B．ipconfig/all　　C．netstat　　D．tracert

解析：本题考查常用的网络操作命令，故选 B。

例 26　（单选题）ping 命令就是利用（　　）来测试网络的连通性的。

A．IP　　B．IGP　　C．ICMP　　D．IGMP

解析：ping 是 ICMP 最著名的应用，当上不去某个网站的时候，通常会 ping 一下这个网站，ping 会返回一些有用的信息。ping 利用 ICMP 协议包来侦测另一个主机是否可达，故选 C。

例 27　（单选题）netstat 命令的主要功能是（　　）。

A．查看主机之间的连通性

B．显示当前局域网的统计信息和网络连接情况

C．查看和配置 TCP/IP 的相关参数

D．显示 IP 数据包访问目标所采取的路径

解析：netstat 主要用于显示活动的 TCP 连接等网络连接和统计情况，A 选项需要用 ping 命令，C 选项需要用 ipconfig 命令，D 选项需要用 tracert 命令，故选 B。

同步练习

一、选择题

1．以下哪一类 IP 地址标识的主机数量最多？（　　）

A．D 类　　B．C 类　　C．B 类　　D．A 类

2．在 TCP/IP（IPv4）下，每一台主机设定一个区别网络地址的（　　）位二进制的子网掩码。

A．16　　B．32　　C．8　　D．4

3．下面哪个协议运行在传输层？（　　）

A．UDP　　B．FTP　　C．ICMP　　D．ARP

4．在 TCP/IP 网络体系结构中，（　　）属于应用层协议。

A．FTP、NFS、TCP、TELNET　　B．FTP、HTTP、UDP、TELNET

C．FTP、NFS、SMTP、ICMP　　D．FTP、NFS、SMTP、TELNET

5．Windows 系统远程桌面管理应用程序用到的协议是（　　）。

A．TELNET　　B．TCP　　C．IP　　D．ICMP

6．下列子网掩码中（　　）是推荐使用的。

A．96.0.0.0　　B．176.0.0.0　　C．255.128.0.0　　D．127.192.0.0

7．IPv6 地址采用（　　）位二进制进行编址。

A．32　　B．64　　C．256　　D．128

8．在子网 192.168.4.0/30 中，能接收目的地址为 192.168.4.3 的 IP 分组的最大主机数是（　　）。

A．0　B．1　C．2　D．4

9．ARP 的请求包是以（　　）形式传播的。

A．单播　B．广播　C．组播　D．任意播

10．把 MAC 地址映射为 IP 地址的协议为（　　）。

A．RARP　B．DHCP　C．ARP　D．FTP

11．用户数据报协议（UDP）是一种（　　）协议。

A．可靠的无连接　B．可靠的面向连接

C．不可靠的无连接　D．不可靠面向连接

12．下面 4 个 IP 地址，属于 C 类地址的是（　　）。

A．10.78.5.156　B．168.1.0.1　C．192.168.3.8　D．224.0.0.5

13．在使用 ipconfig/all 命令时，不显示以下哪一项信息？（　　）

A．IP 地址　B．工作组　C．物理地址　D．DNS 服务器

14．超文本传输协议是（　　）。

A．FTP　B．DHCP　C．UDP　D．HTTP

15．下列属于私有地址的是（　　）。

A．193.168.159.3　B．172.16.0.1

C．127.0.0.1　D．100.172.1.98

16．RIP 通过（　　）报文来交换路由信息。

A．ICMP　B．IGMP　C．UDP　D．TCP

17．以下（　　）命令用于连接配置远程网络设备。

A．nslookup　B．telnet　C．ping　D．ftp

18．子网掩码中的“1”代表什么？（　　）

A．主机部分　B．网络部分　C．主机个数　D．无意义

19．（　　）是简单网络管理协议的英文缩写。

A．HTT　B．NFS　C．FTP　D．SNMP

20．IP 协议提供面向（　　）的传输服务。

A．服务器　B．地址　C．连接　D．无连接

二、判断题

1．IP 地址在同一个网络中必须唯一。（　　）

2．每个 C 类网络最多可以有 254 台计算机。（　　）

3．每个 IP 地址的网络号各不相同。（　　）

4．TCP 向高层提供了无连接的服务。（　　）

5．TCP/IP 体系结构共分为 5 层。（　　）

6．B 类地址的默认子网掩码是 255.255.255.0。（　　）

7．C 类 IP 地址的最高三个比特位用来标识地址类别，从高到低是 011。（　　）

8．在子网掩码的设置中，对应网络地址的所有位都被设置为 1。（　　）

9．B 类 IP 地址的范围是 0.0.0.0～127.255.255.255。（　　）

10．IP 地址包括网络号和主机号，所有的 IP 地址都是 24 位的唯一编码。（　　）

三、名词解释

1．TCP

2．UDP

3．ping 命令

4．IP 地址

5．SMTP

四、简答题

1．简述 TCP/IP 体系结构中应用层的主要功能。

2．找出下列不能分配给主机的 IP 地址，并说明原因。

A．131.107.256.80

B．231.222.0.11

C．126.1.0.0

D．198.121.254.255

E．202.117.34.32

3．简述网络操作命令 netstat 的作用。

4．简述 A、B、C 类公用 IP 地址的范围及其子网掩码。

5．简述 TCP 与 UDP 之间的相同点和不同点。

项目四

使用物理层互联设备

思维导图

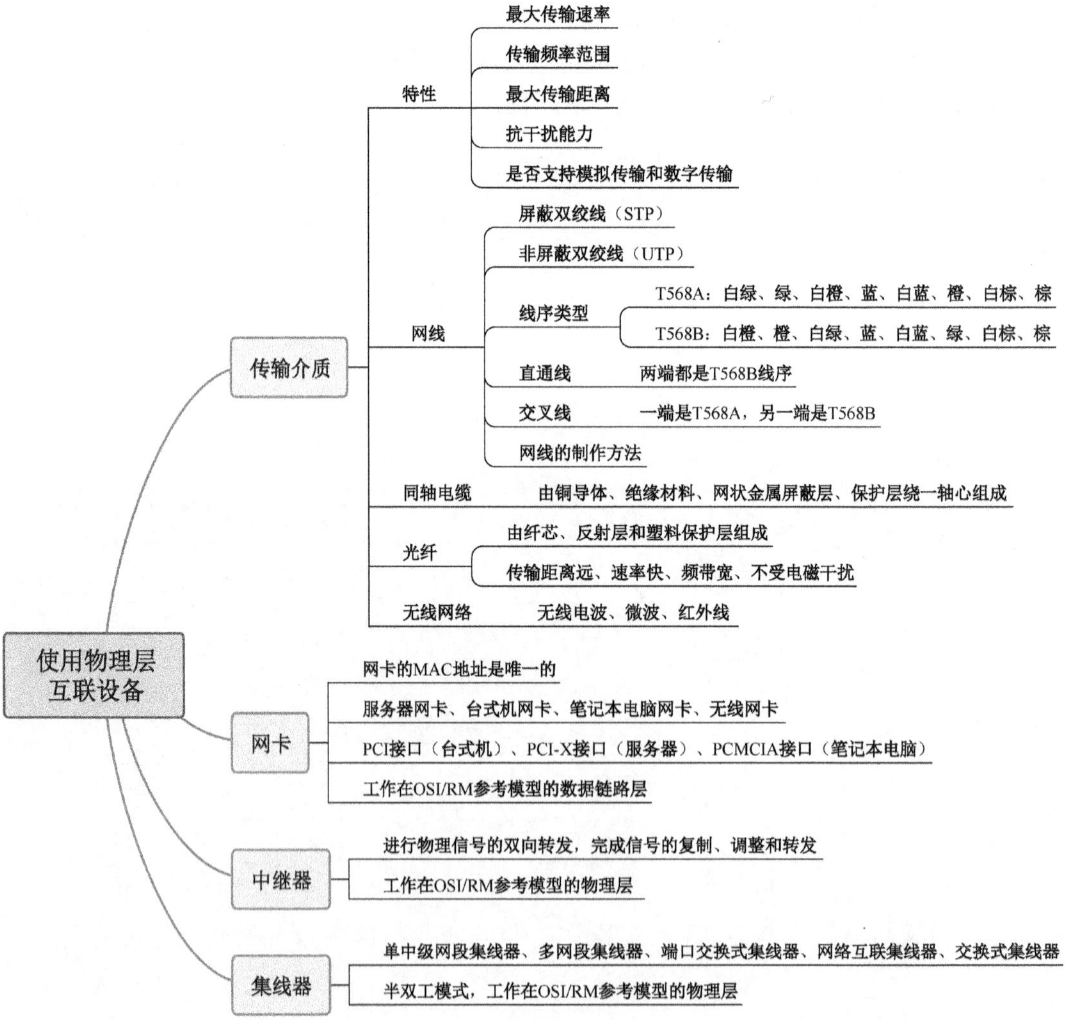

- 使用物理层互联设备
  - 传输介质
    - 特性
      - 最大传输速率
      - 传输频率范围
      - 最大传输距离
      - 抗干扰能力
      - 是否支持模拟传输和数字传输
    - 网线
      - 屏蔽双绞线（STP）
      - 非屏蔽双绞线（UTP）
      - 线序类型
        - T568A：白绿、绿、白橙、蓝、白蓝、橙、白棕、棕
        - T568B：白橙、橙、白绿、蓝、白蓝、绿、白棕、棕
      - 直通线
        - 两端都是T568B线序
      - 交叉线
        - 一端是T568A，另一端是T568B
      - 网线的制作方法
    - 同轴电缆
      - 由铜导体、绝缘材料、网状金属屏蔽层、保护层绕一轴心组成
    - 光纤
      - 由纤芯、反射层和塑料保护层组成
      - 传输距离远、速率快、频带宽、不受电磁干扰
    - 无线网络
      - 无线电波、微波、红外线
  - 网卡
    - 网卡的MAC地址是唯一的
    - 服务器网卡、台式机网卡、笔记本电脑网卡、无线网卡
    - PCI接口（台式机）、PCI-X接口（服务器）、PCMCIA接口（笔记本电脑）
    - 工作在OSI/RM参考模型的数据链路层
  - 中继器
    - 进行物理信号的双向转发，完成信号的复制、调整和转发
    - 工作在OSI/RM参考模型的物理层
  - 集线器
    - 单中级网段集线器、多网段集线器、端口交换式集线器、网络互联集线器、交换式集线器
    - 半双工模式，工作在OSI/RM参考模型的物理层

复习要求

1．认识常见的传输介质及其特点和应用场景；
2．掌握网线的制作方法；
3．掌握网卡的安装方法；
4．了解常用的网络互联设备。

考点详解

任务一　传输介质

1．传输介质对数据传输的影响因素

（1）最大传输速率。
（2）传输频率范围。
（3）最大传输距离。
（4）抗干扰能力。
（5）是否支持模拟传输和数字传输。

2．网线

网线是常用的网络设备之间的连接介质，也称双绞线，由 4 对共 8 根外覆绝缘材料的铜质导线组成，两两绞在一起以提高抗干扰能力。根据网线有无金属屏蔽护套可分为屏蔽双绞线（STP）和非屏蔽双绞线（UTP）。

网线两端的连接器通常称作 RJ 插头、水晶头等，RJ 插头常用的规格是 4 线（RJ-11，常用于固定电话）和 8 线（RJ-45，常用于网络设备）。

4 对 8 根线的颜色：白橙、橙、白绿、绿、白蓝、蓝、白棕、棕。根据 8 根网线线序的不同，将网线分为直通线和交叉线，如表 2-4-1 所示。线序类型有 T568A 和 T568B 两种。

T568A：白绿、绿、白橙、蓝、白蓝、橙、白棕、棕。

T568B：白橙、橙、白绿、蓝、白蓝、绿、白棕、棕。

表 2-4-1　直通线与交叉线的对比

类型	一端	另一端	用途
直通线	两端线序一致即可 （T568B 线序较为普及）		可用于任何设备之间的连接
交叉线	T568A	T568B	用于同类设备之间的连接。比如，路由器和路由器、交换机与交换机、PC 与 PC

小提示：

（1）随着技术的发展，网络设备都支持线序自动转换，同类设备之间的连接也可以使用直通线。

（2）百兆网线只需要保证第 1 根、第 2 根、第 3 根、第 6 根导线是连通的即可，千兆网线则需要 8 根导线全部连通。

非屏蔽双绞线的类型如表 2-4-2 所示。

表 2-4-2 非屏蔽双绞线的类型

类　型	导线对数	传输频率	传输速率	特　点	备注
一类线（CAT1）	2	750kHz	—	只适用于语音传输	已淘汰
二类线（CAT2）	2	1MHz	4Mbit/s	可以用于语音和数据传输	
三类线（CAT3）	4	16MHz	10Mbit/s	主要应用于语音、10Mbit/s 以太网（10Base-T）	
四类线（CAT4）	4	20MHz	16Mbit/s	主要用于基于令牌的局域网和 10Base-T/100Base-T	
五类线（CAT5）	4	100MHz	100Mbit/s	主要用于 100Base-T	百兆网
超五类线（CAT5e）	4	100MHz	1000Mbit/s	主要用于千兆位以太网	千兆网
六类线（CAT6）	4	250MHz	1000Mbit/s	传输性能远远高于超五类线标准，适用于传输速率高于 1Gbit/s 的应用	优质千兆网

网线的制作方法如下。

①准备工具和材料：网线、水晶头、压线钳和网线测试仪；②剥线，剥去网线最外层的塑料保护层；③抽出剥掉的塑料保护层；④将 8 根缠绕的导线展开并按照顺序排列整齐；⑤在离塑料保护层 1.5cm 左右处将导线剪断，保持导线的顺序和整齐；⑥将网线放入水晶头，并保证导线达到水晶头的顶端；⑦用压线钳将网线压实；⑧测试网线是否连通。

3. 同轴电缆

同轴电缆的类型如表 2-4-3 所示。它由铜导体、绝缘材料、网状金属屏蔽层、保护层绕一轴心组成，如图 2-4-1 所示。

表 2-4-3 同轴电缆的分类

类　型	特性阻抗	用　途	最大传输距离
RG-8	50Ω	粗缆以太网 10Base-5	500m
RG-11			
RG-58	50Ω	细缆以太网 10Base-2	185m
RG-59	75Ω	有线电视、传输模拟信号	

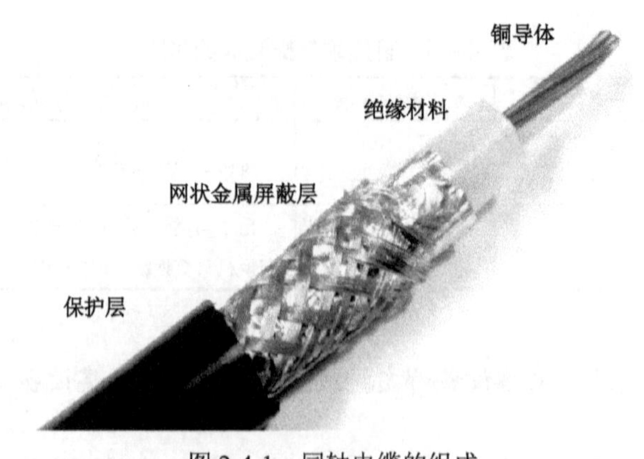

图 2-4-1 同轴电缆的组成

4. 光纤

光纤是使用玻璃纤维或塑料纤维传输数据信号的网络传输介质，由纤芯、反射层和塑料保护层组成。光纤传输距离远、速度快、频带宽、不受电磁干扰，被广泛应用于通信网络。

光纤传输的是光信号，必须用光电转换器转换成电信号。有的交换机支持光纤模块，可以直接接入光纤跳线。光纤的类型如表 2-4-4 所示。

表 2-4-4 光纤的类型

类型	单模/多模	纤芯直径	传输距离
100Base-FX	多模	50μm 或 62.5μm	小于 2km
	单模	9μm	小于 10km
1000Base-SX	多模	62.5μm	小于 275m
		50μm	小于 550m
1000Base-LX	单模	9μm	小于 5km

小提示：

（1）光纤没有想象中那么脆弱，轻轻折成环形一般不会导致光纤断裂。

（2）光纤断裂后必须使用专业的设备进行熔接，制作光纤接头也必须用专业的剥线工具。

（3）光纤常用于远距离传输、网络干路数据传输。在楼栋内或室内需要连接终端设备时，一般使用网线。

（4）不用布线而实现设备连接的方法称为无线联网。无线网络的优点是不破坏建筑结构、联网方便，缺点是安全性差、抗干扰能力差。

常用的无线介质有无线电波、微波、红外线。

考点 1：传输介质

例 1 （单选题）在常用的传输介质中，带宽最宽、信号传输衰减最小、抗干扰能力最强的一类传输介质是（　　）。

A．光纤　　B．双绞线

C．同轴电缆　　D．无线信道

解析：本题考查常用的传输介质，其中光纤传输距离远、速度快、频带宽、不受电磁干扰，被广泛应用于通信网络，故选 A。

考点 2：双绞线

例 2 （单选题）双绞线由 4 对具有绝缘保护层的铜导线互相绞在一起，这样可以（　　）。

A．降低成本　　B．降低信号干扰的程度

C．提高传输速度　　D．没有任何作用

解析：本题考查双绞线，双绞线互相缠绕的导线可以提高其抗干扰能力，故选 B。

任务二 网卡的安装

网卡，又称为网络接口卡或网络适配器，是计算机连接网络的重要硬件设备之一。网卡的 MAC 地址是唯一的，在生产网卡时烧入只读存储器中。

网卡根据不同的工作平台可分为服务器网卡、台式机网卡、笔记本电脑网卡、无线网卡。

网卡根据接口类型可分为 PCI（台式机）、PCI-X（服务器）、PCMCIA（笔记本电脑）。

现在主流的网卡接口是以太网的 RJ-45 接口，在网速方面基本已实现自适应。其他类型的接口还有 BNC 接口（细同轴电缆）、AUI 接口（粗同轴电缆）、ATM 接口。

网卡的安装要看好对应的接口和支持的设备，随着科技的发展，网卡驱动一般都是自动安装的。

考点 3：网卡

例 3 （单选题）网卡用于完成（　　）的功能。

A．物理层　　B．数据链路层

C．网络层　　D．数据链路层和网络层

解析：本题考查网卡和 OSI/RM 参考模型，网卡的主要任务是将物理层提供的原始比特流转换为有意义的数据帧，并对数据帧进行错误检测和纠正，故选 B。

任务三 中继器

信号在物理线路上进行传输时会有衰减，在衰减到一定程度后信号会失真，导致接收错误。因此，可在两个网络节点之间安装一个中继器，进行物理信号的双向转发，完成信号的复制、调整和转发，来延长网络传输的长度。

中继器在 OSI/RM 参考模型中的物理层。

考点 4：中继器

例 4 （单选题）以下属于物理层设备的是（　　）。

A．中继器　　B．交换机

C．网卡　　D．网关

解析：本题考查 OSI/RM 参考模型和常用的网络连接设备，交换机、网卡工作在数据链路层，网关工作在网络层，故选 A。

任务四 集线器

集线器是中继器的一种形式，集线器能够提供多端口服务，也称多口中继器，同中继器一样，集线器也在 OSI/RM 参考模型的物理层。

集线器的种类有单中级网段集线器、多网段集线器、端口交换式集线器、网络互联集线器、交换式集线器。

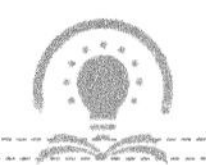

集线器与交换机的区别如表 2-4-5 所示。

表 2-4-5　集线器与交换机的区别

设　备	工作层次	转发方式	传输模式	带　宽
集线器	物理层	广播转发	半双工模式	共享宽带
交换机	数据链路层	查表转发或丢弃	半双工/全双工模式	独占宽带

小提示：

（1）集线器工作在 OSI/RM 参考模型的物理层，只对信号提供简单的再生整形放大和转发，不对信号进行编码。

（2）集线器为总线型拓扑结构，所有节点公用一条总线通信。集线器中的两个网口不能同时收发数据，为半双工传输模式。

（3）中继器、集线器、网线工作在物理层，网卡、交换机工作在数据链路层，路由器工作在网络层。

考点 5：集线器

例 5　（单选题）在下面的网络互联设备中，工作在物理层的设备是（　　）。

A．网卡　　B．交换机　　C．集线器　　D．路由器

解析：本题考查 OSI/RM 参考模型和常用的网络连接设备。网卡、交换机工作在数据链路层，路由器工作在网络层，故选 C。

同步练习

一、选择题

1．网卡与集线器之间的双绞线长度最大为（　　）。

A．15m　　B．50m　　C．100m　　D．500m

2．MAC 地址通常存储在计算机的（　　）。

A．内存中　　B．网卡上　　C．硬盘上　　D．高速缓冲区中

3．在网线制作过程中不需要用到的工具是（　　）。

A．压线钳　　B．老虎钳　　C．测线器　　D．RJ-45 水晶头

4．一般连接交换机与主机的双绞线是（　　）。

A．交叉线　　B．直通线　　C．反转线　　D．六类线

5．下列哪一项不是网卡的基本功能？（　　）

A．数据转换　　B．路由选择　　C．网络存取控制　　D．数据缓存

6．按工作平台分类，目前市面上的网卡不包括（　　）。

A．台式机网卡　　B．无线网卡

C．平板网卡　　D．笔记本电脑网卡

7．网卡（网络适配器）的主要功能不包括（　　）。

A．将计算机连接到通信介质上　　B．进行电信号匹配

C．实现数据传输　　D．网络互联

8．如果要用非屏蔽双绞线组建以太网，则需要购买带（　　）接口的以太网卡。

A．RJ-45　　B．BNC　　C．AUI　　D．F/O

9．如果在一个采用粗同轴电缆作为传输介质的以太网中，两个节点之间的距离超过500m，那么最简单的方法是选用（　　）来扩大局域网覆盖的范围。

A．中继器　　B．网关　　C．路由器　　D．网桥

二、判断题

1．相对于UTP来说，STP传输的距离更远。（　　）

2．类型完全不同的网络互联可采用集线器实现。（　　）

3．可以根据网卡的MAC地址判断安装该网卡的主机所在的网络位置。（　　）

4．网卡又称网络接口卡或网络适配器，是局域网组网的核心设备。（　　）

5．当两台计算机通过以太网卡利用双绞线互联时，双绞线两端应当都采用T568B标准进行连接。（　　）

6．双绞线中成对线扭绞在一起旨在使电磁辐射和外部电磁干扰降到最少。（　　）

三、名词解释

1．中继器

2．集线器

四、简答题

1．简述在用五类双绞线制作网线时，T568A和T568B的线序标准是什么？

2．简述网卡的分类。

项目五

使用数据链路层互联设备

思维导图

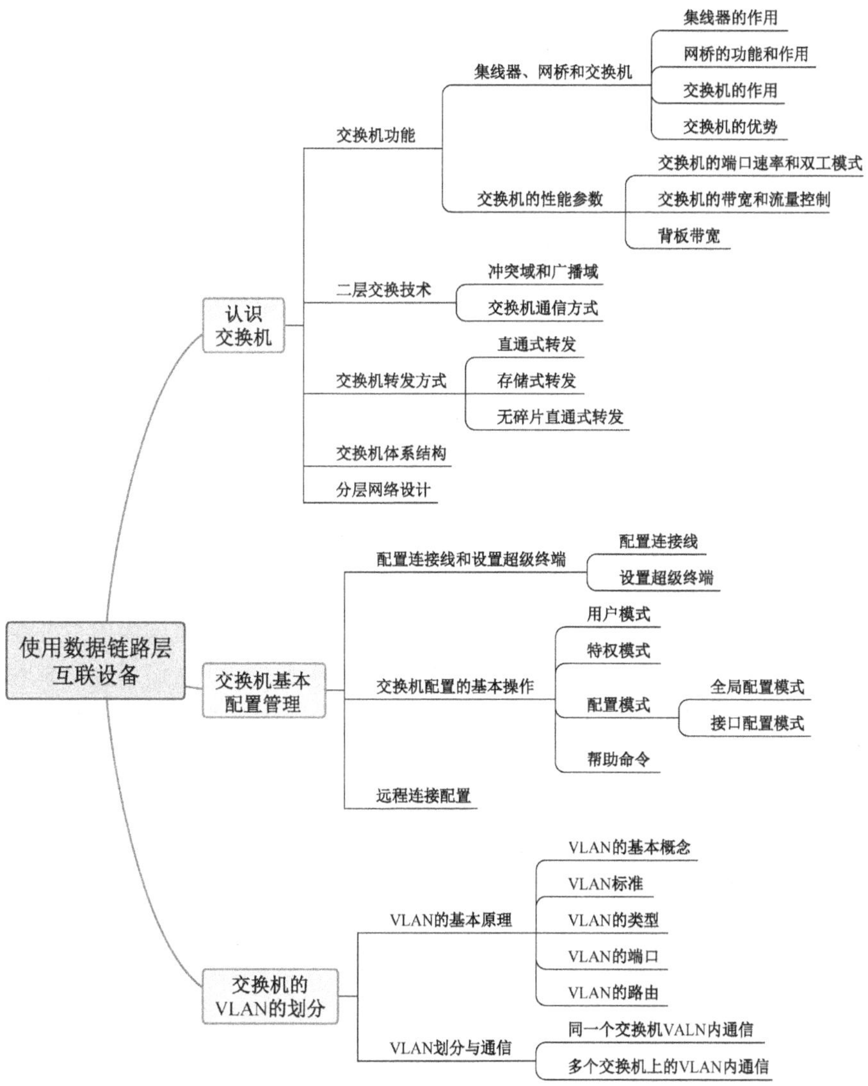

- 使用数据链路层互联设备
  - 认识交换机
    - 交换机功能
      - 集线器、网桥和交换机
        - 集线器的作用
        - 网桥的功能和作用
        - 交换机的作用
        - 交换机的优势
      - 交换机的性能参数
        - 交换机的端口速率和双工模式
        - 交换机的带宽和流量控制
        - 背板带宽
    - 二层交换技术
      - 冲突域和广播域
      - 交换机通信方式
    - 交换机转发方式
      - 直通式转发
      - 存储式转发
      - 无碎片直通式转发
    - 交换机体系结构
    - 分层网络设计
  - 交换机基本配置管理
    - 配置连接线和设置超级终端
      - 配置连接线
      - 设置超级终端
    - 交换机配置的基本操作
      - 用户模式
      - 特权模式
      - 配置模式
        - 全局配置模式
        - 接口配置模式
      - 帮助命令
    - 远程连接配置
  - 交换机的VLAN的划分
    - VLAN的基本原理
      - VLAN的基本概念
      - VLAN标准
      - VLAN的类型
      - VLAN的端口
      - VLAN的路由
    - VLAN划分与通信
      - 同一个交换机VALN内通信
      - 多个交换机上的VLAN内通信

复习要求

1. 了解交换机的功能和原理；
2. 掌握交换机二层交换的体系结构和分层设计；
3. 熟练掌握交换机常用的三种转发方式；
4. 了解交换机连接配置和命令行方式配置；
5. 掌握交换机配置界面和基本配置；
6. 了解交换机 VLAN 的基本原理；
7. 学会交换机 VLAN 的配置操作、同一个或多个交换机 VLAN 内的通信。

考点详解

任务一 认识交换机

1. 交换机的功能

（1）集线器、网桥和交换机。

1）集线器的作用。

集线器（Hub）工作在 OSI 参考模型的物理层，传输的单位是比特。所有接口在同一个广播域和同一个冲突域中，所以集线器只能使用实际带宽流量的 30%～40%。

物理层是 OSI 参考模型中最低的一层。通过集线器共享局域网的用户不仅共享带宽，而且竞争带宽。

2）网桥的功能和作用。

网桥（Bridge）是早期的两端口二层网络设备，用来连接不同的网段。网桥的两个端口分别有一条独立的交换信道，且并不共享同一条背板总线，可隔离冲突域。网桥比集线器性能更好，集线器上各端口都是共享同一条背板总线的。后来，网桥被具有更多端口、可隔离冲突域的交换机（Switch）所取代。

3）交换机的作用。

利用交换机的网络微分段技术，可以将一个大型的共享式局域网的用户分成许多独立的网段，减少竞争带宽的用户数量，增加每个用户的可用带宽，从而缓解共享网络的拥挤状况。由于交换机可以将信息迅速而直接地送到目的地，因此交换机不但是网桥的理想替代物，而且是集线器的理想替代物。

4）交换机的优势。

与网桥和集线器相比，交换机的优势如下。

① 通过支持并行通信，提高了交换机的信息吞吐量。

② 将传统的一个大局域网上的用户分成若干工作组，每个端口连接一台设备或连接一个工作组，有效地解决网络拥挤现象，这种方法人们称为网络微分段技术。

③ 虚拟网（VLAN）技术的出现，给交换机的使用和管理带来了更大的灵活性。

④ 交换机的端口密度可以与集线器的端口密度相媲美，一般的网络系统都有一个或几

个服务器，而绝大部分都是普通的客户机。客户机都需要访问服务器，这样就导致服务器的通信和事务处理能力成为整个网络性能好坏的关键。

（2）交换机的性能参数。

1）交换机的端口速率和双工模式。

① 端口速率：交换机的端口速率是指这个端口每秒能够传输的比特数，单位是 bit/s。目前市场上的交换机提供的端口速率有 100Mbit/s、1000Mbit/s、10Gbit/s、25Gbit/s、40Gbit/s、100Gbit/s 等。

② 双工模式：双工模式反映端口传输数据的方向性问题，即数据的发送和接收是否同时进行。如果一个端口工作在全双工模式下，则表示该端口的网络适配器可以同时在接收和发送两个方向上传输和处理数据；如果一个端口工作在半双工模式下，则代表数据的接收和发送不能同时进行。数据收发是双边的，因此一个传输介质所连接的所有端口必须设置在同一种双工模式下。以前的网络设备基本上都采用半双工的工作方式，即当一台主机发送数据包的时候，该主机就不能接收数据包，当其接收数据包的时候，就不能发送数据包。若采用全双工技术，即主机在发送数据包的同时，还可以接收数据包，则普通的 10Mbit/s 端口就可以变成 20Mbit/s 端口，普通的 100Mbit/s 端口就可以变成 200Mbit/s 端口，这样就进一步提高了信息吞吐量。

2）交换机的带宽和流量控制。

① 交换机的带宽是指它可以同时传输数据的最大速率，通常以每秒传输的比特数来衡量。带宽决定了交换机在同一时间内可以处理的数据量多少。

② 流量控制是指在网络中控制数据传输速率的过程。它的目的是确保网络中的设备能够有效地处理接收的数据，避免因数据拥塞而导致的丢包或延迟。

交换机的流量控制可以通过以下几种方式实现。

- 基于速率的流量控制：交换机可以设置最大传输速率，限制流入或流出端口的数据速率，以确保网络流量不超过所设定的阈值。
- 基于窗口的流量控制：交换机可以使用窗口大小来控制流量，接收端通知发送端可以发送的数据量，避免发送过多数据导致网络拥塞。
- 基于队列的流量控制：交换机可以使用队列来缓存数据，根据流量控制信息从包缓存队列中取包发送。

3）背板带宽。

背板带宽是交换机接口处理器或接口卡和数据总线之间所能吞吐的最大数据量。背板带宽标志着交换机总的数据交换能力，单位为 Gbit/s，也称交换总线带宽。交换机的背板带宽从几 Gbit/s 到上百 Gbit/s 不等。交换机的背板带宽数值越大，其所能处理数据的能力就越强，但同时设计成本也会越高。

各层交换机背板带宽及包转发率的计算：交换机的背板带宽=端口号×对应的端口速率×2（全双工模式）。假设一个 16 端口的千兆交换机，为了保证带宽充足，交换机背板带宽为(16×1000Mbit/s×2)/1000=32Gbit/s。

2. 二层交换技术

交换机是目前局域网中使用最广的网络设备，作为工作站、服务器、路由器、集线器和其他交换机的集中点。

交换机拥有一条很高带宽的内部总线和内部交换机构。交换机的所有端口都挂接在这条内部总线上。如图 2-5-1 所示，A 向 B 发送数据，控制电路收到数据包以后，端口处理程序会查找内存中的地址对照表，以确定目的 MAC 地址的 NIC（网卡）挂接在哪个端口上，通过交换机内部的 MAC 地址表迅速将数据包传送到目的端口。

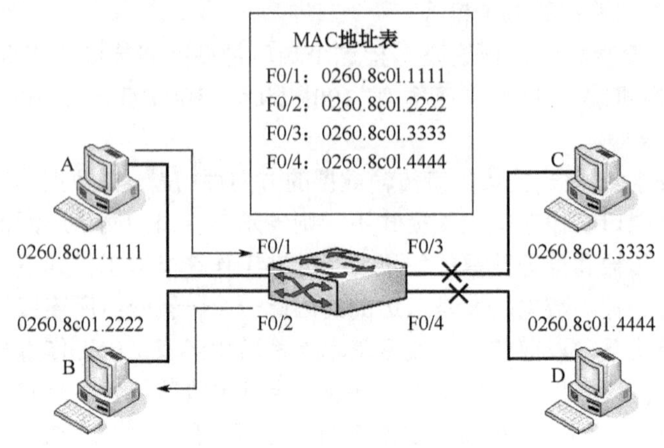

图 2-5-1 交换机内部 MAC 地址表

（1）冲突域和广播域。

交换机可以把网络“分段”，根据地址对照表，交换机只允许必要的网络流量通过交换机。通过交换机的过滤和转发，可以有效地隔离广播风暴，减少错包的出现，避免共享冲突。

冲突域是一个站点向另一个站点发出信号，除目的站点外，能收到这个信号的站点就构成一个冲突域。如果站点发出一个广播信号，那么能接收这个信号的范围就是广播域，通常来说一个局域网就是一个广播域。

交换机和网桥能缩小冲突域的范围。交换机和网桥的每一个端口就是一个冲突域，集线器下连接的所有端口是一个冲突域。交换机只能隔离广播风暴，不能隔离广播域。网络层设备可以隔离广播域，路由器能隔离广播域，其每一个端口都是一个广播域。在可以划分 VLAN 的交换机中，一个 VLAN 就是一个广播域。

对比物理层设备、数据链路层设备和网络层设备能否隔离冲突域和广播域，如表 2-5-1 所示。

表 2-5-1 能否隔离冲突域和广播域的对比

OSI 分层设备	能否隔离冲突域	能否隔离广播域
物理层设备（中继器、集线器）	×	×
数据链路层设备（交换机和网桥）	√	×
网络层设备（路由器）	√	√

（2）交换机通信方式。

交换机是一种基于 MAC 的地址识别，能完成封装、解封及转发帧的数据链路层网络设备。交换机可以“学习”MAC 地址，并把地址存放在内部端口——MAC 地址表中，通过在数据帧的发送端和接收端之间建立临时的交换路径，使数据帧直接由源站到达目的站。

3. 交换机转发方式

交换机转发方式分为直通式转发、存储式转发和无碎片直通式转发（更高级的直通式转发）。由于不同的转发方式适用于不同的网络环境，因此，应根据实际需要进行选择。低端交换机通常只有一种转发方式，即存储式转发或直通式转发，通常只有中高端产品才兼具两种转发方式，并具有智能转换功能，即交换机加电后，按直通转发方式工作，若链路可靠性太差或帧碎片太多，交换机就会自动切换为存储式转发方式，以获得较高的工作效率。

（1）直通式转发。

直通式转发方式在输入端口检测到一个数据包后，只检查其包头，取出目的地址，通过内部的地址表确定相应的输出端口，之后把数据包转发到输出端口，这样就完成了交换。因为它只检查数据包的包头（通常只检查 14 B），所以这种方式具有延迟时间短、交换速度快的优点。直通式转发示意图如图 2-5-2 所示。

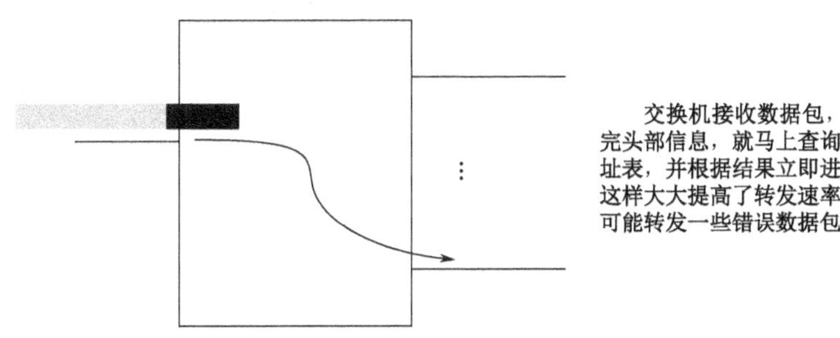

交换机接收数据包，一接收完头部信息，就马上查询MAC地址表，并根据结果立即进行转发，这样大大提高了转发速率，但有可能转发一些错误数据包

图 2-5-2 直通式转发示意图

直通式转发的缺点：第一，不具备错误检测和处理功能；第二，如果要连到高速网络上，就不能简单地将输入、输出端口“接通”，因为输入、输出端口的速度有差异；第三，当交换机的端口增加时，交换矩阵将变得越来越复杂，实现起来比较困难。

（2）存储式转发。

存储式转发是计算机网络领域使用得最为广泛的技术之一，在这种工作方式下，交换机的控制器首先缓存输入到端口的数据包，然后进行 CRC（Cylie Redundancy Check，循环冗余校验），滤掉不正确的包，确认包正确后，取出目的地址，通过内部的地址表确定相应的输出端口，最后把数据包转发到输出端口。

存储式转发在处理数据包时延迟时间比较长，但可以对进入交换机的数据包进行错误检测，并且支持不同速率的输入、输出端口间的数据交换。

支持不同速率端口的交换机必须使用存储转发方式，否则就不能保证高速端口和低速端口间的正确通信。存储式转发示意图如图 2-5-3 所示。

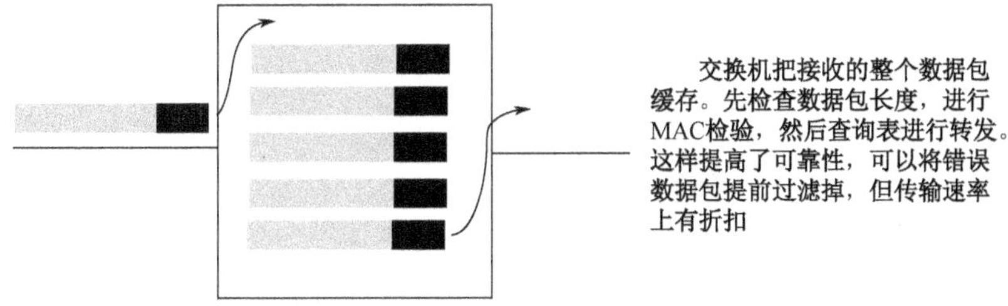

交换机把接收的整个数据包缓存。先检查数据包长度，进行MAC检验，然后查询表进行转发。这样提高了可靠性，可以将错误数据包提前过滤掉，但传输速率上有折扣

图 2-5-3 存储式转发示意图

（3）无碎片直通式转发。

碎片是指在信息发送过程中由于冲突而产生的残缺不全的帧（残帧）。碎片是无用的信息。

无碎片直通式转发是介于直通式转发和存储式转发之间的一种解决方案，它检查数据包的长度是否够64B（512 bit），如果小于64 B，说明该包是碎片，则丢弃该包；如果大于64B，则发送该包。该方式的数据处理速度比存储转发方式的数据处理速度快，但比直通式的数据处理速度慢。因为能够避免残帧的转发，所以此方式被广泛应用于低档交换机中。

无碎片直通式转发示意图如图2-5-4所示。

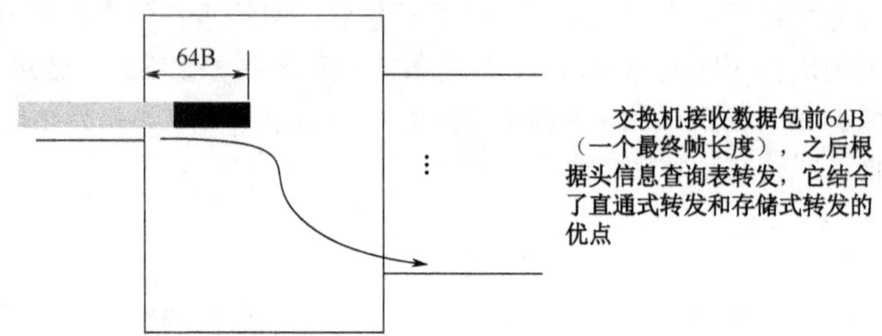

图2-5-4 无碎片直通式转发示意图

4. 以太网交换机的体系结构

交换机是一台专用的、特殊的计算机，包括中央处理器（CPU）、随机存储器（RAM）、接口（Interface）、闪存（Flash）等。交换机通常有若干端口连接主机，同时还有几个专用的管理端口，通过连接交换机控制台端口，可以对交换机进行管理，并查看和变更交换机的配置，交换机的体系结构如图2-5-5所示。

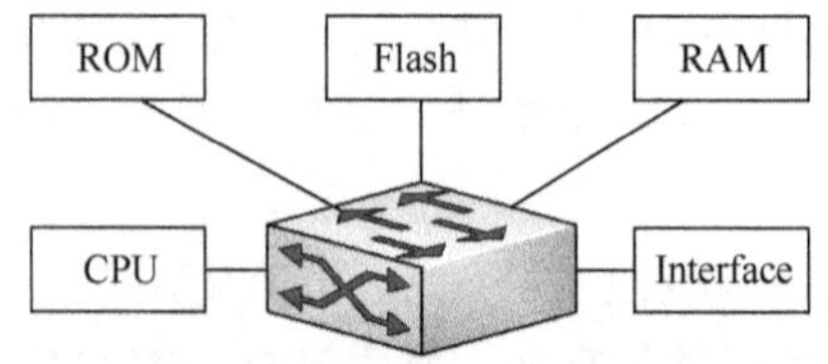

图2-5-5 交换机的体系结构

5. 以太网交换机与分层网络设计

分层网络设计把以太网交换机分为三个层次：核心层、汇聚层和接入层，如图2-5-6所示。分层网络设计能适应网络规模的不断扩展。

（1）核心层。

核心层是网络高速交换的骨干，对协调通信至关重要。该层中的设备不再承担访问列表检查、数据加密、地址翻译或其他影响最快速率交换分组的任务。核心层有以下特点。

① 提供高可靠性。

② 提供冗余链路。

③ 模块化的设计，接口类型广泛。

④ 提供故障隔离。

⑤ 交换设备功能最强大。

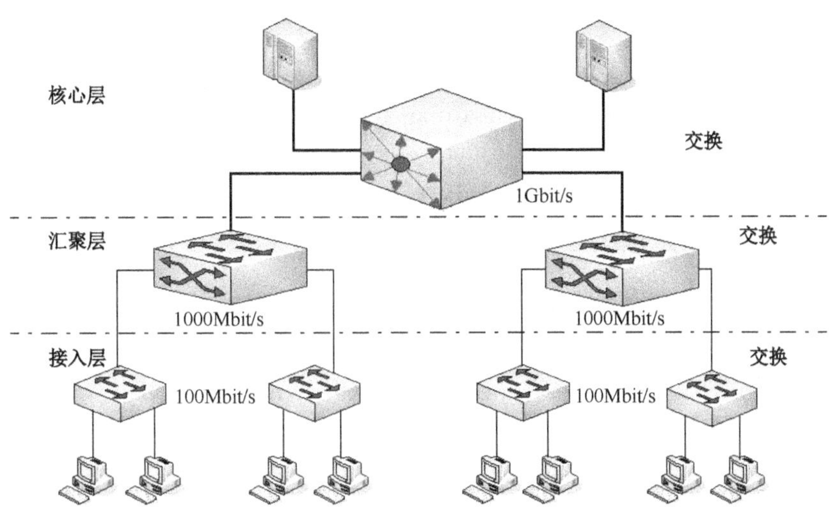

图 2-5-6 交换机分层网络设计

（2）汇聚层。

汇聚层位于接入层和核心层之间，能够把核心层网络的其他部分区分开来。汇聚层具有以下特点。

① 策略：处理某些类型通信的一种方法，通信类型包括路由选择更新、路由汇总、VLAN 通信及地址聚合等。

② 安全。

③ 部门或工作组级访问。

④ 广播/多播域的定义。

⑤ VLAN 之间的路由选择。

⑥ 介质翻译。

⑦ 在路由选择之间重分布，如在两个不同路由选择协议之间。

⑧ 在静态路由和动态路由选择协议之间的划分。

（3）接入层。

接入层是用户工作站和服务器连接到网络的入口。接入层交换机的主要目的是允许最终用户连接到网络。接入层交换机应该以低成本和高端口密度提供这种功能。接入层具有以下特点。

① 对汇聚层的访问控制和策略进行支持。

② 建立独立的冲突域。

③ 建立工作组与汇聚层的连接。

考点 1：交换机的功能

例 1 （单选题）用集线器连接的工作站集合（　　）。

A．同属一个冲突域，也同属一个广播域

B．不属一个冲突域，但同属一个广播域

C．不属一个冲突域，也不属一个广播域

D．同属一个冲突域，但不属一个广播域

解析：这道题考查的是集线器的作用和二层交换技术的相关知识的运用。一是“集线器的作用”知识：集线器工作在 OSI 参考模型的物理层，传输的单位是比特。因为所有接口在同一个广播域和同一个冲突域中，所以集线器只能使用实际带宽流量的 30%～40%。二是在“二层交换技术”中也有相关的描述：通常来说一个局域网就是一个广播域。对于冲突域的描述是：集线器下连接的所有端口是一个冲突域。故选 A。

例 2 （单选题）在同一个信道上的同一时刻，能够进行双向数据传输的通信方式是（　　）。

A．单工　　B．半双工

C．全双工　　D．三种均不是

解析：这道题考查的内容是交换机技术参数中交换机的端口速率和双工模式的相关知识：如果一个端口工作在全双工模式下，则表示该端口的网络适配器可以同时在接收和发送两个方向上传输和处理数据；若端口工作在半双工模式下，则表示数据的接收和发送不能同时进行，故选 C。

例 3 （单选题）用（　　）表示在单位时间内通过某个网络（信道、接口）的数据量。

A．速率　　B．带宽

C．吞吐量　　D．发送速率

解析：这道题考查的知识点是交换机技术参数中交换机的带宽和流量控制的相关知识。交换机的带宽是指它可以同时传输数据的最大速率，通常以每秒传输的比特数来衡量，故选 B。

考点 2：二层交换技术

例 4 （单选题）以太网交换机通过（　　）地址表来跟踪连接到交换机的各个节点的位置。

A．IP　　B．MAC　　C．DNS 服务器　　D．网关

解析：这道题考查的知识点是交换机通信方式中的相关概念。交换机是一种基于 MAC 的地址识别，能完成封装、解封及转发帧的数据链路层网络设备，故选 B。

例 5 （判断题）交换机将帧转发到哪个端口使用的是路由地址表。（　　）

解析：这道题考查的知识点是交换机通信方式中的相关概念。把地址存放在内部端口——MAC 地址表中，通过在数据帧的发送端和接收端之间建立临时的交换路径，使数据帧直接由源站到达目的站。这道题答案为×。

考点 3：交换机转发方式

例 6 （单选题）在以太网交换机中哪种转发方法延迟较小？（　　）

A．全双工　　B．直通式转发

C．存储式转发　　D．无碎片直通式转发

解析：这道题考查的知识点是交换机三种转发方式的特点，其中直通式转发的特点是只检查数据包的包头（通常只检查 14B），这种方式具有延迟时间短、交换速度快的优点，故选 B。

考点 4：以太网交换机的体系结构

例 7 （简答题）简述以太网交换机的体系结构。

解析：这道题考查的知识点是以太网交换机的物理构成。

答：交换机是一台专用的、特殊的计算机，包括中央处理器、随机存储器、接口、闪存等。交换机通常有若干端口连接主机，同时还有几个专用的管理端口，通过连接到交换机控制台端口，可以对交换机进行管理，并查看和变更交换机的配置。

例 8 （单选题）在交换机分层中提供高可靠性和故障隔离的交换机设备应该在分层设计的（　　）中。

A．核心层　　　　B．汇聚层

C．接入层　　　　D．物理层

解析：这道题考查的知识点是以太网交换机的体系结构中分层设计各层次的特点，其中核心层的特点是：①提供高可靠性；②提供冗余链路；③模块化的设计，接口类型广泛；④提供故障隔离；⑤交换设备功能最强大，故选 A。

任务二　交换机基本配置管理

当使用远程协议登录设备时，一般都需要一个网络可达的管理地址，这个地址可能是业务地址，如内网段的网关或互联地址等。此时，管理流量和实际数据、生产业务等流量使用相同的转发路径进行通信，并未进行隔离，这种方式被称为带内网络管理（In-band Network Management），也是最常用的网络管理方式。Telnet、SSH、SNMP、RMON、HTTP（Web）和 HTTPS 等远程管理属于常用的带内网络管理方式。

要提高管理网络的健壮性，一般做法是预留一个单独的管理接口或创建一条单独的路径来管理设备，这种方式被称为带外网络管理（Out-of-band Network Management），不占用生产网络带宽，串口集线器也属于带外网络管理的范畴。使用 Console Port 接口、AUX 接口和 MGT 接口连接是常用的带外网络管理方式。

1. 配置连接线

为了配置交换机，需要用反转线缆连接交换机背面的控制台端口和 PC 背面的串口，如图 2-5-7 所示。布线中常用的三种电缆是直通电缆、交叉电缆和反转电缆，其中以太网线的连接方式是直通电缆和交叉电缆（在直通电缆的基础上 1～3 与 2～6 对调），反转电缆就是 Console 线，又叫全反线，一端为 RJ-45 接头，另一端为串口（9 孔通信接口）接头。Console 线不属于以太网技术，用于直接登录设备。

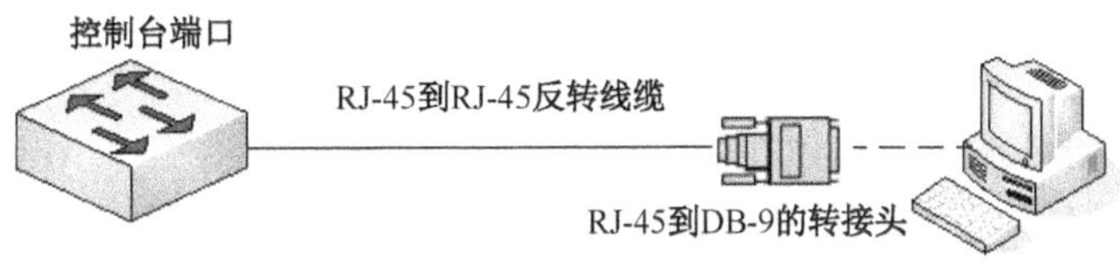

图 2-5-7　连接交换机和 PC

2. 设置超级终端

（1）单击“开始”→“程序”→“附件”→“通信”→“超级终端”选项，如果是第一次运行，则会弹出“位置信息”对话框，在“您的区号（或城市号）是什么”文本框中输入“010”，如图 2-5-8 左图所示。

（2）单击“确定”按钮，弹出“电话和调制解调器选项”对话框，单击“确定”按钮。

（3）弹出“连接描述”对话框，在“名称”文本框中输入“qq”，在“图标”栏选择所需图标，如图 2-5-8 右图所示。

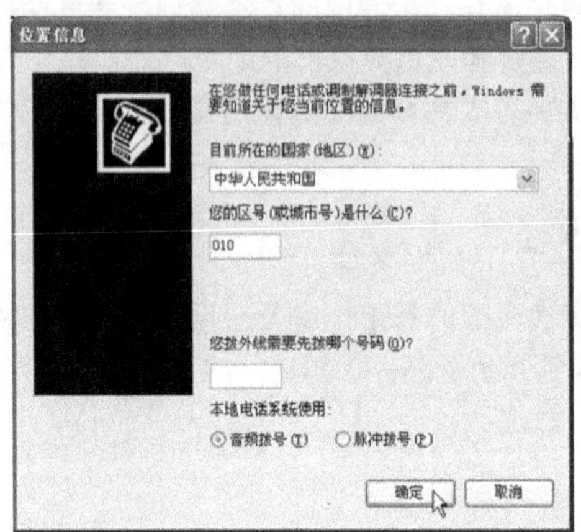

图 2-5-8 “位置信息”和“连接描述”对话框

（4）单击“确定”按钮，弹出“连接到”对话框，在“连接时使用”下拉列表框中选择“COM1”，即选择连接使用的串口，如图 2-5-9 左图所示。

（5）单击“确定”按钮，弹出“COM1 属性”对话框，配置相关参数，如图 2-5-9 右图所示。选择还原默认值，此时终端的硬件设置为每秒位数 9600、数据位 8、奇偶校验无、停止位 1、数据流控制无。

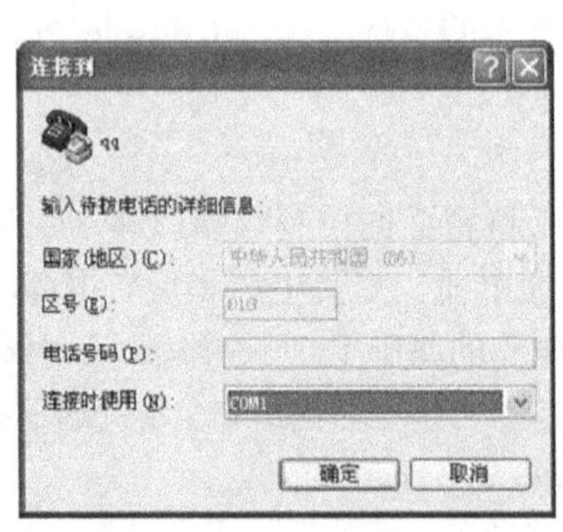

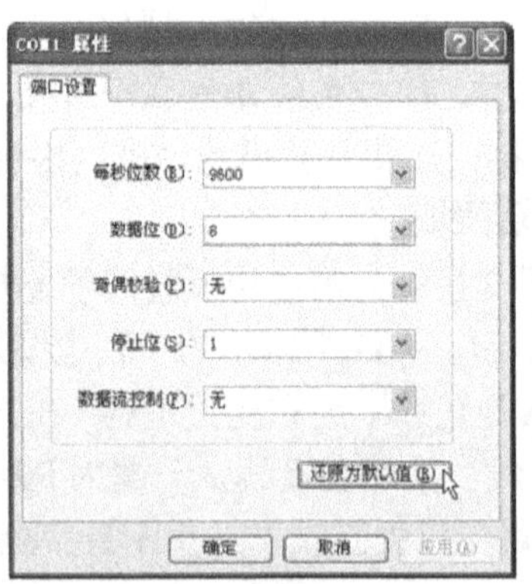

图 2-5-9 “连接到”和“COM1 属性”对话框

（6）单击“确定”按钮，弹出“qq - 超级终端”窗口，如图 2-5-10 所示。

3. 交换机配置的基本操作

交换机的 IOS 软件将命令分为用户模式、特权模式和配置模式。

（1）用户模式。该模式只允许有限数量的基本监视命令，不允许任何改变交换机配置的命令，其提示符是“>”。

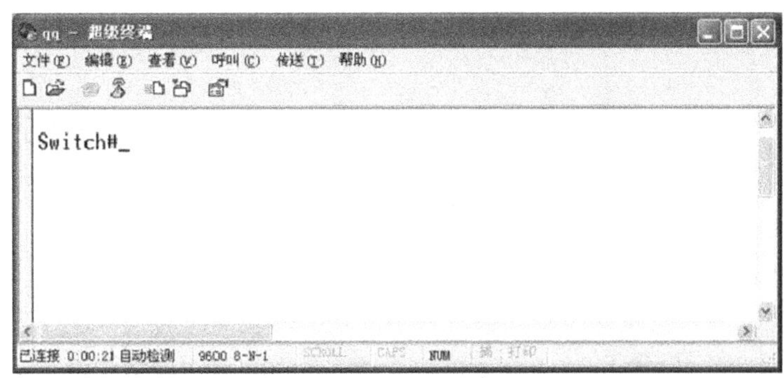

图 2-5-10 “qq - 超级终端”窗口

（2）特权模式。该模式提供了对交换机所有命令的访问，可以通过输入用户 ID 和口令来保护，其提示符是“＃”。

在没有进行任何配置的情况下，默认的 Cisco 交换机特权模式提示符为：

```
Switch#
```

从用户模式进入特权模式的命令：

```
Switch>enable
```

返回上级模式命令是 exit：

```
Switch#exit
```

（3）配置模式。该模式又分为全局配置模式、接口配置模式等子模式。全局配置模式和其他特定的配置模式都只能从特权模式到达。

① 全局配置模式。全局配置模式用于配置交换机的整体参数。

从特权模式进入全局配置模式的命令：

```
Switch#configure terminal
```

返回特权用户模式的命令：

```
Switch(config)#exit
Switch#
```

② 接口配置模式。接口配置模式用于配置交换机的接口参数。要进入各种配置模式，必须进入全局配置模式。从全局配置模式出发，可以进入各种配置子模式。

接口配置子模式的命令：

```
Switch(config-if)#
```

VLAN 配置子模式的命令：

```
Switch(config-vlan)#
```

从全局配置模式进入接口配置子模式的命令：

```
Switch(config)#interface FastEthernet 0/1
```

返回全局配置模式的命令：

```
Switch(config-if)#exit
Switch(config)#
```

从子模式下直接返回特权模式的命令是 end、Ctrl+C 或 Ctrl+Z：

```
Switch(config-if)#end
```

```
Switch#
```

（4）帮助命令。

通过输入一个问号（？）可以执行帮助命令。当在命令提示符后执行帮助命令时，在当前命令模式下可用命令列表显示出来。

4. 配置交换机支持 Telnet 协议

配置交换机支持 Telnet 协议是为了对设备进行远程管理。

配置的步骤如下。

（1）在 PC 上进行设置。

设置 PC 的 IP 地址和子网掩码分别为 192.168.1.2 和 255.255.255.0。

（2）在交换机上配置管理 IP 地址。

```
Switch>enable    !进入特权模式
Switch#configure terminal             !进入全局配置模式
Switch(config)#hostname SwitchA       !配置交换机名称为“SwitchA”
SwitchA(config)#interface vlan 1      !进入交换机管理接口配置模式
SwitchA(config-if)#ip address 192.168.1.1  255.255.255.0   !配置交换机管理接口 IP 地址
SwitchA(config-if)#no shutdown     !开启交换机管理接口验证测试：验证交换机管理接口已经配置和开启
SwitchA#show ip interface vlan 1  !验证交换机管理 IP 地址已经配置，管理接口已开启
```

注意：

交换机的管理接口默认是关闭的，因此在配置管理接口 interface vlan 1 的 IP 地址后需用命令“no shutdown”开启该接口。

（3）配置交换机远程登录密码。

```
Switch(config)#line vty 0 15    !进入 16 条超级终端
Switch(config-line)#login       !配置登录状态
Switch(config-line)#password cisco          !设置交换机远程登录密码为“cisco”
```

验证测试：验证从 PC 可以通过网线远程登录交换机，如图 2-5-11 所示。

```
C:\>telnet 192.168.1.1  !从 PC 机登录到交换机
```

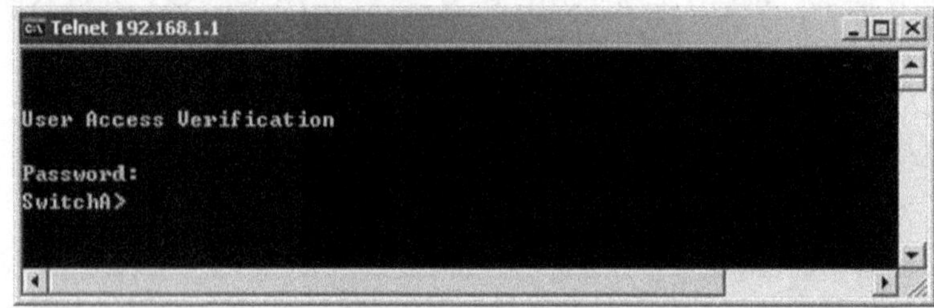

图 2-5-11　从 PC 登录交换机

（4）配置交换机特权模式密码。

```
SwitchA(config)#enable secret cisco     !设置交换机特权模式密文密码为“cisco”
SwitchA(config)#enable password cisco    !设置交换机特权模式明文密码为“cisco”
```

验证测试：验证从 PC 可以通过网线远程登录交换机，再进入特权模式，如图 2-5-12 所示。

```
C:\>telnet 192.168.1.1          !从 PC 登录交换机，再进入特权模式
```

图 2-5-12　从 PC 登录交换机，再进入特权模式

（5）保存在交换机上所做的配置。

```
SwitchA#copy running-config  startup-config    !保存交换机配置
SwitchA#write memory                           !另一种保存交换机配置方法
SwitchA#show running-config                    !查看交换机配置
```

考点 5：连接配置线

例 9　（单选题）下面说法错误的是（　　）。

A. Web 管理是带内管理

B. Telnet 管理是带内管理

C. Console 配置是带内管理

D. 采用带外管理，可使网络管理带宽与业务完全隔离，互不影响

解析：连接配置线的 Console Port 属于带外管理，故选 C。

例 10　（单选题）下面说法错误的是（　　）。

A. 所谓的带内管理是指网络的管理控制信息与用户网络的承载业务信息通过同一个逻辑信道传输，也就是占用业务带宽

B. 带外管理，网络的管理控制信息与用户承载业务信息在不同的逻辑信道，为交换机提供专门用于管理的带宽

C. 现在的交换机一般都有带外管理接口，使网络管理带宽与业务完全隔离，互不影响，构成单独的网管网络

D. Telnet 是最常用的带外管理方式

解析：这道题考查的是连接配置线知识点中带内和带外管理的相关理论，Telnet 属于带内管理，故选 D。

考点 6：设置超级终端

例 11　（单选题）当思科交换机使用 Console 接口来进行配置时，终端的硬件设置为（　　）。

A. 波特率：9600；数据位：8；奇偶校验：无；停止位：1；数据流控制：无

B. 波特率：115200；数据位：7；奇偶校验：无；停止位：1；数据流控制：无

C. 波特率：9600；数据位：7；奇偶校验：无；停止位：1；数据流控制：无

D. 波特率：115200；数据位：8；奇偶校验：无；停止位：1；数据流控制：无

解析：这道题考查的是设置超级终端知识点，即终端的硬件设置为波特率：9600；数据位：8；奇偶校验：无；停止位：1；数据流控制：无，故选 A。

考点 7：交换机配置的基本操作

例 12 （单选题）在思科网络设备的配置中，返回上一级不可以使用的命令或快捷键是（　　）。

A．exit 命令　　B．quit 命令

C．“Ctrl+C”组合键　　D．end 命令

解析：这道题考查的是交换机配置的基本操作，界面切换、返回上级模式命令是 exit，直接返回特权模式的命令是 end 或“Ctrl+C”组合键，故选 B。

考点 8：配置交换机支持 Telnet

例 13 （判断题）配置 Telnet 登录特权密码可以分成明文和密文两种。（　　）

解析：这道题考查的是 Telnet 登录特权密码配置的两种方法，一种是设置交换机特权模式密文密码为“cisco”；另一种是设置交换机特权模式明文密码为“cisco”，故本题答案为√。

任务三　交换机的 VLAN 的划分

1. VLAN 的基本概念

VLAN（虚拟网）技术就是将一个交换网络从逻辑上划分为若干子网，每一个子网就是一个广播域。逻辑上划分的子网与传统物理上划分的子网在功能上相同，可以根据交换机的端口、MAC 地址、IP 地址来进行划分。VLAN 的主要作用是划分广播域，一个 VLAN 就是一个子网，每个子网就是一个广播域。

2. VLAN 标准

802.1Q VLAN 的体系结构如图 2-5-13 所示。

802.1Q 使用 4 字节标签头定义 TAG（标签）。802.1Q 标签头包含 2 字节的标签协议标识（TPID）和 2 字节的标签控制信息（TCI）。

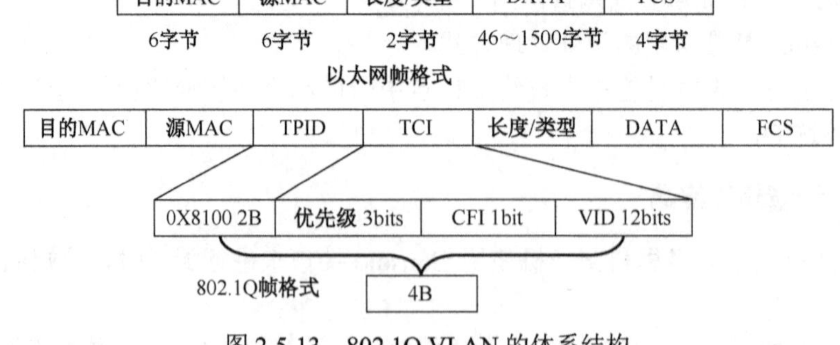

图 2-5-13　802.1Q VLAN 的体系结构

TPID（Tag Protocol Indentilfier）：表示这是一个加了 802.1Q 标签的帧。TPID 包含一个固定的值 0X8100。

TCI 包含的是帧的控制信息，它还包含下面一些元素。

（1）Priority（优先级）：3bits 指明帧的优先级。

（2）CFI（Canonical Format Indicator）：如果 CFI 的值为 0，则说明是规范格式；如果

CFI 的值为 1，则说明是非规范格式。

（3）VLAN ID（VLAN Identified）：这是一个 12bits 的域，指明 VLAN 的 ID，共 2^{12} 个，即 4096 个，每个支持 802.1Q 协议的交换机发送出来的数据包都包含这个域，以指明自己属于哪一个 VLAN，其中 VLAN1 默认是 VLAN。

3. VLAN 的类型

（1）基于端口的 VLAN。

（2）基于 MAC 地址的 VLAN。

（3）基于协议的 VLAN。

4. VLAN 的端口

VLAN 的端口接入模式可以分为两种：接入链路和干道链路。

（1）接入链路（Access Link）。

接入链路是用于连接主机和交换机的链路。在通常情况下，主机并不需要知道自己属于哪些 VLAN，主机的硬件也不一定支持带有 VLAN 标记的帧。主机要求发送和接收的帧都是没有打上标记的帧。

（2）干道链路（Trunk Link）。

干道链路是可以承载多个不同 VLAN 数据的链路。干道链路通常用于交换机之间的互联，或者用于交换机和路由器之间的连接。使用干道链路还可以实现链路分担和负载均衡，也可以在交换机之间成倍增加带宽。

（3）帧在网络通信中的变化。

在一般情况下，干道链路上传送的都是带标签的报文，接入链路上传送的都是未带标签的报文。这样做的最终结果是，网络中配置的 VLAN 可以被所有交换机正确处理，而主机不需要了解 VLAN 信息。

5. 同一个交换机上的 VLAN 内通信

同一个交换机上的 VLAN 内通信如图 2-5-14 所示。

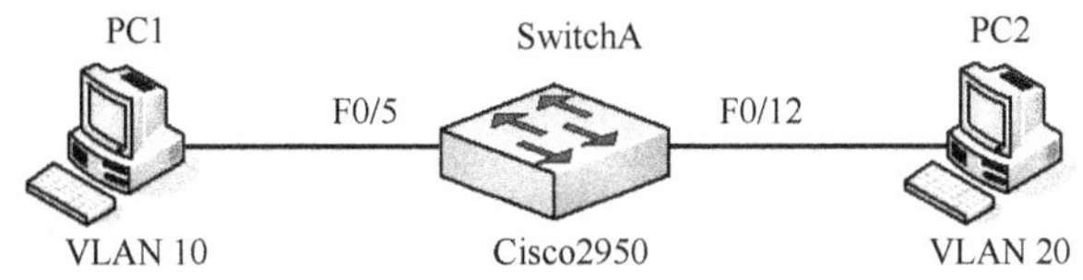

图 2-5-14 同一个交换机上的 VLAN 内通信

操作步骤如下。

（1）配置 PC1 和 PC2。

设置 PC1 的 IP 地址和子网掩码分别为 192.168.1.1 和 255.255.255.0。

设置 PC2 的 IP 地址和子网掩码分别为 192.168.1.2 和 255.255.255.0。

在未划分 VLAN 前，两台 PC 可以互相 ping 通。

（2）创建 VLAN。

```
SwitchA #configure terminal !进入全局配置界面
SwitchA (config)#vlan 10    !创建 VLAN 10
SwitchA (config-vlan)#name test10   !命名为 test10
SwitchA(vlan)#vlan 20       !创建 VLAN 20
SwitchA (config-vlan)name test20   !命名为 test20
```

```
验证测试：
SwitchA#show vlan
```

（3）将接口分配到 VLAN（以接口 F0/5 为例）。

```
SwitchA(config)#interface fastethernet 0/5      !进入 F0/5 的接口配置模式
SwitchA(config-if)#switchport mode Access       !设置端口为静态 VLAN 访问模式，本命令可省略
SwitchA(config-if)#switchport Access vlan 10    !将 F0/5 端口加入 VLAN 10
```

（4）两台 PC 互相 ping 不通。

6. 多个交换机上的 VLAN 内通信

多个交换机上的 VLAN 内通信如图 2-5-15 所示。

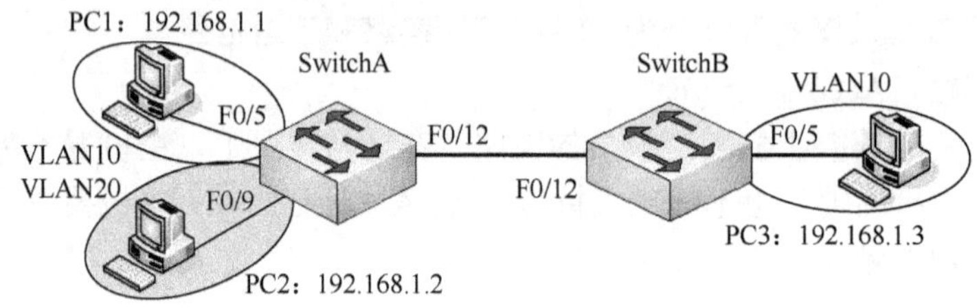

图 2-5-15 多个交换机上的 VLAN 内通信

操作步骤如下。

（1）配置 PC1、PC2 和 PC3。

设置 PC1 的 IP 地址和子网掩码分别为 192.168.1.1 和 255.255.255.0。

设置 PC2 的 IP 地址和子网掩码分别为 192.168.1.2 和 255.255.255.0。

设置 PC3 的 IP 地址和子网掩码分别为 192.168.1.3 和 255.255.255.0。

在未划分 VLAN 前，三台 PC 可以互相 ping 通。

（2）在交换机 SwitchA 上创建 VLAN 10，并将 F0/5 端口划分到 VLAN 10 中。

```
SwitchA #configure terminal            !进入全局配置界面
SwitchA (config)#vlan 10               !创建 VLAN 10
SwitchA (config-vlan)#name sale        !命名为 sale
SwitchA (config-vlan)#exit
SwitchA(config)#interface fastethernet 0/5  !进入接口配置模式
SwitchA(config-if)#switchport access vlan 10     !将 fastethernet0/5 端口划分到 VLAN10
SwitchA(config-if)#exit
```

（3）在交换机 SwitchA 上创建 VLAN 20，并将 F0/9 端口划分到 VLAN 20 中。

```
SwitchA (config)#vlan 20                  !创建 VLAN 20
SwitchA (config-vlan)#name technical      !命名为 technical
SwitchA (config-vlan)#exit
SwitchA(config)#interface fastethernet 0/9  !进入接口配置模式
SwitchA(config-if)#switchport access vlan 20     !将 fastethernet0/9 端口划分到 VLAN10
SwitchA(config-if)#exit
```

（4）在交换机 SwitchA 上设置 VTP 服务器端模式。

```
SwitchA(config)#vtp domain vtpserver        !设置 VTP 域名为 vtpserver
Changing VTP domain name from NULL to vtpserver
SwitchA(config)#vtp mode server             !设置本交换机 VTP 为 Server 模式
Device mode already VTP Server for VLANS.
```

（5）在交换机 SwitchA 上，将与 SwitchB 相连的端口（假设为 F0/12 端口）定义为干道链路模式。

在 SwitchA 上配置：

```
SwitchA(config)#interface fastethernet 0/12     !进入接口配置模式
SwitchA(config-if)#switchport mode trunk        !将 fastEthernet 0/12 端口设为干道链路模式
SwitchA(config-if)#end
验证测试：验证 fastEthernet 0/12 端口已被设置为干道链路模式
SwitchA#show interface fastethernet 0/12 switchport
```

在 SwitchB 上配置：

```
SwitchB(config)#interface fastethernet 0/12   !进入接口配置模式
SwitchB(config-if)#switchport mode trunk      !将 fastEthernet 0/12 端口设为干道链路模式
SwitchB(config-if)#end
验证测试：验证 fastEthernet 0/12 端口已被设置为干道链路模式
SwitchB#show interface fastethernet 0/12 switchport
```

（6）在交换机 SwitchB 上设置 VTP 客户端模式。

```
SwitchB#configure terminal
SwitchB(config)#vtp mode client     !配置本交换机为 VTP 客户端
```

（7）在交换机 SwitchB 上创建 VLAN 10，并将 F0/5 端口划分到 VLAN 10 中。

```
SwitchB #show vlan                  !查看动态 VLAN 生成与否
SwitchB #configure terminal         !进入全局配置界面
SwitchB(config)#interface fastethernet 0/5  !进入接口配置模式
SwitchB(config-if)#switchport access vlan 10     !将 fastethernet0/5 端口划分到 VLAN10
SwitchB(config-if)#exit
```

（8）验证 PC1 和 PC3 能互相通信，但 PC2 和 PC3 不能互相通信。

注意事项：

两台交换机之间相连的端口应该设置为干道链路模式。

VTP 是思科设备的独有协议，已经划分好 VLAN 的一端配置为服务器端，没有配置 VALN 的一端为客户端。

清空交换机原有 VLAN 配置的命令：delete flash:vlan.dat。

删除交换机配置的命令：erase startup-config。

重启交换机的命令：reload。

7. VLAN 的路由

前面讲述的 VLAN 都是基于两层交换功能的，不同 VLAN 之间的信息还需要互通，这就需要通过 VLAN 的三层路由功能来实现。

VLAN 之间通信的解决方法如下。

（1）在 VLAN 之间配置路由器，使用单臂路由技术，交换机连接路由器的端口要配置为干道链路模式，在路由器上需要创建子接口，交换机和路由器之间仅能使用一条物理链路连接。

（2）利用三层交换机（Switch Virtual Interface，SVI）虚拟接口实现 VLAN 间的通信，但要先打开三层交换机的路由功能，命令在全局配置下使用 ip routing。

考点 9：VLAN 的基本概念

例 14 （单选题）一个 VLAN 可以看作一个（　　）。

A．冲突域　　B．广播域　　C．管理域　　D．拥塞域

解析：这道题考查的是 VLAN 基本概念中 VLAN 的主要作用：VLAN 的主要作用是划分广播域，一个 VLAN 就是一个子网，每个子网就是一个广播域，故选 B。

例 15 （单选题）可以划分广播域的设备有（　　）。

A．集线器　　B．中继器

C．网桥　　D．可以划分 VLAN 的交换机

解析：这道题考查的是哪些网络设备可以划分和隔离广播域。能划分和隔离广播域的设备主要有可以划分 VLAN 的交换机——也就是二层和三层交换机、路由器、防火墙等，故选 D。

考点 10：VLAN 标准

例 16 （单选题）IEEE 组织制定了（　　）标准，规范了跨交换机实现 VLAN 的方法。

A．ISL　　B．IPSEC　　C．802.1Q　　D．VSI

解析：使用 802.1Q 标准建立 VLAN 的体系结构，802.1Q 使用 4 字节标签头定义 Tag。802.1Q 标签头包含 2 字节的标签协议标识和 2 字节的标签控制信息，故选 C。

例 17 （单选题）IEEE 802.1Q 的标记报头镶嵌在以太网报文头部，按照 IEEE 802.1Q 标准，标记实际上嵌在（　　）。

A．不固定

B．源 MAC 地址和目标 MAC 地址前

C．源 MAC 地址和目标 MAC 地址后

D．源 MAC 地址和目标 MAC 地址中间

解析：802.1Q 使用 4 字节标签头定义 Tag 位于源 MAC 地址和目标 MAC 地址后、长度和类型前，故选 C。

考点 11：VLAN 的分类

例 18 （单选题）VLAN 分类的标准不包括（　　）。

A．基于端口的 VLAN　　B．基于 MAC 地址的 VLAN

C．基于协议的 VLAN　　D．基于长度和类型的 VLAN

解析：VLAN 的类型包括：（1）基于端口的 VLAN；（2）基于 MAC 地址的 VLAN；（3）基于协议的 VLAN，故选 D。

考点 12：VLAN 的端口

例 19 （单选题）连接 PC 的交换机接口分别应该设置成哪种类型才能实现 PC 上网？（　　）

A．使用 Access 和 Trunk 类型　　B．使用 Access 类型

C．使用 Trunk 类型　　D．使用 Trunk 和 Access 类型

解析：接入链路是连接主机和交换机的链路。在通常情况下，主机并不需要知道自己

属于哪种类型 VLAN，主机的硬件也不一定支持带有 VLAN 标记的帧。主机要求发送和接收的帧都是没有打上标记的帧，故选 B。

例 20 （单选题）以下关于 Trunk 功能的描述正确的是（ ）。

A．使用 Trunk 功能是为了隔离广播交换机

B．使用 Trunk 功能可以方便地实现流量的负荷分担

C．使用 Trunk 功能时，由于网络产生回路，可能会引发网络风暴

D．使用 Trunk 功能不可以成倍拓展交换机之间或与服务器之间的通信带宽

解析：使用干道链路可以实现链路分担和负载均衡，也可以在交换机之间成倍增加带宽，故选 B。

例 21 （单选题）IEEE 制定实现 Tag VLAN 使用的是下列哪个标准？（ ）

A．IEEE 802.1w B．IEEE 802.3ad

C．IEEE 802.1q D．IEEE 802.1x

解析：Tag 是标签的意思，干道链路上传送的都是带标签的报文，接入链路上传送的都是未带标签的报文。如果值为 tagged，向所在列的物理端口发送“tag=该行 VLAN ID 的包”，则遵循的标准是 IEEE 802.1q，故选 C。

考点 13：同一个交换机上的 VLAN 内通信

例 22 （单选题）下面说法错误的是（ ）。

A．默认情况下，交换机所有端口都属于 VLAN1。

B．通常把 VLAN1 作为交换机的管理 VLAN。

C．VLAN1 接口的 IP 地址通常是交换机的管理地址。

D．不能为其他 VLAN 配置管理地址。

解析：一般来说，VLAN1 作为交换机默认的管理 VLAN，也可以把其他 VLAN 作为管理 VLAN，通过配置 IP 地址进行访问，故选 D。

考点 14：多个交换机上的 VLAN 内通信

例 23 （单选题）要将一台 Cisco 2950 交换机 SW1 的 VTP 模式配置为客户机模式，以下正确的命令是（ ）。

A．SW1(config)#vtpmodeserver

B．SW1(config)#vtp mode client

C．SW1(config)#vtp mode transparent

D．SW1(config)#vtp domain cisco

解析：配置 VTP 模式客户端的命令是 vtp mode client，故选 B。

考点 15：VLAN 的路由

例 24 （单选题）在三层交换机上启动路由，需要配置命令（ ）。

A．iprouting

B．noswitchport

C．router rip

D．不需要配置，三层交换机本身就支持路由功能

解析：三层交换机使用 SVI 实现 VLAN 间通信，要开启三层交换机路由功能，使用命令：iprouting，故选 A。

例 25 （单选题）下列关于单臂路由的说法错误的是（ ）。

A．每个 VLAN 有一个物理连接

B．在交换机上，把连接到路由器的端口配置成干道链路类型的端口，并允许相关 VLAN 的帧通过

C．在路由器上需要创建子接口

D．交换机和路由器之间仅能使用一条物理链路连接

解析：这道题考查 VLAN 间通信的单臂路由的知识点，单臂路由的要点是：交换机连接路由器的端口要配置为干道链路模式，在路由器上需要创建子接口，交换机和路由器之间仅能使用一条物理链路连接。每个 VLAN 可以有多个物理连接，多个端口可以划分给一个 VLAN，故选 A。

同步练习

一、选择题

1．在 OSI 参考模型中，工作在数据链路层上的网络连接设备是（ ）。

A．集线器 B．路由器 C．交换机 D．中继器

2．下面说法错误的是（ ）。

A．所有交换机都有带外管理接口

B．通过 Console 端口管理是最常用的带外管理方式

C．通常用户会在首次配置交换机或无法进行带内管理时使用带外管理方式

D．带外管理的时候，可以采用 Windows 操作系统自带的超级终端程序来连接交换机

3．一个 VLAN 可以看作一个（ ）。

A．冲突域 B．广播域

C．管理域 VLAN D．阻塞域

4．不可以用来对以太网进行分段的设备有（ ）。

A．网桥 B．交换机 C．路由器 D．集线器

5．下面的（ ）设备可以看作一种多端口的网桥设备。

A．中继器 B．交换机 C．路由器 D．集线器

6．交换机如何知道将帧转发到哪个端口？（ ）

A．用 MAC 地址表 B．用 ARP 地址表

C．读取源 ARP 地址 D．读取源 MAC 地址

7．以下说法错误的是（ ）。

A．网桥能隔离网络层广播 B．中继器是工作在物理层的设备

C．路由器是工作在网络层的设备 D．以太网交换机工作在数据链路层

8．以下关于以太网交换机的说法正确的是（ ）。

A．使用以太网交换机可以隔离冲突域交换机

B．以太网交换机是一种工作在网络层的设备

C. 单一 VLAN 的以太网交换机可以隔离广播域

D. VTP 协议解决了以太网交换机组建虚拟私有网的需求

9. 以太网交换机的每一个端口可以看作一个（　　）。

A. 冲突域　　B. 广播域　　C. 管理域　　D. 阻塞域

10. 下面哪个不是 VLAN 的划分方法（　　）。

A. 基于端口的 VLAN

B. 基于 MAC 地址的 VLAN

C. 基于协议的 VLAN

D. 基于物理位置的 VLAN

11. 在以太网中，是根据（　　）地址来区分不同的设备的。

A. IP　　B. MAC　　C. IPX　　D. LLC

12. 下面对全双工以太网的描述正确的是（　　）。

A. 可以在共享式以太网中实现全双工技术

B. 可以在一对双绞线上同时接收和发送以太网帧

C. 不仅用于点对点连接

D. 可用于点对点和点对多点连接

13. 以太网交换机端口的工作模式不可以被设置为（　　）。

A. 全双工模式　　B. 半双工模式

C. 自动协商模式　　D. Trunk 模式

14. 以太网交换机的数据转发方式不可以被设置为（　　）。

A. 直通式转发　　B. 存储式转发

C. 自动协商转发　　D. 无碎片直通式转发

15. 利用交换机可以把网络划分成多个虚拟局域网。一般情况下，交换机默认的 VLAN 是（　　）。

A. VLAN0　　B. VLAN1　　C. VLAN10　　D. VLAN1024

16. 交换机实现帧转发有（　　）三种主要工作模式。

A. 存储转发模式、直通模式、信元转发

B. 直通模式、分片转发模式、信元转发

C. 无碎片转发模式、存储转发模式、直通模式

D. 无碎片转发模式、直通模式、信元转发

17. 全双工以太网在（　　）上效率可以达到 100%。

A. 输入　　B. 输出　　C. 两个方向　　D. 单方向

18. 二层以太网交换机在 MAC 地址表中查找与帧目的 MAC 地址匹配的表项，从而将帧从相应接口转发出去，如果查找失败，交换机将（　　）。

A. 把帧丢弃

B. 把帧由除端口外的其他所有端口发送出去

C. 查找快速转发表

D. 查找路由表

19. VLAN 在现代组网技术中占有重要地位，同一个 VLAN 中的两台主机（　　）。

A. 必须连接在同一台交换机上　　B. 可以跨越多台交换机

C．必须连接在同一台集线器上　　D．可以跨越多台路由器

20．Access 端口发送数据帧时如何处理？（　　）

A．替换 VLAN Tag 转发　　B．剥离 Tag 转发

C．打上 PVID 转发　　D．发送带 Tag 的报文

21．当主机经常移动位置时，使用（　　）VLAN 划分方式最合适。

A．基于 IP 子网划分　　B．基于 MAC 地址划分

C．基于策略划分　　D．基于端口划分

22．在配置交换机远程登录口令时，交换机必须进入的工作模式是（　　）。

A．特权模式　　B．用户模式

C．接口配置模式　　D．虚拟终端配置模式

23．远程登录是使用下面的（　　）协议。

A．SMTP　　B．FTP　　C．UDP　　D．Telnet

24．当交换机从某个端口收到一个数据包时，它先读取包头中的（　　）地址。

A．源 IP 地址　　B．目的 IP 地址　　C．源 MAC 地址　　D．目的 MAC 地址

25．交换机收到一帧，但该帧的目标地址在其 MAC 地址表中找不到，交换机将（　　）。

A．丢弃　　B．退回　　C．泛洪　　D．转发给网关

26．实现 VLAN 的三层路由功能的设备是（　　）。

A．中继器　　B．交换机　　C．集线器　　D．网卡

27．清空交换机原有 VLAN 配置信息使用的命令是（　　）。

A．delete　　B．exit　　C．show　　D．end

28．要将一台 Cisco 2950 交换机 SW1 进入特权模式，以下正确的命令是（　　）。

A．SW1>enable　　B．SW1#configterminal

C．switch(config)#hostname SW1　　D．SW1 (config)#vlan 10

29．要将一台 Cisco 2950 交换机 SW1 进入全局配置模式，以下正确的命令是（　　）。

A．SW1>enable　　B．SW1#configureterminal

C．switch(config)#hostname SW1　　D．SW1 (config)#vlan 10

30．要给一台 Cisco 2950 交换机设置主机名 SW1，以下正确的命令是（　　）。

A．SW1>enable　　B．SW1#configureterminal

C．switch(config)#hostname SW1　　D．SW1 (config)#vlan 10

31．要给一台 Cisco 2950 交换机 SW1 创建 VLAN10，以下正确的命令是（　　）。

A．SW1>enable　　B．SW1#configterminal

C．switch(config)#hostname SW1　　D．SW1 (config)#vlan 10

32．Switch(config-if)#是交换机配置的（　　）。

A．用户模式　　B．特权模式

C．全局配置模式　　D．接口配置子模式

33．交换机的 IOS 软件命令不包括（　　）。

A．特权模式　　B．全局配置模式

C．配置模式　　D．接口配置子模式

34．一台 Cisco 2950 交换机从子模式下直接返回特权模式的命令是（　　）。

A．只能使用“end”　　B．只能使用“Ctrl+C”

C．只能使用“Ctrl+Z” D．以上三种命令都可以

35．一台 Cisco 2950 交换机返回上一级的命令是（ ）。

A．end B．exit

C．Ctrl+Z D．Ctrl+C

36．SwitchA(config)#enable secret cisco 这条命令的作用是（ ）。

A．设置交换机远程登录密码为“cisco”

B．设置交换机特权模式密文密码为“cisco”

C．设置交换机特权模式明文密码为“cisco”

D．设置交换机用户模式密文密码为“cisco”

37．以太网是（ ）标准的具体实现。

A．802.3 B．802.4 C．802.5 D．802.z

38．删除交换机配置的命令是（ ）。

A．erasestartup-config B．deleteflash:vlan.dat

C．switchport mode trunk D．delete flash:config.dat

39．三层交换可以实现多个不同 VLAN 之间的通信技术是（ ）。

A．ISL B．SVI C．LLC D．802.1Q

40．不同 VLAN 之间的通信可以使用（ ）设备的子接口的方法实现。

A．中继器 B．交换机 C．路由器 D．集线器

二、判断题

1．交换机和网桥的每一个端口就是一个广播域。（ ）

2．可以划分 VLAN 的交换机，一个 VLAN 就是一个冲突域。（ ）

3．交换机是一种基于 MAC 的地址识别的网络设备。（ ）

4．交换机的管理接口默认一般是关闭的。（ ）

5．可以根据网卡的 MAC 地址判断安装该网卡的主机所在的网络位置。（ ）

6．交换机的干道链路模式端口默认属于所有 VLAN。（ ）

7．能进行 CRC 校验的转发方式为存储式转发。（ ）

8．无碎片直通式转发是介于直通式转发和存储式转发之间的一种解决方案，它检查数据包的长度是否够 64 B（512 bit）。（ ）

9．交换机是一台专用的特殊的计算机，它包括中央处理器（CPU）、随机存储器（RAM）、接口、NVRAM 等。（ ）

10．分层网络设计把交换机分为三个层次：核心层、汇聚层和接入层。（ ）

11．使用串口集线器也属于带内管理的范畴，不占用生产网络带宽。（ ）

12．反转电缆就是 Console 线，又叫全反线，是以太网线缆的一种。（ ）

13．超级终端计算机一端必须连接通信接口，不能连接其他接口。（ ）

14．交换机配置管理时可以通过键入一个问号“？”执行帮助命令。（ ）

15．802.1Q 使用 4 字节标签头定义 Tag（标签）。（ ）

16．干道链路是只能承载一个 VLAN 数据的链路。（ ）

17．在一般情况下，干道链路上传送的都是带标签的报文。（ ）

18．在一般情况下，接入链路上传送的都是未带标签的报文。（ ）

19．交换机之间设置为干道模式可以使用命令：switchport mode access。（ ）

10．VLAN 的 ID 范围是 1～4096。 （ ）

三、名词解释

1．集线器

2．交换机

3．VLAN

4．核心层

5．汇聚层

6．接入层

7．冲突域

8．广播域

9．Trunk（干道模式）

10．Access（接入模式）

四、简答题

1．交换机的转发方式有哪些？

2．以太网交换机的体系结构是什么？

3．以太网交换机与分层网络设计的功能是什么？

4．VLAN 的类型有哪些？

5．VLAN 的端口类型是什么？

项目六

使用网络层互联设备

思维导图

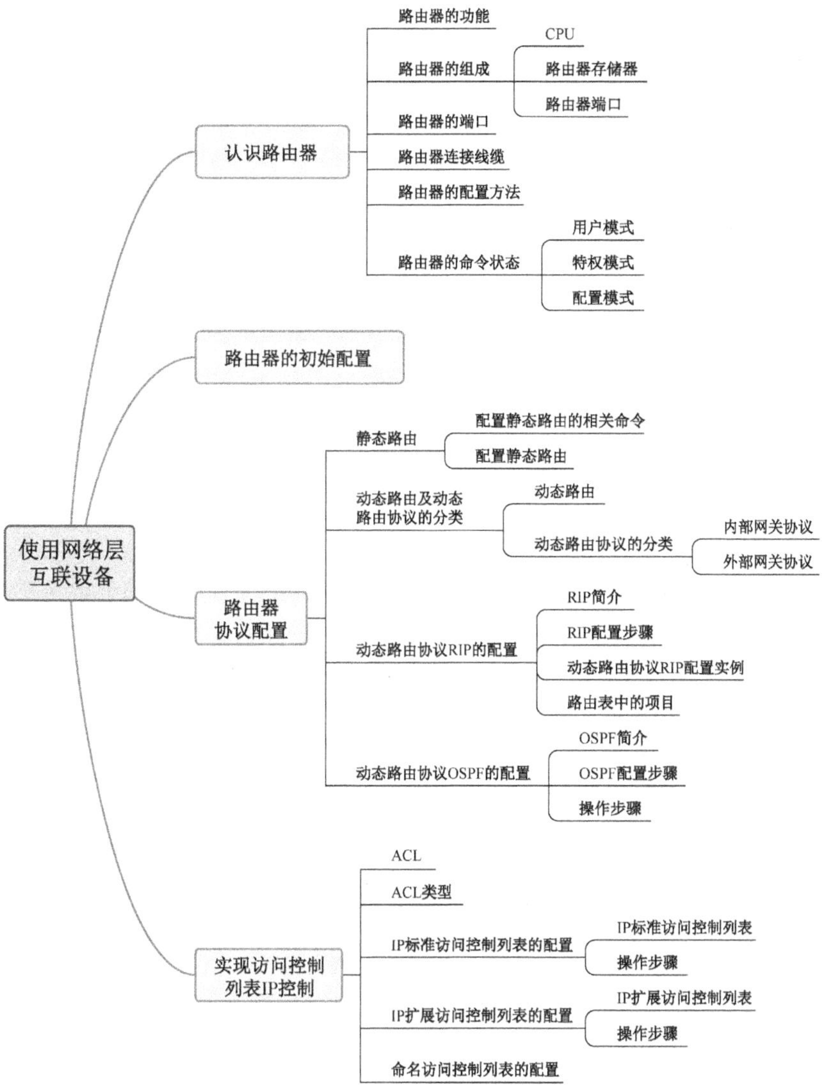

- 使用网络层互联设备
  - 认识路由器
    - 路由器的功能
    - 路由器的组成
      - CPU
      - 路由器存储器
      - 路由器端口
    - 路由器的端口
    - 路由器连接线缆
    - 路由器的配置方法
    - 路由器的命令状态
      - 用户模式
      - 特权模式
      - 配置模式
  - 路由器的初始配置
  - 路由器协议配置
    - 静态路由
      - 配置静态路由的相关命令
      - 配置静态路由
    - 动态路由及动态路由协议的分类
      - 动态路由
      - 动态路由协议的分类
        - 内部网关协议
        - 外部网关协议
    - 动态路由协议RIP的配置
      - RIP简介
      - RIP配置步骤
      - 动态路由协议RIP配置实例
      - 路由表中的项目
    - 动态路由协议OSPF的配置
      - OSPF简介
      - OSPF配置步骤
      - 操作步骤
  - 实现访问控制列表IP控制
    - ACL
    - ACL类型
    - IP标准访问控制列表的配置
      - IP标准访问控制列表
      - 操作步骤
    - IP扩展访问控制列表的配置
      - IP扩展访问控制列表
      - 操作步骤
    - 命名访问控制列表的配置

复习要求

1．掌握路由器配置的基本操作；
2．掌握配置路由器支持 Telnet 的方法；
3．了解路由器的硬件结构；
4．掌握路由器的内存体系结构；
5．了解路由器的配置方法的种类；
6．掌握路由器的命令状态；
7．掌握路由协议类型及其概念；
8．掌握静态路由协议及配置方法；
9．掌握 RIP 和 OSPF 路由协议的概念；
10．掌握动态路由协议的分类；
11．掌握动态路由协议 RIP 的配置；
12．掌握动态路由协议 OSPF 的配置；
13．了解访问控制列表的概念及配置方法。

考点详解

任务一　认识路由器

1．路由器的功能

路由器的工作模式与交换机的工作模式相似，但路由器工作在 OSI 参考模型的第三层——网络层，这个区别决定了路由器和交换机在传递数据时使用不同的控制信息，并且因为控制信息不同，所以实现功能的方式就不同。路由器的工作原理是，在路由器的内部有一个表（路由表），这个表所表述的是如果要去某一个地方，下一步应该往哪里走。

路由器内部可以分为控制部分和数据通道部分。

路由表的维护有两种不同的方式。一种是路由信息的更新，将部分或全部的路由信息公布出去，路由器通过互相学习路由信息，掌握全网的拓扑结构，这一类的路由协议称为距离矢量路由协议；另一种是路由器将自己的链路状态信息进行广播，通过互相学习来掌握全网的路由信息，计算出最佳的转发路径，这类路由协议称为链路状态路由协议。

2．路由器的组成

路由器由硬件和软件组成。

硬件包含 CPU、路由器存储器和路由器端口，其中路由器存储器如图 2-6-1 所示。

图 2-6-1　路由器存储器

（1）CPU。

（2）路由器存储器（ROM、FLASH、DRAM、NVRAM）。

① ROM。

Cisco 路由器运行时首先运行 ROM 中的程序，该程序主要进行加电自检，对路由器的硬件进行检测，还包含引导程序及 IOS 的一个最小子集。ROM 为一种只读存储器，即使系统断电，其中的程序也不会丢失。

② FLASH。

FLASH 是一种可擦写、可编程的 ROM。FLASH 包含 IOS 及微代码，可以通过写入新版本的 IOS 来对路由器进行软件升级。FLASH 中的程序在系统断电时不会丢失。

③ DRAM。

DRAM 是动态内存，该内存中的内容在系统断电时会完全丢失。DRAM 中主要包含路由表、ARP 缓存、数据包缓存等，还包含正在执行的路由器配置文件。

④ NVRAM。

NVRAM 是一种非易失性的内存，包含路由器配置文件，NVRAM 中的内容在系统断电时不会丢失。

一般在路由器启动时，首先运行 ROM 中的程序，进行系统自检及引导，再运行 FLASH 中的 IOS，最后在 NVRAM 中寻找路由器的配置，并将其装入 DRAM。

（3）路由器端口。

软件：网络操作系统。

3. 路由器的端口

（1）高速同步串口。

（2）以太网端口。

（3）Console 端口（控制台端口）。

（4）AUX 端口（辅助端口）。

（5）ISDN 端口（BRI 端口）。

（6）高密度异步端口。

4. 路由器连接线缆

（1）反转线（同交换机配置线缆）。

（2）V.35 路由器线缆。

在实际工作环境中，路由器必须通过 CSU/DSU 设备（也称 DTU）接入广域网。路由器与 DTU 之间的连接有几种标准，常见的就是使用 V.35 标准的接口和线缆。V.35 路由器线缆又分为 DTE 线缆和 DCE 线缆，V.35 DTE 线缆接口处为针状，V.35 DCE 线缆接口处为孔状。

注意：

如果两台路由器通过 V.35 路由器线缆相连，就需要在其中标明 DCE 的一端设置时钟频率 64000。同步时钟的频率和带宽没有直接的联系，64000 指的是以 64000 比特率的时间间隔添加发送同步位。

5. 路由器的配置方法

（1）控制台方式。

（2）远程登录（Telnet）方式。

（3）网管工作站方式。

（4）TFTP 服务器方式。

6. 路由器的命令状态

路由器的配置操作有三种模式，即用户模式、特权模式和配置模式。

（1）用户模式。

如果设置了路由器的名称，则提示符为：路由器的名称>。

（2）特权模式。

在 Router>提示符下输入 enable，路由器进入特权模式，即：

```
Router>enable
Router#
```

（3）配置模式。

① 全局配置模式。在 Router#提示符下输入 configure terminal，路由器进入全局配置模式，即：

```
Router#configure terminal
Router(config)#
```

② setup 模式。这是一台新路由器开机时自动进入的状态，即系统会自动进入 setup 模式，并询问是否用 setup 模式进行配置。要进入 setup 模式，可在特权模式下输入 setup。

③ RXBOOT 模式。在路由器通电 60s 内，在 Windows 系统的超级终端下，同时按"Ctrl+Break"组合键 3～5s 即可进入 RXBOOT 模式，这时路由器不能完成正常的功能，只能进行软件升级和手工引导，或者在进行路由器口令恢复时进入该状态。

④ 其他配置模式。在全局配置模式下，输入相应命令，便可进入 Router(config-if)#、Router(config-line)#和 Router(config-router)#等子模式，这时可以设置路由器的某个局部参数。

考点 1：路由器的功能

例 1　（单选题）路由器工作于 OSI 参考模型的（　　）。

A．物理层　　B．数据链路层

C．网络层　　D．高层

解析：这道题目考查的是路由器的主要功能和作用，及其属于哪一类网络设备：路由器工作在 OSI 模型的第三层——网络层，故选 C。

例 2　（单选题）计算机网络中选择最佳路由的网络连接设备是（　　）。

A．路由器　　B．交换机　　C．网卡　　D．集线器

解析：这道题目考查的是路由器的主要功能和作用：路由器的工作原理是，在路由器的内部有一个表（路由表），这个表所表述的是如果要去某一个地方，下一步应该往哪里走，故选 A。

考点 2：路由器的组成

例 3　（单选题）路由器上经过保存的配置文件存储在（　　）中。

A．FLASH　　B．RAM　　C．NVRAM　　D．ROM

解析：这道题考查的是路由器的存储设备，其中 NVRAM 是一种非易失性的内存。NVRAM 中包含路由器配置文件，其内容在系统断电时不会丢失，故选 C。

考点 3：路由器的端口

例 4 （单选题）路由器的串行接口的时钟频率配置在（ ）端。

A. DCE B. DTE

C. ISDN D. BRI

解析：这道题考查的是路由器的高速同步串行接口的时钟频率配置：只有标明 DCE 的一端才需要设置时钟频率，故选 A。

考点 4：路由器连接线缆

例 5 （单选题）常用的路由器串行接口线缆是（ ）。

A. V.35 B. 同轴线缆

C. 光纤 D. 双绞线

解析：V.35 和 V.24 线缆是常用的串行接口线缆，故选 A。

考点 5：路由器的配置方法

例 6 （单选题）网管工作站方式使用的网络协议是（ ）。

A. Console B. Telnet

C. SNMP D. TFTP

解析：网管工作站方式是一种带内的管理方式，常使用的网络协议是 SNMP，故选 C。

考点 6：路由器的命令状态

例 7 （单选题）下面不是路由器 RXBOOT 模式作用的是（ ）。

A. 升级路由器系统 B. 备份路由器系统

C. 破除路由器密码 D. 备份路由器配置

解析：这道题主要考查路由器进入 RXBOOT 模式的目的：进入 RXBOOT 模式，这时路由器不能完成正常的功能，只能进行软件升级和手工引导，或者在进行路由器口令恢复时进入该状态，故选 D。

例 8 （单选题）可以在路由器（ ）下修改路由器名称。

A. 用户模式 B. 特权模式

C. 全局配置模式 D. 子接口配置模式

解析：设备名称可以在全局配置模式和 setup 模式下修改，故选 C。

任务二 路由器的初始配置

1. 任务分析

以一台 Cisco2621 路由器为例，一台 PC 通过串口（COM）连接到交换机的控制（Console）端口，通过网卡（NIC）连接到路由器的 F0/1 端口，如图 2-6-2 所示。假设 PC 的 IP 地址和子网掩码分别为 192.168.0.138、255.255.255.0，配置路由器的 F0/1 端口的 IP 地址和子网掩码分别为 192.168.0.139、255.255.255.0。

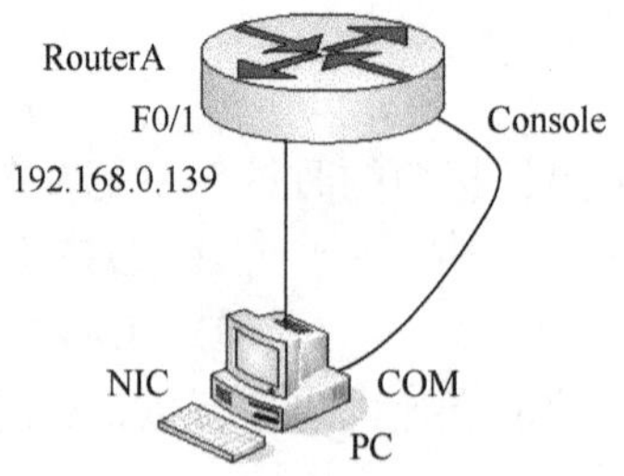

图 2-6-2 路由器配置远程登录

2. 操作步骤

（1）在 PC 上进行设置。

设置 PC 的 IP 地址和子网掩码分别为 192.168.0.138、255.255.255.0。

（2）在路由器上配置 F0/1 端口的 IP 地址。

```
Router>enable                          !进入特权模式
Router#configure terminal
Router(config)#hostname RouterA                  !配置路由器名称为“RouterA”
RouterA(config)#interface fastethernet 0/1 !进入路由器端口配置模式
RouterA(config-if)#ip address 192.168.0.139 255.255.255.0
                                                 !配置路由器端口 IP 地址
RouterA(config-if)#no shutdown                   !开启路由器 F0/1 端口
```

验证测试：验证路由器端口 F0/1 的 IP 地址已经配置和开启。

```
RouterA#show ip interface fastethernet 0/1      !验证路由器端口 F0/1 的 IP 地址
已经配置和开启
```

或

```
RouterA#show ip interface brief
```

（3）配置路由器远程登录密码。

```
RouterA(config)#line vty 0 4              !进入路由器线路配置模式
RouterA(config-line)#login                !配置远程登录
RouterA(config-line)#password cisco       !设置路由器远程登录密码为“cisco”
RouterA(config-line)#end                  !回到特权模式
```

验证测试：验证从 PC 可以通过网线远程登录路由器，如图 2-6-3 所示。

```
C:\>telnet 192.168.0.139          !用 PC 登录路由器
```

图 2-6-3 远程登录路由器

（4）配置路由器特权模式密码。

```
RouterA(config)#enable secret cisco      !设置路由器特权模式密文密码为“cisco”
```

或

```
RouterA(config)#enalbe password cisco    !设置路由器特权模式明文密码为“cisco”
```

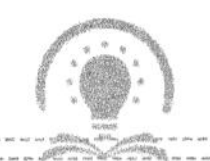

验证测试：验证从 PC 通过网线远程登录路由器后可以进入特权模式，如图 2-6-4 所示。

```
C:>telnet 192.168.0.139        !从 PC 登录路由器后可以进入特权模式
```

图 2-6-4 登录路由器后可以进入特权模式

（5）保存在路由器上所做的配置。

```
Router-A#copy running-config startup-config            !保存路由器配置
```

或

```
Router-A#write memory                                   !保存路由器配置
```

注意：

执行命令 RouterA#show running-config，可显示 RouterA 的全部配置。

考点 7：路由器远程登录

例 9 （单选题）配置路由器远程登录，在配置登录密码时，命令 RouterA(config) #line vty 0 4 超级终端有（ ）条线路允许登录。

A．3 B．4 C．5 D．6

解析：这道题考查的内容是远程登录密码配置命令的意义："line vty 0 4" 是从 0 到 4，共 5 条线路可以连接，故选 C。

例 10 （单选题）远程登录使用的协议是（ ）。

A．SMTP B．FTP C．UDP D．Telnet

解析：这道题考查的内容是远程登录方式，使用带外管理路由器的常用方式有两种，即 Telnet 和 SSH，故选 D。

任务三 路由器协议配置

1．路由协议

路由协议（Routing Protocol）是路由器动态寻找网络的最佳路径，其保证所有路由器拥有相同的路由表，在一般情况下，路由协议决定数据包在网络上的行走路径。

可被路由的协议（也称为网络协议）由路由协议传输，可被路由的协议和路由协议经常被混淆。可被路由的协议在网络中被路由，如 IP、DECnet、AppleTalk、Novell NetWare、OSI 等。而路由协议是实现路由算法的协议，简单地说，它给网络协议做导向。路由协议有 RIP、IGRP、EIGRP、OSPF、IS-IS、EGP、BGP 等。

典型的路由选择方式有两种：静态路由和动态路由。

2. 路由器可配置的路由

路由器可配置的路由有三种：静态路由、动态路由和默认路由。

路由器查找路由的顺序为先静态路由后动态路由，如果路由表中没有合适的路由，则通过默认路由将数据包传输出去。在一个路由中，可以综合使用三种路由。

路由器路由协议配置的基本步骤是：第一步，选择路由协议；第二步，指定网络或端口。

3. 静态路由

静态路由是指由网络管理员手动配置的路由信息。当网络的拓扑结构或链路的状态发生变化时，网络管理员需要手动修改路由表中相关的静态路由信息。

通过配置静态路由，用户可以指定访问某一个网络时所要经过的路径，在网络结构比较简单且要到达某一个网络所经过的唯一路径时，可采用静态路由。

（1）配置静态路由的相关命令。

① ip address <本端口 IP 地址> <子网掩码>：为端口设置一个 IP 地址。

在同一个端口中，可以设置两个以上的不同网段的 IP 地址，这样可以实现连接在同一个局域网上不同网段之间的通信。如果对用户来说一个网段不够用，则可以采用以下方法。

在端口配置模式下输入以下命令，即可在同一个端口中设置另一个不同网段的IP地址。

```
ip address <本端口 IP 地址> <子网掩码> secondary
```

② ip route <目的子网地址> <子网掩码> <相邻路由器相邻端口地址或本地物理端口号>：设置静态路由。

ip route 0.0.0.0 0.0.0.0 <相邻路由器相邻端口地址或本地物理端口号>：设置默认路由。

③ show ip route：显示 IP 路由表。

④ ping：测试网络连通性。

（2）配置静态路由。

假设校园网通过一台路由器连接到另一台路由器，现在要在路由器上做适当配置，实现校园网内部主机与校园网外部主机的相互通信，如图 2-6-5 所示。两台路由器用 1 根 V.35 DTE 线缆和 1 根 V.35 DCE 线缆直接连起来。

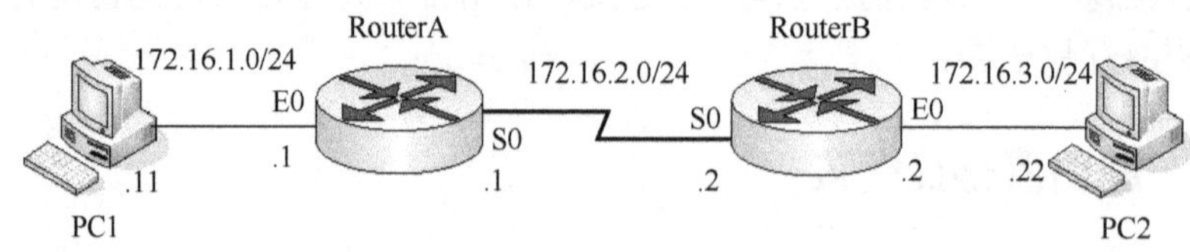

图 2-6-5 配置静态路由

操作步骤如下。

① 配置 PC1 和 PC2。

设置 PC1 的 IP 地址、子网掩码和网关分别为 172.16.1.11、255.255.255.0 和 172.16.1.1。

设置 PC2 的 IP 地址、子网掩码和网关分别为 172.16.3.22、255.255.255.0 和 172.16.3.1。

② 在路由器 RouterA 上配置端口的 IP 地址和串口上的时钟频率。

```
Router>enable
Router#configure terminal
Router(config)#hostname RouterA
RouterA(config)#interface ethernet 0        !进入端口 E0 的配置模式
```

```
RouterA(config-if)#ip address 172.16.1.1 255.255.255.0
                                          !配置路由器端口 E0 的 IP 地址
RouterA(config-if)#no shutdown            !开启路由器 E0 端口
RouterA(config-if)#exit
RouterA(config)#interface serial 0        !进入端口 S0 的配置模式
RouterA(config-if)#ip address 172.16.2.1 255.255.255.0
                                          !配置路由器端口
```

S0 的 IP 地址：

```
RouterA(config-if)#clock  rate  64000    !配置 RouterA 的时钟频率
RouterA(config-if)#no shutdown           !开启路由器 S0 端口
```

验证测试：验证路由器端口配置。

```
RouterA#show ip interface brief  或  RouterA#show interface serial 0
```

③ 在路由器 RouterA 上配置静态路由。

```
RouterA(config)#ip route 172.16.3.0 255.255.255.0 172.16.2.2
                  !配置静态路由和下一跳地址
```

或

```
RouterA(config)#ip route 172.16.3.0 255.255.255.0 serial 0
                  !配置静态路由和本地出口
RouterA(config)#end
```

验证测试：验证 RouterA 上的静态路由配置。

```
RouterA#show ip route
```

④ 在路由器 RouterB 上配置端口的 IP 地址和串口上的时钟频率。

```
Router>enable
Router#configure terminal
Router(config)#hostname RouterB
RouterB(config)#interface ethernet 0     !进入端口 E0 的配置模式
RouterB(config-if)#ip address 172.16.3.2 255.255.255.0
                                          !配置路由器端口 E0 的 IP 地址
RouterB(config-if)#no shutdown            !开启路由器 E0 端口
RouterB(config-if)#exit
RouterB(config)#interface serial 0        !进入端口 S0 配置模式
RouterB(config-if)#ip address 172.16.2.2 255.255.255.0
                                          !配置路由器端口 S0 的 IP 地址
RouterB(config-if)#no shutdown            !开启路由器 S0 端口
RouterB(config-if)#end
```

验证测试：验证路由器接口配置。

```
RouterB#show ip interface brief
```

或

```
RouterB#show interface serial 0
```

⑤在路由器 RouterB 上配置静态路由。

```
RouterB(config)#ip route 172.16.1.0 255.255.255.0 serial 0 172.16.2.1
                                          !配置静态路由和本地出口及下一跳地址。
RouterB(config)#end
```

验证测试：验证 RouterB 上的静态路由配置。

```
RouterB#show ip route
```

⑥测试网络的互联互通性，PC1 与 PC2 可以互相 ping 通。

注意：

如果两台路由器通过串口直接互联，则必须在其中一端设置时钟频率（DCE）。

4. 动态路由及动态路由协议的分类

（1）动态路由。

动态路由是指路由器能够自动建立自己的路由表，并且能够根据实际情况的变化适时进行调整。动态路由机制的运作依赖路由器的两个基本功能：对路由表的维护，路由器之间适时地交换路由信息。路由器之间的路由信息交换是基于路由协议实现的。交换路由信息的最终目的在于通过路由表找到一条数据交换的最佳路径。每一种路由算法都有其衡量的最佳原则，大多数算法使用一个量化的参数来衡量路径的优劣，一般来说，参数值越小，路径越好。这个量化的参数既可以通过路径的某个特性进行计算，又可以在综合多个特性的基础上进行计算。几个比较常用的参数是：路径所包含的路由器跳数（Hop Count）、网络传输费用（Cost）、带宽（Bandwidth）、延迟（Delay）、负载（Load）、可靠性（Reliability）和最大传输单元 MTU（Maximum Transmission Unit）。

（2）动态路由协议的分类。

根据是否可在一个自治系统内部使用，动态路由协议分为内部网关协议（Interior Gateway Protocol，IGP）和外部网关协议（Exterior Gateway Protocol，EGP）。这里的自治系统是指在同一个公共路由选择策略和公共管理下的网络集合，具有统一管理机构、统一路由策略的网络。

① 内部网关协议：在自治系统内交换路由选择信息的路由协议，常用的 Internet 内部网关协议有 RIP、OSPF。

② 外部网关协议：在自治系统之间交换路由选择信息的互联网络协议，如 BGP。

一般企业或学校较少涉及外部网关协议。最常见的外部网关协议是边界网关协议 BGP（Border Gateway Protocol）。

5. 动态路由协议 RIP 的配置

（1）RIP 简介。

RIP（Routing Information Protocol）是应用较早、使用较普遍的内部网关协议，适用于小型同类网络，是典型的距离矢量路由选择协议。

RIP 通过广播 UDP 报文来交换路由信息，每 30s 发送一次路由信息。RIP 提供跳数作为尺度来衡量路由距离，跳数是一个包到达目标所必须经过的路由器的数目。如果有两个不等速或不同带宽的路由器到达相同目标，但这两个路由器的跳数相同，则 RIP 认为两个路由是等距离的。RIP 最多支持的跳数为 15，即在源网和目的网之间所要经过的路由器的数目最多为 15，跳数 16 表示不可达。

RIP 版本 2 还支持无类域间路由、可变长子网掩码和不连续子网，并且使用组播地址发送路由信息。

（2）RIP 配置步骤。

在全局配置模式下的 RIP 配置步骤如下。

① 启动 RIP 路由，输入命令：

```
router rip
```

② 设置 RIP 的版本（可选）。RIP 路由协议有两个版本，在与其他厂商路由器相连时要注意版本一致。在默认状态下，Cisco 路由器接收 RIP 版本 1 和版本 2 的路由信息，但只发送 RIP 版本 1 的信息。

可用命令“version<1 或 2>”设置 RIP 的版本。

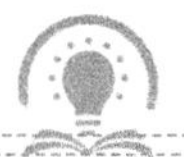

③ 设置本路由器参加动态路由的网络，其格式为：

network <与本路由器直连的网络号>

注意：

network 命令中的<与本路由器直连的网络号>不能包含子网号，而应包含主类网络号。

④ 允许在非广播型网络中进行 RIP 路由广播（可选），其格式为：

```
neighbor<相邻路由器相邻端口的 IP 地址>
```

（3）动态路由协议 RIP 配置实例。

假设在校园网中通过三台路由器分别连接不同校区的局域网，要在路由器上做适当配置，实现校园网中不同校区内的主机相互通信，如图 2-6-6 所示。

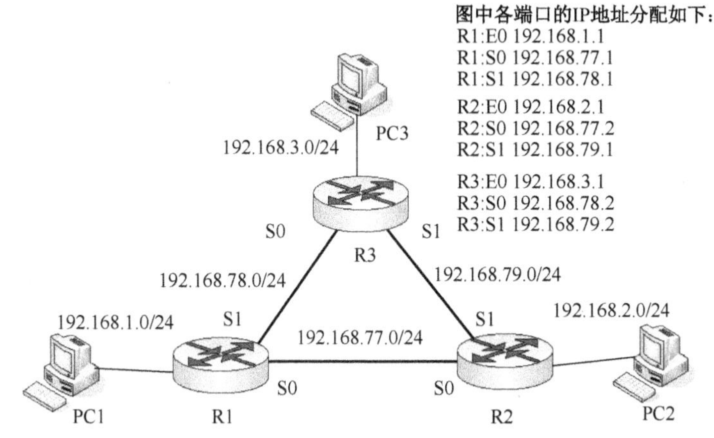

图 2-6-6 RIP 配置实例

① 配置 PC1、PC2 和 PC3。

设置 PC1 的 IP 地址、子网掩码和网关分别为 192.168.1.11、255.255.255.0 和 192.168.1.1。

设置 PC2 的 IP 地址、子网掩码和网关分别为 192.168.2.22、255.255.255.0 和 192.168.2.1。

设置 PC3 的 IP 地址、子网掩码和网关分别为 192.168.3.33、255.255.255.0 和 192.168.3.1。

② 在路由器上配置端口的 IP 地址和串口上的时钟频率（以 R1 为例）。

```
Router#configure terminal
Router(config)#hostname R1
R1(config)#interface ethernet 0          !进入端口 E0 的配置模式
R1(config-if)#ip address 192.168.1.1 255.255.255.0  !配置路由器端口
E0 的 IP 地址
R1(config-if)#no shutdown                !开启路由器 E0 端口
R1(config)#interface serial 0            !进入端口 S0 配置模式
R1(config-if)#ip address 192.168.77.1 255.255.255.0!配置路由器端口 S0 的 IP 地址
R1(config-if)#clock rate 64000           !配置 R1 端口 S0 的时钟频率(DCE)
R1(config-if)#no shutdown                !开启路由器 S0 端口
R1(config)#interface serial 1            !进入端口 S1 配置模式
R1(config-if)#ip address 192.168.78.1 255.255.255.0
                                         !配置路由器端口 S1 的 IP 地址
R1(config-if)#clock rate 64000           !配置 R1 端口 S1 的时钟频率
R1(config-if)#no shutdown
```

③ 在路由器 R1 上配置 RIPv2 路由协议。

```
R1(config)#router rip                        !创建 RIP 路由进程
R1(config-router)#version 2                  !定义 RIP 版本
R1(config-router)#network 192.168.1.0        !定义关联网络（必须是直接的主类网络地址）
R1(config-router)#network 192.168.77.0
R1(config-router)#network 192.168.78.0
```

④ 在路由器 R2 上配置 RIPv2 路由协议。

```
R2(config)#router rip                        !创建 RIP 路由进程
R2(config-router)#version 2                  !定义 RIP 版本
R2(config-router)#network 192.168.2.0        !定义关联网络（必须是直接的主类网络地址）
R2(config-router)# network 192.168.77.0
R2(config-router)#network 192.168.79.0
```

⑤ 在路由器 R3 上配置 RIPv2 路由协议。

```
R3(config)#router rip                        !创建 RIP 路由进程
R3(config-router)#version 2                  !定义 RIP 版本
R3(config-router)#network 192.168.3.0        !定义关联网络（必须是直接的主类网络地址）
R3(config-router)# network 192.168.78.0
R3(config-router)#network 192.168.79.0
```

验证测试：验证 R3 上的 RIPv2 路由表。

```
R3#show ip route
```

（4）路由表中的项目。

```
R 192.168.1.0 [120/1] via 192.168.78.1, 00:02:30, Serial0
```

解释如下：

① R 表示此项路由是由 RIP 协议获取的。

② 192.168.1.0 表示目标网段。

③ [120/1]中的 120 表示 RIP 协议的管理距离默认为 120，1 是该路由的度量值，即跳数。

④ via 表示经由。

⑤ 192.168.78.1 表示从当前路由器出发到达目标网的下一跳点的 IP 地址。

⑥ 00:02:30 表示该条路由产生的时间。

⑦ Serial0 表示该条路由使用的端口。

注意：

在串口上配置时钟频率时，一定要在电缆 DCE 端的路由器上配置，否则链路不通。为了查明串行端口所连的电缆类型，从而正确配置串行端口，可以使用"show controllers serial"命令来查看相应的控制器。

在定义关联网络时，命令"network"后面必须是与该路由器直连的主类网络地址。

6. 动态路由协议 OSPF 的配置

（1）OSPF 简介。

OSPF（Open Shortest Path First）是一个内部网关协议，用在单一自治系统内决策路由。与 RIP 相比，OSPF 是链路状态路由协议，而 RIP 是距离矢量路由协议。

链路是路由器端口的另一种说法，因此 OSPF 也称为端口状态路由协议。OSPF 通过路由器之间通告网络接口的状态来建立链路状态数据库，生成最短路径树，每个 OSPF 路由器使用这些最短路径构造路由表。

（2）OSPF 配置步骤。

① 启用 OSPF 动态路由协议，其格式为：

```
Router ospf <进程号>
```

进程号在 1～65535 范围内可以随意设置，只用于标识 OSPF 为本路由器内的一个进程。

② 定义参与 OSPF 的子网。确定该子网属于哪一个 OSPF 路由信息交换区域的格式为：

```
network <本路由器直连的 IP 子网号> <通配符> area <区域号>
```

路由器将限制只能在相同区域（自治系统）内交换子网信息，不同区域之间不交换路由信息。区域号的取值范围为 0～4294967295，区域 0 为主干 OSPF 区域。不同区域在交换路由信息时必须经过区域 0。若某一区域要接入 OSPF 路由区域 0，则该区域至少有一台路由器为区域边缘路由器，也就是它既参与本区域路由，又参与区域 0 路由。

说明：

定义参与 OSPF 的子网的命令中可以包括子网号，其中的<通配符>就是该子网的反掩码。反掩码是用广播地址（255.255.255.255）减去掩码地址所得到的地址。如掩码地址为 255.255.255.0，则反掩码为 0.0.0.255。

（3）操作步骤。

假设要为某企业设计一个网络，并且选择了使用 OSPF 路由协议来构建骨干区域网络，配置 OSPF 协议的拓扑图如图 2-6-7 所示。

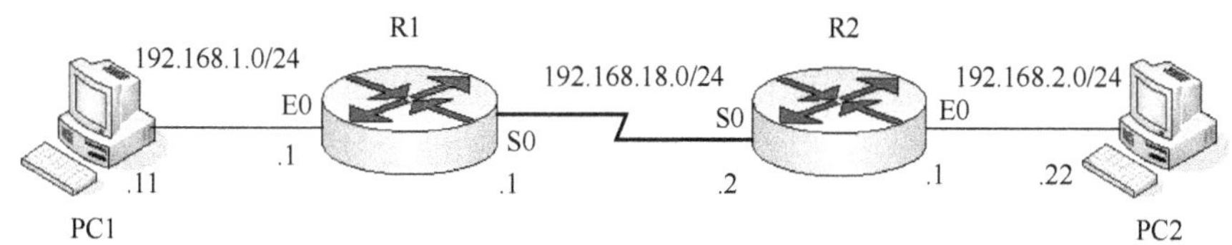

图 2-6-7 配置 OSPF 协议的拓扑图

① 配置 PC1 和 PC2。

设置 PC1 的 IP 地址、子网掩码和网关分别为 192.168.1.11、255.255.255.0 和 192.168.1.1。

设置 PC2 的 IP 地址、子网掩码和网关分别为 192.168.2.22、255.255.255.0 和 192.168.2.1。

② 对两台路由器进行基本配置。

```
Router(config)#hostname R1      !更改路由器的主机名
R1(config)#int e 0
R1(config-if)#ip address 192.168.1.1 255.255.255.0  !为端口配置 IP 地址
R1(config-if)#no shutdown
R1(config-if)#exit
R1(config)#int s 0
R1(config-if)#ip add 192.168.18.1 255.255.255.0
R1(config-if)#clock rate 64000 !在 DCE 端设置时钟速率
R1(config-if)#no sh

Router(config)#hostname R2
R2(config)#int e 0
R2(config-if)#ip address 192.168.2.1 255.255.255.0
R2(config-if)#no sh
R2(config-if)#exit
R2(config)#int s 0
```

```
R2(config-if)#ip address 192.168.18.2 255.255.255.0
R2(config-if)#no sh
```

③ 启动 OSPF 路由协议。

```
R1(config)#router ospf 100          !激活 OSPF 路由协议
R1(config-router)#network 192.168.18.0 0.0.0.255 area 0
R1(config-router)#network 192.168.1.0 0.0.0.255 area 0
R1(config-router)#end

R2(config)#router ospf 100
R2(config-router)#network 192.168.18.0 0.0.0.255 area 0
R2(config-router)#network 192.168.2.0 0.0.0.255 area 0
R2(config-router)#end
```

验证测试：显示 IP 路由协议信息。

```
R1#show ip protocols        !以 R1 为例，显示 IP 路由协议信息
R2#show ip route            !以 R2 为例，显示路由器的路由协议信息
```

注意：

在广域网 DCE 端口配置时钟速率，OSPF 进程号可以不相同，骨干区域默认为 area 0，路由的生成从骨干区域开始。在声明网段后，掩码用反掩码。

考点 8：路由协议

例 11 （单选题）路由协议是用于路由器寻找网络的最佳路径，保证所有路由器拥有相同的（　　），在一般情况下，路由协议决定数据包在网络上的行走路径。

A．MAC 地址表　　B．IP 地址表

C．路由表　　D．直连地址表

解析：要保证路由器之间的连通，各路由器内部必须有相同的路由表，来指明路由器地址和路径，故选 C。

例 12 （单选题）下面是外部网关路由协议的是（　　）。

A．RIP　　B．BGP

C．OSPF　　D．IS-IS

解析：动态路由协议可分成内部网关路由协议和外部网关路由协议，选项 A、C、D 属于内部网关路由协议，故选 B。

考点 9：路由器可配置的路由协议

例 13 （单选题）关于路由器，下列说法中正确的是（　　）。

A．路由器处理的信息量比交换机处理的信息量少，因此转发速度比交换机的转发速度快

B．对于同一个目标，路由器只提供延迟最少的最佳路由

C．通常，路由器可以支持多种网络层协议，并提供不同协议之间的分组转换

D．路由器不但能够根据逻辑地址进行转发，而且可以根据物理地址进行转发

解析：这道题考查的内容是路由器可配置的路由协议，路由器支持三种路由协议，并且可以使用浮动路由，以改变管理距离的方法在不同协议之间转换，故选 C。

考点 10：静态路由

例 14 （单选题）关于静态路由的描述正确的是（　　）。

A．手工输入到路由表中且不会被路由协议更新

B．一旦网络发生变化就被重新计算更新

C．路由器在出厂时就已经配置好了

D．通过其他路由协议学习到的

解析： 这道题考查的是静态路由的配置特点，在互联的所有路由器上静态路由必须手工配置，路由协议不能自动更新，故选 A。

例 15 （单选题）关于静态路由的描述错误的是（　　）。

A．由路由器通过自己的学习建立　　B．适合小型互联网

C．开销小于动态路由选择开销　　D．具有安全可靠的特点

解析： 这道题考查的是静态路由的配置特点，动态路由是通过自己的学习建立的，故选 A。

例 16 （单选题）关于静态路由的说法正确的是（　　）。

A．静态路由不需要手工配置路由表　　B．静态路由可以自动生成路由表

C．静态路由适合大型网络　　D．默认路由是静态路由的一种

解析： 默认路由是静态路由的一种形式，默认路由只是把静态路由的通信子网变成了全地址 0.0.0.0 0.0.0.0，其他配置均相同，故选 D。

考点 11：动态路由及动态路由协议的分类

例 17 （单选题）以下动态路由协议中属于链路状态算法的协议是（　　）。

A．BGP　　B．IS-IS

C．RIP　　D．EIGRP

解析： 链路状态算法协议也称为端口状态路由协议，链路状态算法协议的动态路由协议常用的有两种，分别是 OSPF（链路最短路径）和 IS-IS。OSPF 路由协议是一种典型的链路状态的路由协议，一般用于同一个路由域内。IS-IS 是一种链路状态协议，与 TCP/IP 网络中的 OSPF 协议非常相似，使用最短路径优先算法进行路由计算。RIP 和 EIGRP 是距离矢量最短优先的路由协议，其中 EIGRP 是思科的独有路由协议（2013 年公有）。BGP 属于外部或域间路由协议。BGP 的主要目标是为处于不同 AS 中的路由器进行路由信息通信提供保障。BGP 既不是纯粹的矢量距离协议，也不是纯粹的链路状态协议，通常被称为通路向量路由协议，故选 B。

例 18 （单选题）以下路由表项中（　　）要由路由器通过自己的学习建立。

A．静态路由　　B．动态路由

C．直接路由　　D．以上说法都不正确

解析： 由静态路由和动态路由的生成特点可知：动态路由协议路由表由路由器通过自己的学习建立，故选 B。

考点 12：动态路由协议 RIP 的配置

例 19 （单选题）TCP/IP 网络中常用的距离矢量路由协议是（　　）。

A．ARP　　B．ICMP

C．OSPF　　D．RIP

解析：这道题考查的知识点是 RIP 路由协议的算法类型。RIP 是应用较早、使用较普遍的内部网关协议，适用于小型同类网络，也是典型的距离矢量路由选择协议，故选 D。

例 20 （单选题）某自治系统采用 RIP 协议，若该自治系统内的路由器 R1 收到其邻居路由器 R2 的距离矢量，距离矢量中包含信息<net1,16>，则可能得出的结论是（　　）。

A．R2 可以经过 R1 到达 net1，跳数为 17

B．R1 可以到达 net1，跳数为 16

C．R1 可以经过 R2 到达 net1，跳数为 17

D．R1 不能经过 R2 到达 net1

解析：这道题考查的知识点是 RIP 路由协议的最大跳数，RIP 支持的最多跳数为 15，即在源网和目的网之间所要经过的路由器的数目最多为 15，跳数 16 表示不可达，故选 D。

例 21 （单选题）在 RIP 中计算 cost 值的参数是（　　）。

A．MTU　　B．时延

C．带宽　　D．路由跳数

解析：RIP 是一种基于距离向量的路由选择协议，RIP 中的距离以“跳”为单位，表示经过的路由器的个数，RIP 的“开销”依据路由跳数，故选 D。

考点 13：动态路由协议 OSPF 的配置

例 22 （单选题）OSPF 协议是（　　）。

A．域间路由协议　　B．域内路由协议

C．无域路由协议　　D．应用层协议

解析：这道题考查的是 OSPF 如何进行分类，也就是说是内部路由协议还是外部路由协议，域内路由协议就是内部路由协议，域间路由协议就是外部路由协议，故选 B。

例 23 （单选题）以下关于 OSPF 协议的描述中，最准确的是（　　）。

A．OSPF 协议根据链路状态法计算最佳路由

B．OSPF 协议用于自治系统之间的外部网关协议

C．OSPF 协议不能根据网络通信情况动态地改变路由

D．OSPF 协议只能用于小型网络

解析：OSPF 协议是用链路状态最优算法产生路由，故选 A。

例 24 （单选题）激活 OSPF 路由协议的配置命令是（　　）。

A．router(config)#routerospf65536

B．router(config)#router ospf

C．router(config-router)#router ospf 100

D．router(config)#router ospf 100

解析：这道题考查的内容有三个：第一个是进程号的范围为 1～65535；第二个是路由进程的配置界面为全局配置；第三个是 OSPF 路由进程配置的命令格式，故选 D。

例 25 （单选题）OSPF 协议使用（　　）分组来保持与其邻居的连接。

A．Hello　　B．Keepalive　　C．SPF　　D．LSU

解析：OSPF 邻居关系通过 Hello 报文来建立，要经过三次握手，分别是发现邻居、建

立邻居、维护邻居关系。LSU 报文用来向对端设备发送其所需要的 LSA 或泛洪本端更新的 LSA，内容是多条 LSA（全部内容）的集合，为了实现 Flooding 的可靠性传输，需要 LSA 报文对其进行确认，对没有收到确认报文的 LSA 进行重传，重传的 LSA 是直接发送给邻居的。Keepalive 报文在 BGP 邻居建立时、建立后都会发送此报文。SPF 是一种算法，OSPF 是数据链路状态路由协议，采用 SPF 算法，即最小生成树算法，以达到最短路径，故选 A。

任务四　实现访问控制列表 IP 控制

1. ACL

ACL（Access Control List，访问控制列表）的功能是对网络设备上的所有数据包进行过滤。通过在路由器或在三层交换机上进行网络安全属性配置，实现对进入路由器、三层交换机上的输入/输出数据流进行过滤，禁止非法数据通过，从而获得网络安全。

2. ACL 的类型

ACL 的类型主要分为 IP 标准访问控制列表和 IP 扩展访问控制列表，主要动作为允许（Permit）和拒绝（Deny），主要应用方法是入栈（In）应用和出栈（Out）应用。

3. IP 标准访问控制列表的配置

（1）IP 标准访问控制列表（Standard IP ACL）。

IP 标准访问控制列表是对基本 IP 数据包中的 IP 地址进行控制，如图 2-6-8 所示。

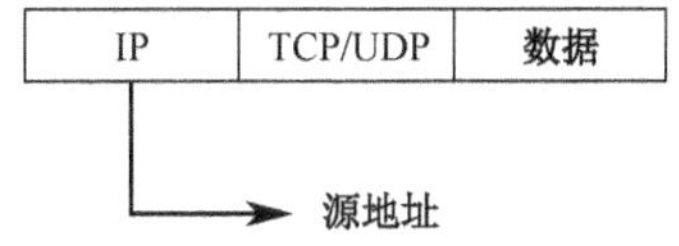

图 2-6-8　IP 标准访问控制列表

所有访问控制列表都是在全局配置模式下生成的。IP 标准访问控制列表的格式如下：

```
Access-list listnumber {permit |deny } address {wildcard-mask}
```

其中，listnumber 是规则序号，标准访问控制列表的规则序号范围是 1～99；permit 和 deny 表示允许或禁止满足该规则的数据包通过；address 是源地址 IP；wildcard-mask 是源地址 IP 的通配比较位，也称反掩码。例如：

```
(config)#Access-list 1 permit 172.16.0.0  0.0.255.255
(config)#Access-list 1 deny 0.0.0.0 255.255.255.255
```

① 使用通配符 any。

使用二进制通配掩码很不方便，某些通配掩码可以使用缩写形式替代。这些缩写形式减少了在配置地址检查条件时的键入量。

若想任何目标地址都被允许，那么为了检查该地址，需要输入 0.0.0.0。若使 ACL 忽略任意值，则反掩码为 255.255.255.255。可以使用如下缩写形式来指定相同的测试条件。

```
(config)# Access-list 1 permit 0.0.0.0 255.255.255.255
```

等价于：

```
(config)# Access-list 1 permit any
```

② 使用通配符 host。

当要与整个 IP 主机地址的所有位相匹配时，相应的反掩码位全为 0（也就是 0.0.0.0）。可以使用如下缩写形式来指定相同的测试条件。

```
(config)# Access-list 1 permit 172.16.9.36 0.0.0.0
```

等价于：

```
(config)# Access-list 1 permit host 172.16.9.36
```

（2）操作步骤。

假设你是一家公司的网络管理员，公司的经理部门、财务部门和销售部门分属不同的3个网段，3个部门之间用路由器进行信息传递，为了安全，公司领导要求销售部门的计算机不能对财务部门的计算机进行访问，但经理部门的计算机可以对财务部门的计算机进行访问，如图2-6-9所示。

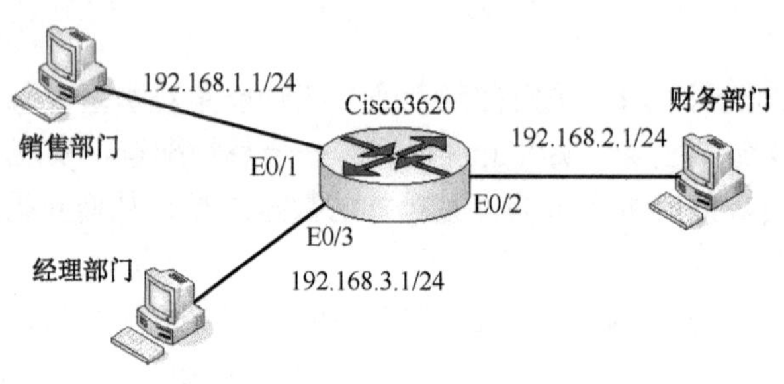

图 2-6-9 IP 标准访问控制列表实例

① 配置3个不同网段的主机。

设置网段 192.168.1.0 主机的 IP 地址、子网掩码和网关分别为 192.168.1.11、255.255.255.0 和 192.168.1.1。

设置网段 192.168.2.0 主机的 IP 地址、子网掩码和网关分别为 192.168.2.22、255.255.255.0 和 192.168.2.1。

设置网段 192.168.3.0 主机的 IP 地址、子网掩码和网关分别为 192.168.3.33、255.255.255.0 和 192.168.3.1。

② 路由器的基本配置。

```
Router#configure terminal
Router(config)#hostname R1
R1(config)#interface ethernet 0/1
R1(config-if)#ip address 192.168.1.1 255.255.255.0
R1(config-if)#no shutdown
R1(config-if)#exit
R1(config)#interface ethernet 0/2
R1(config-if)#ip address 192.168.2.1 255.255.255.0
R1(config-if)#no shutdown
R1(config-if)#exit
R1(config)#interface ethernet 0/3
R1(config-if)#ip address 192.168.3.1 255.255.255.0
R1(config-if)#no shutdown
R1(config-if)#end
```

测试命令：show ip interface brief。

```
R1#show ip interface brief        !观察端口状态
```

③ 配置 IP 标准访问控制列表。

```
R1(config)#access-list 1 deny 192.168.1.0 0.0.0.255    !拒绝来自
192.168.1.0 网段的流量通过
R1(config)#access-list 1 permit 192.168.3.0 0.0.0.255   !允许来自
```

```
192.168.3.0 网段的流量通过
```

验证测试：

```
R1#show access-lists 1
```

④ 在端口下应用访问控制列表。

```
R1#conf t
R1(config)#interface ethernet 0/2
R1(config-if)#ip access-group 1 out      !在端口下访问控制列表出栈流量调用
```

验证测试：

```
R1#show ip access-lists 1
```

注意：

访问控制列表的网络掩码是反掩码。

标准控制列表要应用在尽量靠近目的地址的端口。

标准访问控制列表的编号是1～99。

4. IP扩展访问控制列表的配置

（1）IP扩展访问控制列表。

IP扩展访问控制列表（Extended IP ACL）既可以检查分组的源地址和目的地址，又可以检查协议类型和TCP（UDP）的端口号，如图2-6-10所示。

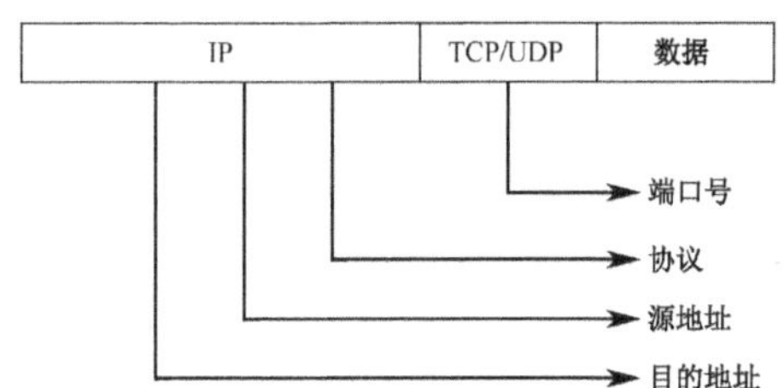

图2-6-10 IP扩展访问控制列表

IP扩展访问控制列表也都是在全局配置模式下生成的。IP扩展访问控制列表的格式如下：

```
Access-list listnumber{permit |deny } protocol source source-wildcard-mask
destination destination-wildcard-mask [operator operand]
```

其中，IP扩展访问控制列表的规则序号是100～199；protocol是指定的协议，如IP、TCP、UDP等；destination是目的地址；destination-wildcard-mask是目的地址的反掩码；operator operand用于指定端口的范围，默认全部端口号为0～65535，只有TCP和UDP需要指定端口范围。

IP扩展访问控制列表支持的操作符及其语法如表2-6-1所示。

表2-6-1 IP扩展访问控制列表支持的操作符及其语法

操作符及其语法	意　义
eq portnumber	等于端口号 portnumber
gt portnumber	大于端口号 portnumber
lt portnumber	小于端口号 portnumber
neq portnumber	不等于端口号 portnumber
range portnumber1 portnumber2	介于端口号 portnumber1 和 portnumber2 之间

（2）操作步骤。

某学校规定教师在教工宿舍可以访问教工之家的 WWW 服务器，在学生宿舍的学生不能访问教工之家的 WWW 服务器，学校规定学生宿舍所在的网段是 172.16.10.0/24，学校服务器所在的网段是 172.16.20.0/24，教师宿舍所在的网段是 172.16.30.0/24，如图 2-6-11 所示。

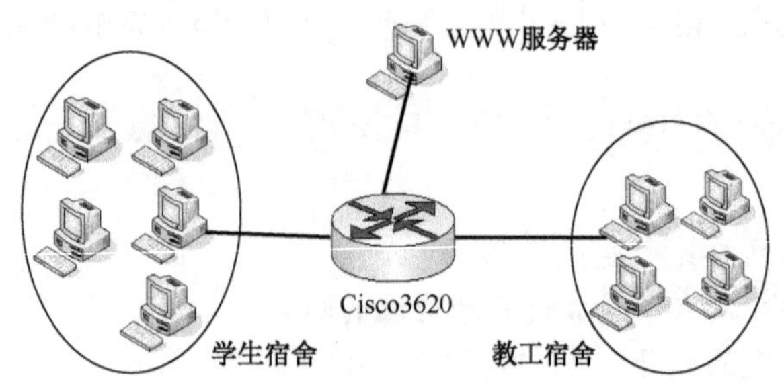

图 2-6-11 IP 扩展访问控制列表实例

① 配置 3 个不同网段的主机。

设置网段 172.16.10.0 主机的 IP 地址、子网掩码和网关分别为 172.16.10.11、255.255.255.0 和 172.16.10.1。

设置 WWW 服务器的 IP 地址、子网掩码和网关分别为 172.16.20.22、255.255.255.0 和 172.16.20.1。

设置网段 172.16.30.0 主机的 IP 地址、子网掩码和网关分别为 172.16.30.33、255.255.255.0 和 172.16.30.1。

② 路由器的基本设置。

```
Router(config)#hostname R1
R1(config)#interface ethernet 0/1
R1(config-if)#ip address 172.16.10.1 255.255.255.0
R1(config-if)#no shutdown
R1(config-if)#exit
R1(config)#interface ethernet 0/2
R1(config-if)#ip address 172.16.20.1 255.255.255.0
R1(config-if)#no shutdown
R1(config-if)#exit
R1(config)#interface ethernet 0/3
R1(config-if)#ip address 172.16.30.1 255.255.255.0
R1(config-if)#no shutdown
R1(config-if)#end
```

验证测试：

```
R1#show ip interface brief
```

③ 配置 IP 扩展访问控制列表。

```
R1(config)#access-list 101 deny tcp 172.16.10.0 0.0.0.255 172.16.20.0
0.0.0.255 eq www          !禁止规定网段对服务器进行 WWW 访问
R1(config)#access-list 101 permit ip any any   !允许其他流量通过
```

验证测试：

```
R1#show access-lists 101
```

④ 在端口下应用访问控制列表。

```
R1(config)#interface ethernet 0/1
R1(config-if)#ip access-group 101 in        !访问控制列表在端口下 In 方向应用
R1(config-if)#end
```

注意：

访问控制列表要在端口下应用。

IP 扩展访问控制列表尽量放在靠近源地址的端口上。

在所有访问控制列表最后，有一条隐含规则——拒绝所有。但要在拒绝某个网段后允许其他网段。

在编号访问控制列表里要特别注意，在删除其中一个条目的同时，其他条目也一并被删除。

5. 命名访问控制列表的配置

命名访问控制列表允许在 IP 标准访问控制列表和 IP 扩展访问控制列表中，用名字代替数字来表示访问控制列表编号。使用命名访问控制列表有以下优点。

（1）通过一个由字母和数字串组成的名称直观地表示特定的访问控制列表。

（2）不受 99 条标准访问控制列表和 100 条扩展访问控制列表的限制。

（3）网络管理员可以方便地对访问控制列表进行修改，而无须在删除访问控制列表之后再对其进行重新配置。

使用 ip Access-list 命令可创建命名访问控制列表，其语法格式如下：

```
ip Access-list{extend|standard} name
```

将用户置于访问控制列表配置模式下：

```
Router(config-std-nacl)#或 Router(config-ext-nacl)#
```

在访问控制列表配置模式下，通过指定一个或多个允许条件及拒绝条件，来决定一个分组是允许通过还是被丢弃。其语法格式如下：

```
Router(config-ext-acl)#{permit|deny}protocolsource  source-wildcard-mask
[operator [port]] destination destination-wildcard-mask [operator [port]]
```

在访问控制列表配置命令中，允许或拒绝操作符用于通知路由器，当一个分组满足某个访问控制列表语句时，应执行转发操作或丢弃操作。

考点 14：ACL 的概念

例 26　（单选题）以下情况可以使用访问控制列表准确描述的是（　　）。

A．禁止有 CIH 病毒的文件到我的主机

B．只允许系统管理员访问我的主机

C．禁止所有使用 Telnet 的用户访问我的主机

D．禁止使用 UNIX 系统的用户访问我的主机

解析：访问控制列表的作用是对输入/输出数据流进行过滤，禁止非法数据通过，并不能防范计算机病毒，允许/禁止用户访问，故选 C。

例 27　（单选题）下列对访问控制列表的描述不正确的是（　　）。

A．访问控制列表能决定数据是否可以到达某处

B．访问控制列表可以用来定义某些过滤器

C．一旦定义了访问控制列表，则遵守其规范的某些数据包就会严格被允许或被拒绝

D．访问控制列表可以应用于路由更新的过程当中

解析：访问控制列表的作用是对输入/输出数据流进行过滤，也可以允许或拒绝数据通过，但必须应用后才能生效，故选 C。

考点 15：ACL 的类型

例 28 （单选题）IP 标准访问控制列表是基于下列哪一项来允许和拒绝数据包的？（ ）

A．TCP 端口号　　B．UDP 端口号

C．ICMP 报文　　D．源 IP 地址

解析：IP 标准访问控制列表是基于源地址来允许和拒绝数据包的，故选 D。

例 29 （单选题）访问控制列表默认的过滤模式是（ ）。

A．拒绝所有　　B．允许所有

C．必须配置　　D．以上都不正确

解析：思科体系的访问控制列表默认的过滤模式是拒绝所有，故选 A。

考点 16：IP 标准访问控制列表的配置

例 30 （单选题）IP 标准访问控制列表的数字标识范围是（ ）。

A．1～50　　B．1～99

C．1～100　　D．1～199

解析：思科体系的 IP 标准访问控制列表的规则序号范围是 1～99，IP 扩展访问控制列表的规则序号范围是 100～199，故选 B。

例 31 （单选题）在访问控制列表中，地址和掩码为 168.18.64.0 0.0.3.255 表示的 IP 地址范围是（ ）。

A．168.18.67.0～168.18.70.255

B．168.18.64.0～168.18.67.255

C．168.18.63.0～168.18.64.255

D．168.18.64.255～168.18.67.255

解析：在访问控制列表中，网络地址为 168.18.64.0，掩码为 255.255.252.0，可用地址范围是 168.18.64.0～168.18.67.255，故选 B。

例 32 （单选题）在路由器上已经配置了一个访问控制列表 1，现在需要对所有通过 Serial0 端口进入的数据包都使用规则 1 进行过滤。下列可以达到要求的是（ ）。

A．在全局模式配置：access-group1serial0out

B．在 Serial0 的端口模式配置：access-group 1 in

C．在 Serial0 的端口模式配置：ip access-group 1 in

D．在 Serial0 的端口模式配置：ip access-group 1 out

解析：访问控制列表在端口上应用数据包进入规则，命令格式为 ip access-group 1 in，故选 C。

考点 17：IP 扩展访问控制列表的配置

例 33 （单选题）访问控制列表 access-list 100 deny tcp 10.1.10.10 0.0.255.255 any eq 80 的含义是（ ）。

A．规则序列号是 100，禁止到 10.1.10.10 主机的 Telnet 访问

B．规则序列号是 100，禁止到 10.1.0.0/16 网段的 WWW 访问

C．规则序列号是 100，禁止从 10.1.0.0/16 网段来的 WWW 访问

D．规则序列号是 100，禁止从 10.1.10.10 主机来的 Rlogin 访问

解析：第一，在 IP 扩展访问控制列表的命令格式中，子网地址为源 IP，禁止来的方向访问。第二，IP 地址 10.1.10.10 掩码为 255.255.0.0 的子网地址为 10.1.0.0/16。第三，any 为任意目标地址。第四，eq 80 代表 TCP 端口号 80，即为 WWW 服务，故选 C。

例 34 （单选题）IP 扩展访问控制列表的数字标示范围是（ ）。

A．0～99　B．1～99　C．100～199　D．101～200

解析：IP 扩展访问控制列表的数字标示范围为 100～199，故选 C。

例 35 （单选题）使配置的访问列表应用到端口上的命令是（ ）。

A．access-group　B．access-list

C．ip access-list　D．ip access-group

解析：访问控制列表应用到端口上的命令是 ip access-group in|out，故选 D。

例 36 （单选题）在访问控制列表配置中，操作符“gt portnumber”表示控制的是（ ）。

A．端口号小于此数字的服务　B．端口号大于此数字的服务

C．端口号等于此数字的服务　D．端口号不等于此数字的服务

解析：gt 在 IP 扩展访问控制列表中的意义是大于，故选 B。

考点 18：命名访问控制列表的配置

例 37 （单选题）下面不是命名访问控制列表优点的是（ ）。

A．通过一个由字母和数字串组成的名称，直观地表示特定的访问控制列表

B．不受 99 条标准访问控制列表和 100 条扩展访问控制列表的限制

C．网络管理员可以方便地对访问控制列表进行修改，而无须在删除访问控制列表之后再对其进行重新配置

D．命名访问控制列表不同于标准和扩展访问控制列表的端口应用方法，灵活多样，可以随时修改

解析：命名访问控制列表的端口应用方法与标准和扩展访问控制列表的端口应用方法完全相同，建立命名访问控制列表只有应用后才能生效，故选 D。

例 38 （单选题）思科体系命名访问控制列表的默认允许/拒绝方式是（ ）。

A．允许　B．拒绝

C．可以自由设定　D．可以允许也可以拒绝

解析：思科体系命名访问控制列表的默认方式和标准访问控制列表及扩展访问控制列表是一致的，默认是拒绝，故选 B。

同步练习

一、选择题

1．以下不可以通过路由表实现网络互联的设备是（　　）。

A．路由器　　B．防火墙　　C．三层交换机　　D．二层交换机

2．关于路由器，下列说法中错误的是（　　）。

A．路由器可以隔离子网，抑制广播风暴

B．路由器可以实现网络地址转换

C．路由器可以提供可靠性不同的多条路由选择

D．路由器只能实现点对点的传输

3．一个路由器的路由表通常包含（　　）。

A．所有目的主机和到达该目的主机的完整路径

B．目的网络和到达目的网络的完整路径

C．目的网络和到达目的网络路径上的下一个路由器的 IP 地址

D．互联网中所有路由器的 IP 地址

4．在路由器启动时，访问不同类型存储器的先后顺序是（　　）。

A．ROM→FLASH→NVRAM　　B．FLASH→ROM→NVRAM

C．ROM→NVRAM→FLASH　　D．FLASH→NVRAM→ROM

5．在路由器中，在系统断电时内容会完全丢失的内存是（　　）。

A．ROM　　B．FLASH　　C．DRAM　　D．NVRAM

6．为什么路由器不能像网桥那样快速地转发数据包？（　　）

A．路由器运行在 OSI 参考模型的第三层，因此要花费更多的时间来解析逻辑地址

B．路由器的数据缓存比网桥的数据缓存少，因此在任何时候都只能存储较少的数据

C．路由器在向目标设备发送数据前，要等待这些设备的应答

D．路由器运行在 OSI 参考模型的第四层，因为要侦听所有数据传输，所以比运行在第三层的网桥慢

7．通过以下哪种方式不能对路由器进行配置？（　　）

A．通过 Console 端口进行本地配置　　B．通过 AUX 端口进行远程配置

C．通过 Telnet 方式进行配置　　D．通过 FTP 方式进行配置

8．下面哪个不是配置静态路由的必要条件？（　　）

A．出接口　　B．出接口 MAC 地址

C．下一跳　　D．目的 IP

9．动态路由协议与静态路由协议相比，（　　）。

A．带宽占用少　　B．简单

C．路由器不能自动发现网络变化　　D．路由器能自动计算新的路由

10．路由选择算法的类型包括以下几种：静态和（　　）；域内和域间路由选择算法；链接状态和距离向量路由选择算法。

A．动态路由选择算法　　B．NLSP 路由选择算法

C．OSPF 路由选择算法　　D．RIP 路由选择算法

11．以下哪项不是静态路由协议的特点？（　　）

A．静态路由信息具有方向性

B．需要手工管理

C．路由器上配置的静态路由信息不是相互独立的

D．静态路由不消耗网络宽带

12．在路由表中，ip route 192.168.5.0 255.255.255.0 192.168.10.1 代表什么路由？（　　）

A．静态路由　　B．动态路由　　C．默认路由　　D．RIP 路由

13．下列属于静态路由缺点的是（　　）。

A．会随着网络拓扑结构的变化而随之改变路由信息

B．当网络拓扑发生变化而需要改变路由时，管理员必须手工修改

C．路由器需要进行路由计算

D．占用路由器 CPU 及存储资源

14．动态路由协议按工作区域分类，属于内部网关路由协议的是（　　）。

A．RIPOSPF　　B．BGPRIP　　C．OSPF　BGP　　D．BGP　IS-IS

15．下列哪项不是动态路由选择协议的度量标准？（　　）

A．跳步数　　B．路由器性能　　C．链路性能　　D．传输延迟

16．路由器配置各个端口的模式是（　　）。

A．用户模式　　B．特权模式　　C．全局模式　　D．端口子模式

17．RIP 是一种广泛使用的基于（　　）的协议。

A．链路状态算法　　B．集中式路由算法

C．距离矢量算法　　D．固定路由算法

18．以下关于 RIP v1 和 RIP v2 的描述正确的是（　　）。

A．RIP v1 是无类路由，RIP v2 使用 VLSM

B．RIP v2 是默认的，RIP v1 必须配置

C．RIP v2 识别变长的子网，RIP v1 是有类路由

D．RIP v1 使用跳数做路由度量值，RIP v2 使用接口花费总和来做度量值

19．RIPv2 通常多长时间发送其路由表？（　　）

A．RIP v2 只是用触发更新　　B．每隔 30s

C．当邻居路由器询问时　　D．每隔 60s

20．路由器所实现的 RIP v1 和 RIP v2 中，下列说法哪个是正确的？（　　）

A．RIP v1 报文支持子网掩码

B．RIP v2 报文支持子网掩码，但需要特殊配置

C．RIP v1 只支持报文的简单口令认证，而 RIP v2 支持 MD5 认证

D．RIP v2 默认打开路由聚合功能

21．跟踪 RIP 路由更新过程的方法是（　　）。

A．showiproute　　B．showiprip

C．debug ip rip　　D．clear ip route

22．关闭 RIP 路由汇总的命令是（　　）。

A．noauto-summary　　B．auto-summary

C．no ip router　　D．ip router

23．下列不属于动态路由协议的是（　　）。

A．OSPF　　B．RIP　　C．STATIC　　D．BGP

24．下面所示的路由条目中，叙述不正确的是（　　）。

```
R 172.16.8.0    [120/4] via 172.16.7.9,  00:00:23,  Serial0
```

A．R 表示该路由条目的来源是 RIP

B．172.16.8.0 表示源网段或子网

C．172.16.7.9 表示该路由条目的下一跳地址

D．00:00:23 表示该路由条目的产生时间

25．以下关于不同路由器采用 OSPF 协议生成路由进程号描述正确的是（　　）。

A．OSPF 协议进程号不可以相同

B．OSPF 协议进程号必须相同

C．OSPF 协议进程号可以不相同

D．OSPF 协议可以不用进程号

26．路由器中 OSPF 路由协议发现路由的默认优先级是多少？（　　）

A．0　　B．110　　C．1　　D．150

27．OSPF 协议的默认骨干区域为（　　）。

A．area0　　B．area1　　C．area 0.0.0.1　　D．area 0.0.0.2

28．思科路由器 OSPF 进程中进行路由宣告时，目标子网地址使用的是（　　）。

A．掩码　　B．正掩码　　C．反掩码　　D．前缀

29．在配置 OSPF 进程时，使用命令：

```
R2(config-router)#network 192.168.18.141 0.0.0.7 area 0
```

则目标子网地址是（　　）。

A．192.168.18.0/29　　B．192.168.18.0/28

C．192.168.18.136/29　　D．192.168.18.136/28

30．OSPF 进程在路由的骨干区域宣告时，（　　）是正确的。

A．network192.168.1.00.0.0.255

B．network 192.168.1.0 0.0.0.255 area 0

C．network 192.168.1.0 0.0.0.255 area 1

D．network 192.168.1.0 0.0.0.256 area 0

31．在 OSPF 配置中显示路由器路由信息的是（　　）。

A．showiproute　　B．showipprotocols

C．show network　　D．show router ospf

32．配置如下两条访问控制列表：

```
access-list 1 permit 10.110.10.1 0.0.255.255
access-list 2 permit 10.110.100.100 0.0.255.255
```

访问控制列表 1 和访问控制列表 2 所控制的地址范围关系是（　　）。

A．1 和 2 的范围相同　　B．1 的范围在 2 的范围内

C．2 的范围在 1 的范围内　　D．1 和 2 的范围没有包含关系

33．如果在一个端口上使用了 access group 命令，但没有创建相应的 access list，对于

此端口，下面描述正确的是（　　）。

A．拒绝所有的数据包 In　　B．拒绝所有的数据包 Out

C．拒绝所有的数据包 In、Out　　D．允许所有的数据包 In、Out

34．标准访问控制列表以（　　）作为判别条件。

A．数据包的大小　　B．数据包的源地址

C．数据包的端口号　　D．数据包的目的地址

35．对于这样一条访问列表配置：

```
Router(config)#access-list 1 permit 153.19.0.128 0.0.0.127
```

下列说法正确的是（　　）。

A．允许源地址小于 153.19.0.128 的数据包通过

B．允许目的地址小于 153.19.0.128 的数据包通过

C．允许源地址大于 153.19.0.128、小于 153.19.0.255 的数据包通过

D．允许目的地址大于 153.19.0.128 的数据包通过

36．下面关于访问控制列表的配置命令，正确的是（　　）。

A．access-list100deny1.1.1.1

B．access-list 1 permit any

C．access-list 1 permit 1.1.1.1 0 2.2.2.2 0.0.0.255

D．access-list 99 deny tcp any 2.2.2.2 0.0.0.255

37．在配置访问控制列表的规则时，关键字“any”代表的通配符掩码是（　　）。

A．0.0.0.0　　B．所使用的子网掩码的反码

C．255.255.255.255　　D．无此命令关键字

38．下列哪一个通配符（反）掩码与子网 172.16.64.0/27 的所有主机匹配？（　　）

A．255.255.255.0　　B．255.255.224.0

C．0.0.0.31　　D．0.0.31.255

39．访问控制列表 access-list 100 permit ip 129.38.1.1 0.0.255.255 host 202.38.5.2 的含义是（　　）。

A．允许主机 129.38.1.1 访问主机 202.38.5.2

B．允许 129.38.0.0 的网络访问 202.38.0.0 的网络

C．允许主机 202.38.5.2 访问网络 129.38.0.0

D．允许 129.38.0.0 的网络访问主机 202.38.5.2

40．应使用（　　）命令来查看路由器上的访问控制列表。

A．showfirewall　　B．show interface

C．show ip access-lists　　D．show running-config

二、判断题

1．路由器的工作模式与三层交换机的工作模式相似，但路由器工作在 OSI 模型的第三层——网络层。（　　）

2．路由器内部可以分为控制部分和数据通道部分。（　　）

3．路由器在 RXBOOT 模式下更新系统，实际上是在路由器 ROM 上重新写入。（　　）

4．路由器高速同步串行口时钟的频率和带宽没有直接的联系。（　　）

5．Console 端口（控制口）主要连接终端或运行终端仿真程序的计算机，用于在本地配置路由器。（ ）

6．在实际工作环境中，路由器必须通过 CSU/DSU 设备（也称 DTU）接入广域网，V.35 DTE 线缆接口处为孔状，V.35 DCE 线缆接口处为针状。（ ）

7．NVRAM 中的内容在系统断电时不会丢失。（ ）

8．路由器开机后的 setup 模式，可以选择 YES 跳过。（ ）

9．路由器使用带外管理路由器的方式有 Telnet 和 SSH 两种。（ ）

10．默认路由是动态路由的一种特殊方式。（ ）

11．网络管理员需要手动修改路由表中相关的静态路由信息。（ ）

12．在路由器 Router 上配置静态路由，可以使用命令 Router (config)#ip route 172.16.1.0 255.255.255.0 serial 0 172.16.2.1。（ ）

13．RIP 版本 2 使用广播地址发送路由信息。（ ）

14．RIP 路由协议默认 30s 发送一次路由信息。（ ）

15．RIP 路由协议的最大跳数是 16 跳，不可达。（ ）

16．在 RIP 路由协议中，允许在非广播型网络中进行 RIP 路由广播。（ ）

17．RIP 路由协议的管理距离是 110。（ ）

18．OSPF 路由协议是基于 L-S（Link-Status 链路状态）算法的路由协议。（ ）

19．OSPF 路由协议是一种基于距离向量的内部网关协议。（ ）

20．OSPF 路由协议的区域 0 为主干区域，不同区域交换信息必须经过区域 0。（ ）

21．访问控制列表中通配符 host，相应的反掩码位全为 255。（ ）

22．标准访问控制列表的编号是 1～99。（ ）

23．访问控制列表的主要应用方法是入栈。（ ）

24．IP 标准控制列表要应用在尽量靠近源地址的端口。（ ）

25．IP 扩展控制列表要应用在尽量靠近目的地址的端口。（ ）

三、名词解释

1．路由器

2．网关

3．路由选择

4．路由协议

5．路由表

6．静态路由

7．动态路由

8．内部网关协议

9．外部网关协议

10．RIP 路由协议

11．OSPF 路由协议

12．访问控制列表 ACL

13．IP 标准访问控制列表

14．IP 扩展访问控制列表

15．命名访问控制列表

四、简答题

1. 简述 Cisco 路由器内存体系结构。
2. 简述路由器的常用端口。
3. 简述路由器配置的三种模式。
4. 简述常用路由器的配置方法。
5. 简述动态路由协议的分类。
6. 简述 ACL 的类型、规则、动作、应用方法。

项目七

网络操作系统 Windows Server 2008 R2 的安装和配置

思维导图

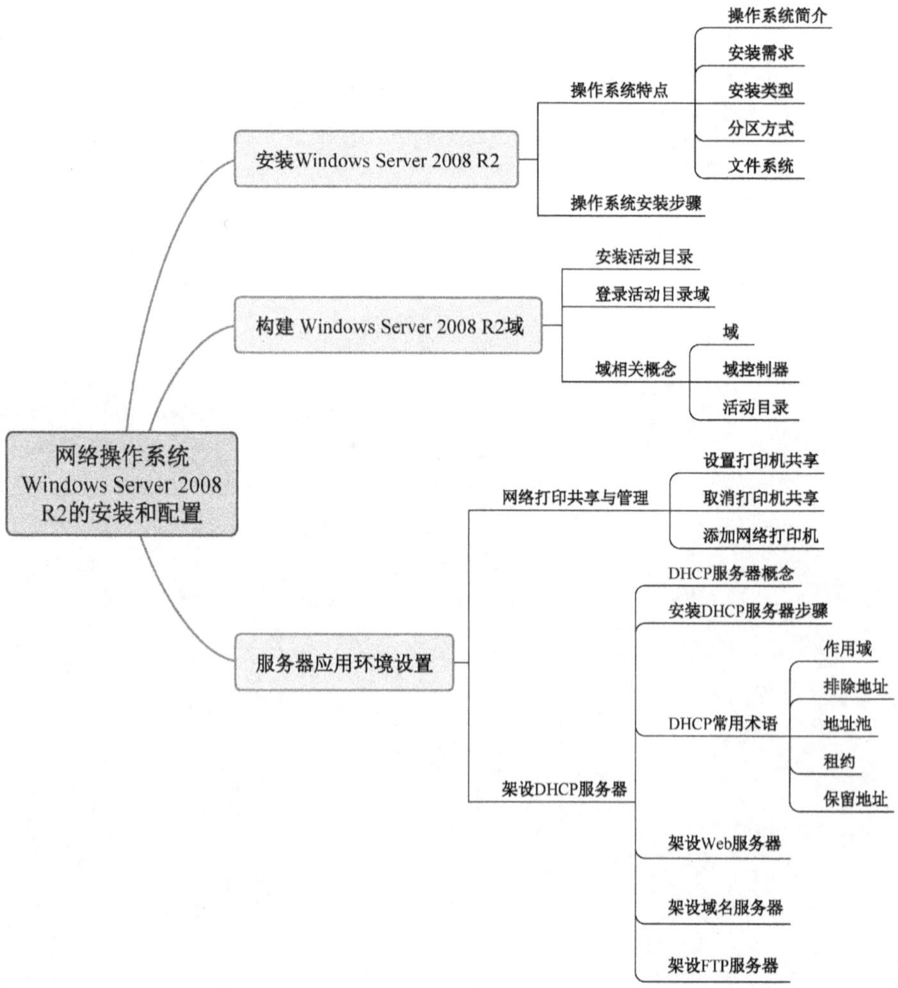

- 网络操作系统 Windows Server 2008 R2的安装和配置
  - 安装Windows Server 2008 R2
    - 操作系统特点
      - 操作系统简介
      - 安装需求
      - 安装类型
      - 分区方式
      - 文件系统
    - 操作系统安装步骤
  - 构建 Windows Server 2008 R2域
    - 安装活动目录
    - 登录活动目录域
    - 域相关概念
      - 域
      - 域控制器
      - 活动目录
  - 服务器应用环境设置
    - 网络打印共享与管理
      - 设置打印机共享
      - 取消打印机共享
      - 添加网络打印机
    - 架设DHCP服务器
      - DHCP服务器概念
      - 安装DHCP服务器步骤
      - DHCP常用术语
        - 作用域
        - 排除地址
        - 地址池
        - 租约
        - 保留地址
      - 架设Web服务器
      - 架设域名服务器
      - 架设FTP服务器

复习要求

1. 了解 Windows Server 2008 R2 的特点；
2. 了解安装 Windows Server 2008 R2 的系统要求；
3. 掌握 Windows Server 2008 R2 的安装方法；
4. 掌握活动目录的安装方法；
5. 掌握 Windows 7 客户机登录到活动目录域的方法；
6. 了解域及活动目录的含义；
7. 了解域中计算机的分类；
8. 了解网络打印共享与管理方法；
9. 掌握 DHCP 的含义及其常用术语；
10. 掌握架设 DHCP 服务器的方法；
11. 掌握 IIS 的作用；
12. 掌握架设 Web 服务器的运行环境设置；
13. 掌握架设 Web 服务器的方法；
14. 掌握 DNS 的含义及作用；
15. 掌握架设域名服务器的方法；
16. 掌握 FTP 的含义及作用；
17. 掌握架设 FTP 服务器的方法。

考点详解

任务一　安装 Windows Server 2008 R2

1. Windows Server 2008 R2 的特点

（1）Windows Server 2008 R2 简介。

Windows Server 2008 R2 是微软服务器操作系统，在功能和特性上基于现有的 Windows Server 2008，并且得到了进一步增强和完善。Windows Server 2008 R2 包含基础版、标准版、企业版、数据中心版、Web 版及安腾版等。

（2）Windows Server 2008 R2 安装需求。

①CPU 最小速度。

Windows Server 2008 R2 只提供 X64 版本，目前主流的处理器都能够支持 64 位。处理器的最小速度为 1.4GHz，基于安腾版本的需要 Intel Itanium 2 处理器。

②最小内存。

最小内存：512 MB；推荐内存：2 GB。

③安装所需空间。

最小空间：10 GB；推荐空间：40 GB。

（3）Windows Server 2008 R2 的安装类型。

Windows Server 2008 R2 的安装类型有全新安装和升级安装。

（4）硬盘的分区方式。

在执行全新安装时，需要确定硬盘的分区方式。一块硬盘通常分成多个区：一个主分区和多个扩展分区，每个分区以一个盘符形式表示。安装 Windows Server 2008 R2 操作系统的分区称为引导分区，运行 Windows Server 2008 R2 所需要的文件通常安装在主分区。

（5）文件系统。

Windows Server 2008 R2 所支持的文件系统包括 NTFS、FAT、FAT32。其中，NTFS 安全级别最高，是最佳的配置方式。

2. Windows Server 2008 R2 的安装步骤

（1）设置从光驱启动主机。

（2）在计算机重启后，系统自动从光驱启动，出现 Windows 安装界面，选择需要安装的语言，单击“下一步”按钮。

（3）单击“现在安装”按钮。

（4）先选择要安装的操作系统版本，再选择“Windows Server 2008 R2 Standard（完全安装）”，单击“下一步”按钮。

（5）阅读许可条款后，勾选“我接受许可条款”复选框，单击“下一步”按钮。

（6）选择“自定义（高级）”，因为是全新安装操作系统，所以在此窗口不可以运行升级安装。

（7）选择将要安装 Windows Server 2008 R2 的磁盘分区，选择“驱动器选项（高级）”。

（8）单击“新建”按钮，创建磁盘分区。

（9）单击“格式化”按钮，格式化选中的系统磁盘分区。

（10）安装程序开始安装 Windows Server 2008 R2。

（11）安装完成后，计算机将自动重启并进入 Windows Server 2008 R2 操作系统。在第一次启动 Windows Server 2008 R2 时，系统要求用户以系统管理员账户（Administrator）登录，并要求更改 Administrator 的密码。单击“确定”按钮后输入新密码，并确认新密码。

（12）在输入用户名和新密码登录后，将自动弹出“初始配置任务”窗口，用户可以根据自己的需要对服务器系统进行进一步的配置。

考点 1：Windows Server 2008 R2 文件系统

例 1 （判断题）Windows Server 2008 R2 所支持的文件系统包括 NTFS、FAT、FAT32，其中 FAT 安全级别最高，也是最佳的选择。（ ）

解析：Windows Server 2008 R2 所支持的文件系统包括 NTFS、FAT、FAT32。其中，NTFS 安全级别最高，是最佳的配置方式，故答案是×。

考点 2：Windows Server 2008 R2 操作系统

例 2 （判断题）Windows Server 2008 R2 是一种网络操作系统。（ ）

解析：Windows Server 2008 R2 是微软服务器操作系统，在功能和特性上基于现有的 Windows Server 2008，并且得到了进一步增强和完善，故答案是√。

任务二　构建 Windows Server 2008 R2 域

1. 活动目录的安装方法

（1）进入 Windows Server 2008 R2 主机，设置 IP 地址为 192.168.0.1，子网掩码为 255.255.255.0，DNS 地址为 192.168.0.1。

（2）单击“开始”菜单，在“运行”文本框中输入“dcpromo”命令，启动活动目录的安装，单击“确定”按钮。

（3）进入域控制器安装准备阶段。

（4）在安装准备完成后，打开域服务安装向导。

（5）在“操作系统兼容性”窗口中，单击“下一步”按钮。

（6）在“选择某一部署配置”窗口中，选择“在新林中新建域”单选按钮，单击“下一步”按钮。

（7）在“命名林根域”窗口中，输入目录林根级域的 FQDN 名为“hazj.net”，单击“下一步”按钮。

（8）在“域 NetBIOS 名称”窗口中，输入域的 NetBIOS 名为“HAZJ”，单击“下一步”按钮。

（9）在“设置林功能级别”窗口中，选择“Windows Server 2008 R2”，单击“下一步”按钮。

（10）在“其他域控制器选项”窗口中，选择“DNS 服务器”，单击“下一步”按钮。

（11）单击“是”按钮，继续安装。

（12）在“数据库、日志文件和 SYSVOL 的位置”窗口中，指定数据库、日志和 SYSVOL 文件夹路径，单击“下一步”按钮。

（13）在“目录服务还原模式的 Administrator 密码”窗口中，输入目录服务还原密码，单击“下一步”按钮。

（14）在“摘要”窗口中，可以查看以上设置，确定不需要更改后，单击“下一步”按钮。接下来，开始安装 Active Directory。

（15）安装完成后，在“完成 Active Directory 域服务安装向导”窗口中，单击“完成”按钮。

（16）升级到域后，系统需要重新启动，在弹出的对话框中，单击“立即重新启动”按钮，重新启动计算机。

（17）单击“开始”→“管理工具”命令，进入“Active Directory 用户和计算机”设置界面，右键单击“Users”，在弹出的快捷菜单中选择“新建”→“用户”选项，创建用户。

（18）创建姓名为“wx”的用户，单击“下一步”按钮。

（19）设置“wx”用户的密码为“Admin123”（A 用大写），并且勾选“用户下次登录时需更改密码”复选框，单击“下一步”按钮。

（20）创建完成后，单击“完成”按钮。最后可以看到新创建的“wx”用户。

2. Windows 7 客户机登录活动目录域

（1）以本地管理员账户（Administrator）进入 Windows 7 客户机，设置 IP 地址为 192.168.0.2，子网掩码为 255.255.255.0，DNS 地址为 192.168.0.1。

（2）右键单击“我的电脑”，选择“系统/属性”选项，进入“系统属性”窗口，在“计算机名”选项卡中单击“更改”按钮。

（3）在“计算机名称更改”窗口中，选择“域”单选按钮，并在文本框中输入域的名称，单击“确定”按钮。

（4）在弹出的对话框中输入服务器管理员用户名和密码，单击“确定”按钮。加入域成功后，会弹出提示对话框，单击“确定”按钮。要想使更改生效，还要重新启动计算机。

（5）在重新启动计算机后进入用户界面，单击“其他用户”，以域用户名“wx”身份登录域。

（6）由于前面选择了“用户下次登录时需更改密码”，所以会弹出提示对话框，提示“您必须在第一次登录时更改密码”，单击“确定”按钮。

（7）修改密码后，单击“确定”按钮，弹出提示对话框，提示“您的密码已更改”。

3. 域相关概念

（1）域。

域是一种管理边界，实际上域就是一组服务器和工作站的集合。

（2）域控制器。

在域中的计算机分为三种：域控制器、成员服务器和工作站。安装 Windows Server 2008 R2 且启用了 AD 服务的计算机称为域控制器。安装 Windows Server 2008 R2 但不启用 AD 服务的计算机称为成员服务器，它可以提供文件服务，并接受域控制器管理。安装了 Windows XP Professional、Windows Vista 或 Windows 7 的计算机加入域后称为工作站，可接受域控制器管理，当然也可以用本地账号登录工作站，但不能访问域内资源。

（3）活动目录。

活动目录是一种动态的服务，可将与某用户名相关的电子邮件账号、出生日期、电话等信息存储在不同的计算机上。Microsoft 的活动目录用于实现 Windows Server 的目录服务，涉及可以将哪些信息存储在数据库中、存储的方式是什么、如何查询特定的信息及如何对结果进行处理等内容。

考点 3：域控制器

例 3 （单选题）域是一种管理边界，在域中的计算机分为域控制器、成员服务器和（　　）。

A. 集线器　　　　B. 交换机

C. 工作站　　　　D. 路由器

解析：域是一种管理边界，实际上域就是一组服务器和工作站的集合。在域中的计算机分为三种：域控制器、成员服务器和工作站，故选 C。

考点 4：域定义

例 4 （判断题）域是一种管理边界，实际上也是一组服务器和工作站的集合（　　）。

解析：域的定义，域是一种管理边界，实际上也是一组服务器和工作站的集合，故答案是 √。

任务三 服务器应用环境设置

1. 网络打印共享与管理

（1）设置打印机共享。

① 在 Windows Server 2008 R2 中，依次单击“开始”→“控制面板”→“硬件”→“设备和打印机”命令，打开“设备和打印机”窗口。

② 右键单击需要共享的打印机，在弹出的快捷菜单中选择“打印机属性”选项。

③ 在“打印机属性”对话框的“共享”选项卡中，选择“共享这台打印机”选项，并输入共享时该打印机的名称。建议选择“列入目录”选项，以便将该打印机发布到 Active Directory，让域用户可以通过 Active Directory 找到这台打印机。

④ 单击“其他驱动程序”按钮，在弹出的对话框中根据用户计算机情况进行选择，以便用户计算机可以直接从打印机服务器下载打印机驱动程序。

⑤ 在“安全”选项卡中，可以看到每一个用户都可以通过网络使用此打印机打印。当然，也可以添加其他用户，并设置相应的权限，实现只对指定的用户共享打印。

⑥ 单击“确定”按钮，该打印机就可以作为网络打印机共享给其他网络用户使用了，此时在“设备和打印机”窗口可见打印机状态为共享状态。

（2）取消打印机共享。

右键单击“共享打印机”选项，在弹出的快捷菜单中选择“共享”选项。在弹出的“打印机属性”对话框中，选择“不共享这台打印机”选项，即可取消打印机共享。

（3）添加网络打印机。

① 在 Windows 7 中，依次单击“开始”→“控制面板”→“硬件和声音”→“设备和打印机”命令，打开“设备和打印机”窗口。

② 单击“添加打印机”按钮，在弹出的“要安装什么类型的打印机”对话框中，选择“添加网络、无线或 Bluetooth 打印机”选项，单击“下一步”按钮。

③ 计算机会自动搜索网络中可用的打印机，选择搜索到的打印机，再单击“下一步”按钮。

④ 计算机连接到打印机服务器，并下载驱动程序，安装打印机，之后显示成功添加打印机，单击“下一步”按钮。

⑤ 设置添加的打印机为默认打印机，单击“完成”按钮，最后在“设备和打印机”窗口中显示成功添加了打印机。

2. 架设 DHCP 服务器

（1）什么是 DHCP 服务器。

DHCP 是动态主机配置协议，是一个简化主机 IP 分配管理的 TCP/IP 标准协议。用户可利用 DHCP 服务器动态分配 IP 地址，或者进行其他相关的环境配置工作（如 DNS、网关的设置）。

（2）DHCP 的常用术语。

① 作用域：一个网络中所有可分配的 IP 地址的连续范围，主要用来定义网络单一的物理子网的 IP 地址范围，是服务器用于管理分配给网络客户的 IP 地址的主要手段。

② 排除地址：不用于分配的 IP 地址序列，确保被排除的 IP 地址不会被 DHCP 服务器

分配给客户机。

③ 地址池：在用户自定义 DHCP 范围及排除范围后，剩余的地址就构成了一个地址池。地址池中的地址可以动态地分配给网络中的客户机使用。

④ 租约：客户机向 DHCP 服务器租用 IP 地址的时间长度。

⑤ 保留地址：用户可利用其创建一个永久的地址租约，以保证子网中的指定硬件设备始终使用同一个 IP 地址。

3. 架设 DHCP 服务器

① 单击“开始”→“服务器管理器”命令，打开“服务器管理器”窗口，单击“角色”下的“添加角色”命令。

② 在弹出的“添加角色向导”对话框中选择服务器角色，再选择“DHCP 服务器”选项，单击“下一步”按钮，安装 DHCP 服务器。

③ 安装程序会自动检测并显示这台计算机中采用静态 IP 地址设置的网络连接，在“网络连接绑定”中选择要提供给 DHCP 服务的网络连接，单击“下一步”按钮。

④ 在“IPv4 DNS 设置”中将 DNS 域名（父域）设置为 hazj.net，将 DNS 服务器的 IPv4 地址设置为 192.168.0.1，单击“验证”按钮来确认该 DNS 服务器确实存在，单击“下一步”按钮。

⑤ 在“IPv4 WINS 设置”中选择“此网络上的应用程序需要”，设置首选 WINS 服务器 IP 地址为 192.168.0.1，单击“下一步”按钮。

⑥ 在“DHCP 作用域”中设置可以出租给客户端的 IP 地址范围，单击“添加”按钮。

⑦ 在“添加作用域”窗口中，设置作用域的名称、欲出租给客户端的起始 IP 地址和结束 IP 地址、子网掩码、默认网关与租用期限（可根据需要选择有线网络的 6 天或无线网络的 8 小时）、传播到 DHCP 客户端的子网掩码与默认网关，选择“激活此作用域”选项，单击“确定”按钮，然后单击“下一步”按钮。

⑧ 在“DHCPv6 无状态模式”中选择“对此服务器禁用 DHCPv6 无状态模式”，单击“下一步”按钮。

⑨ 在“DHCP 服务器授权”中选择对这台服务器进行授权，必须是 Enterprise Admins 组的成员才有权利执行授权操作，登录时使用的域 Administrator 是此组的成员，因此选择“使用当前凭据”选项，单击“下一步”按钮。

⑩ 若确认设置无误，则单击“安装”按钮，显示安装成功后单击“关闭”按钮。

⑪ 安装完成后，单击“开始”→“管理工具”→“DHCP”命令，打开 DHCP 控制台，设置需要排除的 IP 地址，对 DHCP 服务器授权。

4. 架设 Web 服务器

（1）Internet 信息服务。

Windows 自带的 Internet 信息服务（IIS）支持 Web 站点创建、配置和管理，并附带网络文件传输协议（FTP）和简单的邮件传输协议（SMTP）。中小企业完全可以使用 IIS 创建和管理网站。

（2）架设 Web 服务器的过程。

用户可以通过 Web 浏览器查看网站中的网页。

① 在“添加角色向导”对话框中选择服务器角色，选择“Web 服务器（IIS）”选项，

单击“下一步”按钮，安装 Web 服务器。

② 成功安装 IIS 后，单击“开始”→“管理工具”→“Internet 信息服务（IIS）管理器”命令，打开“Internet 信息服务（IIS）管理器”，其中已经有一个名为 Default Web Site 的默认网站。

③ 建立一个 Web 站点。

④ 测试 Web 站点。

5. 架设域名服务器

（1）DNS 服务器。

DNS 是 Domain Name System（域名系统），用于 TCP/IP 网络中，通过以简单的域名（如 www.phei.com.cn）代替难记的 IP 地址来定位计算机和服务。域名系统是一个分布式的主机信息数据库，管理着整个 Internet 主机名与 IP 地址。域名系统是采用分层管理的，因此，这个分布式主机信息数据库也是分层结构，类似计算机中文件系统的结构。

DNS 配置中的正向查找区域是一个将名称转换成 IP 地址的数据，在 Windows 命令行下可用命令 nslookup www.hnbook.com 验证；反向查找区域是将 IP 地址转换成 DNS 名称的数据库，可用命令 nslookup 192.168.0.1 验证。

（2）架设域名服务器的过程。

① 在“添加角色向导”对话框中选择服务器角色，选择“DNS 服务器”选项，按提示安装 DNS 服务器。

② 打开 DNS 管理控制台，右键单击服务器名称“SERVER”，在弹出的快捷菜单中选择“配置 DNS 服务器”选项。

③ 选择动态更新和转发查询方式。

④ 在本地网络的其他计算机上测试新创建的 DNS 服务器。

6. 架设 FTP 服务器

（1）FTP 服务。

文件传输协议（FTP）是 Internet 上应用十分广泛的文件传送协议，主要用于在计算机之间实现文件的上传与下载，其中一台计算机作为 FTP 客户端，另一台作为 FTP 服务器。

（2）FTP 服务器安装。

① 在“添加角色向导”对话框中选择“Web 服务器（IIS）”下的“角色服务”，选择“FTP 服务器”选项，单击“下一步”按钮，安装 FTP 角色服务。

② 打开“Internet 信息服务（IIS）管理器”，选择“网站”选项，单击“操作”栏中的“添加 FTP 站点”，弹出“添加 FTP 站点”对话框，设置 FTP 站点名称为“测试 FTP”，主目录物理路径为 D:\www，单击“下一步”按钮。

③ 在“绑定和 SSL 设置”对话框中设置绑定 IP 地址为 192.168.0.1，端口号默认为 21，让 FTP 站点自动启动，设置 SSL 为“无”，单击“下一步”按钮。

④ 弹出“身份验证和授权信息”对话框，选择“匿名”和“基本”选项进行验证，并授权“匿名用户”拥有“读取”权限，单击“完成”按钮。

⑤ 验证创建的站点是否有效，打开本地网络内任意一台计算机，访问 FTP 站点。

考点 5：DNS 正向区域

例 5 （单选题）架设 DNS 域名服务器时创建的正向查找区域是（　　）。

A．将 DNS 名称转换成 IP 地址的数据库

B．将 MAC 地址翻译成 IP 地址

C．将 IP 地址翻译成 MAC 地址

D．将 IP 地址翻译成 DNS 名称的数据库

解析： DNS 配置中的正向查找区域是一个将名称转换成 IP 地址的数据，故选 A。

考点 6：DNS 作用

例 6 （单选题）DNS 的作用是（　　）。

A．将 MAC 地址翻译成 IP 地址　　B．将 IP 地址翻译成 MAC 地址

C．将域名转换成 IP 地址　　D．将 IP 地址转换成域名

解析： DNS 用于 TCP/IP 网络中，通过以简单的域名（如 www.phei.com.cn）代替难记的 IP 地址来定位计算机和服务，故选 C。

考点 7：DNS 服务器功能

例 7 （单选题）在 Internet 中把域名转换成对应的 IP 地址是由（　　）来完成的。

A．DNS 服务器　　B．代理服务器

C．FTP 服务器　　D．Web 服务器

解析： DNS 用于 TCP/IP 网络中，通过以简单的域名代替难记的 IP 地址来定位计算机和服务，故选 A。

考点 8：DNS 测试命令

例 8 （单选题）在 Windows XP/7 命令行下，测试 DNS 服务器配置是否正确的是（　　）。

A．Ipconfig　　B．arp　　C．nslookup　　D．ftp

解析： DNS 配置中的正向查找区域是一个将名称转换成 IP 地址的数据，在 Windows 命令行下可用命令 nslookup www.hnbook.com 验证；反向查找区域是将 IP 地址转换成 DNS 名称的数据库，可用命令 nslookup 192.168.0.1 验证，故选 C。

考点 9：DNS 定义

例 9 （名词解释）DNS

答案： DNS 指域名系统，用于 TCP/IP 网络中，通过以简单的域名代替难记的 IP 地址来定位计算机和服务。域名系统是一个分布式的主机信息数据库，管理着整个 Internet 主机名。

考点 10：DHCP 专业术语

例 10 （判断题）DHCP 中租约是客户机向 DHCP 服务器租用 IP 地址的时间长度。（　　）

解析： DHCP 的常用术语如下。

① 作用域：一个网络中所有可分配的 IP 地址的连续范围，主要用来定义网络单一的物理子网的 IP 地址范围，是服务器用于管理分配给网络客户的 IP 地址的主要手段。

② 排除地址：不用于分配的 IP 地址序列，确保被排除的 IP 地址不会被 DHCP 服务器分配给客户机。

③ 地址池：在用户自定义 DHCP 范围及排除范围后，剩余的地址就构成了一个地址池。地址池中的地址可以动态地分配给网络中的客户机使用。

④ 租约：客户机向 DHCP 服务器租用 IP 地址的时间长度。

⑤ 保留地址：用户可利用其创建一个永久的地址租约，以保证子网中的指定硬件设备始终使用同一个 IP 地址。

本题答案为√。

考点 11：DHCP 定义

例 11 （单选题）动态主机配置协议的英文缩写是（　　）。

A．Web　　B．DHCP　　C．DNS　　D．FTP

解析： DHCP 即动态主机配置协议，是一个简化主机 IP 分配管理的 TCP/IP，故选 B。

考点 12：IIS 提供服务

例 12 （单选题）IIS 6.0 不可以提供的服务功能是（　　）。

A．DNS　　B．SMTP　　C．FTP　　D．WWW

解析： Windows 自带的 Internet 信息服务（IIS）支持 Web 站点创建、配置和管理，并附带网络文件传输协议（FTP）和简单的邮件传输协议（SMTP），故选 A。

同步练习

一、选择题

1．Windows Server 2008 R2 所支持的文件系统不包括（　　）。

A．NTFS　　B．EXT3　　C．FAT　　D．FAT32

2．DHCP 服务中不能够向主机提供的内容是（　　）。

A．IP 地址　　B．网关地址

C．DNS 主机地址　　D．MAC 地址

3．DNS 的作用是（　　）。

A．将 MAC 地址转换为 IP 地址　　B．将 IP 地址转换为 MAC 地址

C．将域名转换为 IP 地址　　D．将域名转换为 MAC 地址

4．IIS6.0 不可以提供的服务功能是（　　）。

A．WWW　　B．FTP　　C．SMTP　　D．DNS

5．DHCP 协议的功能是（　　）。

A．远程终端自动登录　　B．为客户机自动分配 IP 地址

C．使用 DNS 名字自动登录　　D．为客户机自动进行注册

6．通过（　　）可以在网络中动态地获得 IP 地址。

A．DHCP　　B．SNMP　　C．PPP　　D．UDP

7. 如要发布网站，则需要安装（　　）。

A. WWW 服务　　B. SMTP 服务
C. POP3 服务　　D. FTP 服务

8. 在域中，安装了 Windows Server 2008 R2，但没有启用 AD 计算机的是（　　）。

A. 成员服务器　　B. 域控制器
C. 工作站　　D. 集线器

9. 在因特网域名中，“.com”通常表示（　　）。

A. 商业组织　　B. 教育机构
C. 政府部门　　D. 军事部门

10. 一台计算机可以用 IP 地址访问本地服务器，但是不能用域名访问该服务器，出现这种故障的原因是（　　）。

A. IE 浏览器配置不正确　　B. 计算机中侵入了 ARP 病毒
C. DNS 服务器配置错误　　D. 网卡配置不正确

11. DNS 服务器和客户机设置完毕后，有三个命令可以测试其是否设置正确，不是其命令的是（　　）。

A. Ping　　B. login
C. Ipconfig　　D. nslookup

12. 域名中的后缀 gov 代表（　　）。

A. 政府部门　　B. 军事部门
C. 教育机构　　D. 公司

13. 域名中的后缀 cn 代表（　　）。

A. 中国　　B. 美国　　C. 英国　　D. 法国

14. 在域名服务系统中，域名采用分层次的命名方法，其中顶级域名 EDU 代表的是（　　）。

A. 教育机构　　B. 商业组织　　C. 政府机构　　D. 国家代码

15. 以下关于 DNS 的说法中，不正确的是（　　）。

A. 没有 DNS 服务器，知道 IP 地址也可以浏览上网
B. DNS 负责将域名转换为 IP
C. 每次地址转换（解析），只有一台 DNS 服务器完成
D. DNS 系统是分布式的

16. FTP 服务器的控制端口一般是（　　）。

A. 20　　B. 21　　C. 22　　D. 23

17. 以下有关 DNS 的说法错误的是（　　）。

A. DNS 即域名服务系统，它把难记忆的 IP 地址转换成人们容易记忆的字符形式
B. 一个后缀为 COM 的网站，表明它是一个商业公司
C. DNS 按分层管理
D. 一个后缀为 EDU 的网站，表明它是一个政府组织

18. 在域名 www.jlu.edu.cn 里，（　　）是主机名。

A. jlu　　B. edu.cn　　C. www　　D. cn

19. 动态主机配置协议是（　　）。

A. FTP　　B. DHCP

C. UDP　　D. HTTP

20. 关于 Windows Server 自带的 FTP 功能，以下说法不正确的是（　　）。

A. 作为 Web 服务器的一部分存在

B. 分为 FTP 服务和 FTP 扩展两个子功能

C. 可以从 IIS 管理器打开 FTP 管理界面

D. 可以不安装 IIS，单独安装 FTP 功能

21. FTP 是互联网上广泛使用的文件传输协议，英文全称是 File Transfer Protocol，我们无法通过使用 FTP 完成的是（　　）。

A. 在网络上提供软件下载服务

B. 在公司内部共享各种制度文件

C. 把网页或程序上传到 Web 服务器

D. 浏览网页，查看新闻

22. WWW 浏览器是使用（　　）传输的。

A. DHCP　　B. DNS　　C. FTP　　D. HTTP

23. FTP 是 Internet 中（　　）。

A. 发送电子邮件的软件

B. 浏览网页的工具

C. 用来传送文件的一种服务

D. 一种聊天工具

24. 配置 DNS 服务器正确的是（　　）。

A. 使用 IP 地址标识　　B. 使用域名标识

C. 使用主机名标识　　D. 使用主机名加域名标识

25. 如果访问 Internet 只能使用 IP 地址，则是因为没有配置 TCP/IP 的（　　）。

A. IP 地址　　B. 子网掩码

C. 默认网关　　D. DNS

26. 完成文件传输服务的 TCP/IP 是（　　）。

A. SMTP　　B. FTP　　C. SNMP　　D. Telnet

27. 在 Windows 操作系统中可以通过安装（　　）组件创建 FTP 站点。

A. IIS　　B. IE　　C. WWW　　D. DNS

28. 在 Internet 域名体系中，域的下面可以划分子域，各级域名用圆点分开，按照（　　）。

A. 从左到右越来越小的方式分 4 层排列

B. 从左到右越来越小的方式分多层排列

C. 从右到左越来越小的方式分 4 层排列

D. 从右到左越来越小的方式分多层排列

29. Windows Server 2008 R2 的安装需求中推荐内存为（　　）。

A. 512MB　　B. 1GB　　C. 2GB　　D. 4GB

30. Windows Server 2008 R2 安装需求中推荐安装空间为（　　）。

A. 10GB　　B. 20GB　　C. 30GB　　D. 40GB

二、判断题

1. Windows Server 2003 所支持的文件系统包括 NTFS、FAT、FAT32。NTFS 安全级别最高，是最佳的配置方式。（ ）

2. 一块硬盘通常分成多个区，多个主分区和多个扩展分区。（ ）

3. 域是一种管理边界，用于计算机共享共用的安全数据库，域实际上就是一组服务器和工作站的集合。（ ）

4. 在域中的计算机分为三种，即域控制器、成员服务器和工作站。（ ）

5. 只有当网络上的 DHCP 服务器配置正确且已使用时，DHCP 服务器才能提供正确有效的服务。（ ）

6. DHCP 即动态主机配置协议，是一个简化主机 IP 分配管理的 TCP/IP 标准协议。（ ）

7. DNS 配置中反向查找区域是一个将名称转换成 IP 地址的数据。（ ）

8. FTP 是因特网上使用得最广泛的文件传输协议。（ ）

9. 共享权限是本地权限，安全权限是网络权限，通过共享访问时得到的权限是两者的交集。（ ）

10. 要使用域名访问 Internet 上的服务器，如果本机使用手动配置静态 IP 地址，则必须配置本机首选 DNS 服务器的 IP 地址。（ ）

11. 域中所有账户信息都存储于域控制器中。（ ）

12. 客户要在 Internet 网上使用自己的域名，必须先向域名颁发机构申请和注册。（ ）

13. 在服务器上安装完 DNS 服务后，就可以为客户机提供域名解析了。（ ）

14. 在一个域中，至少有一个域控制器（服务器），也可以有多个域控制器。（ ）

15. 如果希望 DNS 服务器能够根据 IP 地址解析到对应的域名，则需要在 DNS 服务器上配置反向解析区，并在反向解析区中创建相应的 PTR 记录。（ ）

16. 地址解析协议 ARP 能将 IP 地址转换成 MAC 地址。（ ）

17. 反向地址解析协议 RARP 能将 IP 地址转换成 MAC 地址。（ ）

18. IIS 是 Internet 信息服务的英文缩写。（ ）

19. DHCP 中的排除地址是用户可利用其创建一个永久的地址租约，以保证子网中的指定硬件设备始终使用同一个 IP 地址。（ ）

20. Windows Server 2008 R2 的安装类型有全新安装和升级安装。（ ）

三、名词解释

1. 域
2. 域控制器
3. 活动目录
4. DHCP
5. 作用域
6. 排除地址
7. 地址池
8. 租约

9. 保留地址
10. IIS
11. DNS
12. 网络操作系统

四、简答题

1. 简述 FTP 的功能。
2. 简述 Windows Server 2008 R2 安装的硬件需要。
3. 简述 Windows Server 2008 R2 所支持的文件系统。

项目八

接入互联网

思维导图

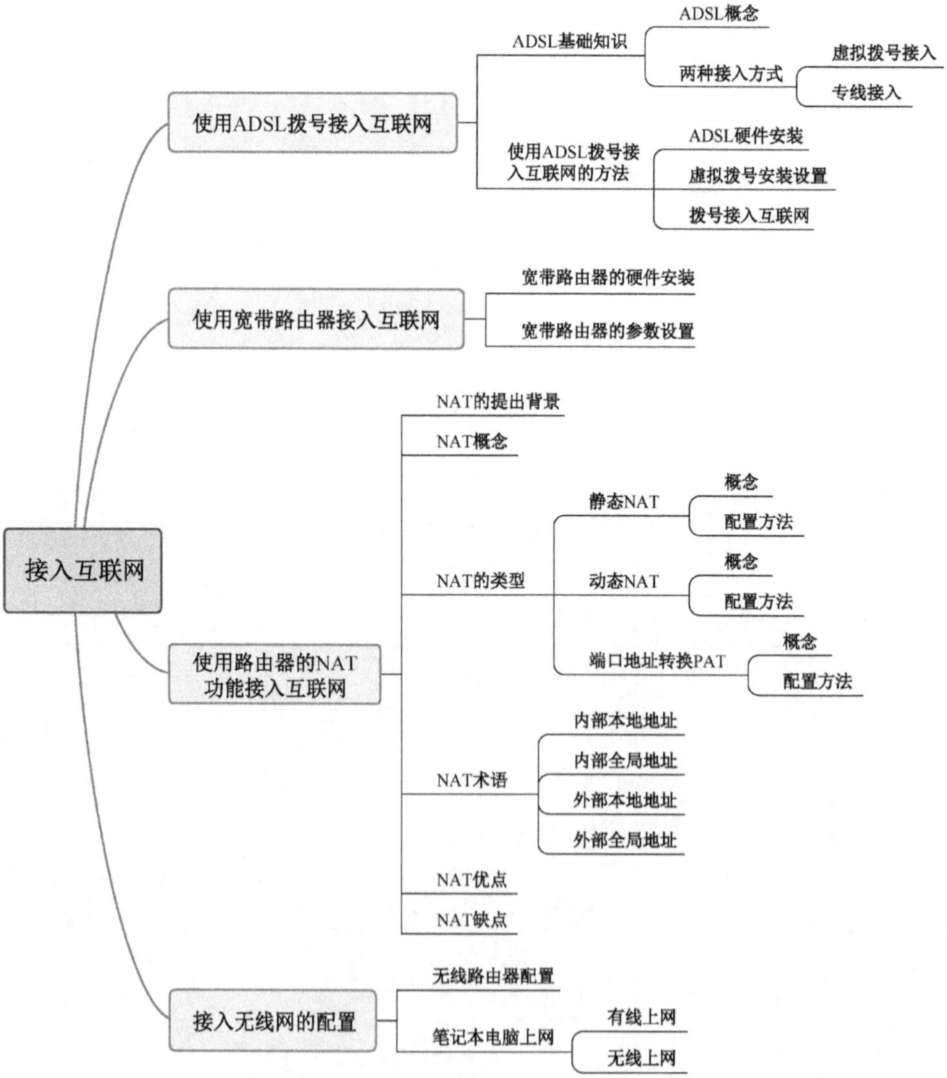

- 接入互联网
  - 使用ADSL拨号接入互联网
    - ADSL基础知识
      - ADSL概念
      - 两种接入方式
        - 虚拟拨号接入
        - 专线接入
    - 使用ADSL拨号接入互联网的方法
      - ADSL硬件安装
      - 虚拟拨号安装设置
      - 拨号接入互联网
  - 使用宽带路由器接入互联网
    - 宽带路由器的硬件安装
    - 宽带路由器的参数设置
  - 使用路由器的NAT功能接入互联网
    - NAT的提出背景
    - NAT概念
    - NAT的类型
      - 静态NAT
        - 概念
        - 配置方法
      - 动态NAT
        - 概念
        - 配置方法
      - 端口地址转换PAT
        - 概念
        - 配置方法
    - NAT术语
      - 内部本地地址
      - 内部全局地址
      - 外部本地地址
      - 外部全局地址
    - NAT优点
    - NAT缺点
  - 接入无线网的配置
    - 无线路由器配置
    - 笔记本电脑上网
      - 有线上网
      - 无线上网

复习要求

1. 了解 ADSL 技术；
2. 掌握 ADSL 硬件的安装；
3. 掌握虚拟拨号安装设置；
4. 掌握拨号接入互联网；
5. 掌握宽带路由器的作用；
6. 掌握宽带路由器的硬件安装；
7. 掌握宽带路由器的参数设置；
8. 掌握使用宽带路由器实现多机共享上网；
9. 了解网络地址转换（NAT）的概念及类型；
10. 了解使用路由器的 NAT 功能接入互联网；
11. 掌握接入无线网的配置方法。

考点详解

任务一 使用 ADSL 拨号接入互联网

1. ADSL 基础知识

（1）ADSL 概念。

ADSL 称为非对称数字用户线路。ADSL 被设计成向下流（下行，即从中心局到用户侧），比向上流（上行，即从用户侧到中心局）传送的带宽要宽，其下行速率最高为 8Mbit/s，而上行速率最高为 1Mbit/s。

（2）ADSL 包含两种接入方式。

① ADSL 虚拟拨号接入。

ADSL 虚拟拨号接入：上网的操作和普通 56K 调制解调器拨号操作一样，有账号验证、IP 地址分配等过程。

② ADSL 专线接入。

ADSL 专线接入也是 ADSL 接入方式中的一种，其不同于虚拟拨号方式，而是采用指定 IP 地址，类似于专线的接入方式，所以 ADSL 的专线接入方式有固定 IP、自动连接等特点。

2. 使用 ADSL 拨号接入 Internet

（1）ADSL 硬件安装。

① 安装网卡并安装好驱动程序。

② 连接信号分离器。

③ 连接 ADSL 调制解调器和计算机，如图 2-8-1 所示。观察 ADSL 调制解调器信号灯。

Power 或 PWR 灯：电源显示，常亮表示正常启动，供电正常。

ADSL 或 LINK 灯：用于显示调制解调器的同步情况，常亮表示调制解调器与局端能够正常同步；闪动表示正在建立同步。

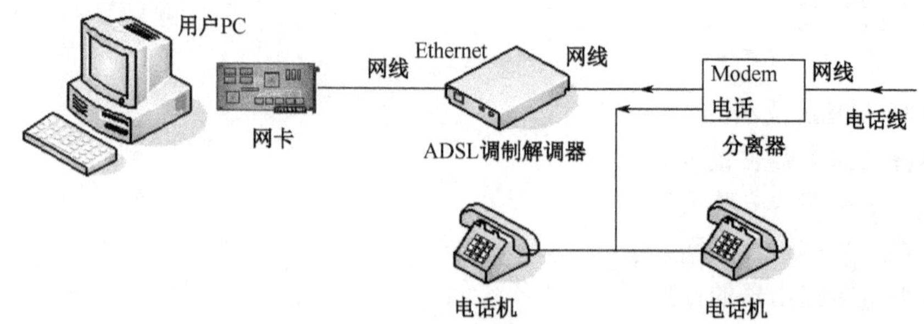

图 2-8-1 ADSL 调制解调器的连接

PC 或 LAN 灯：用于显示调制解调器与网卡连接是否正常，如果此灯不亮，则调制解调器与计算机之间肯定不通，可检查网线是否正常。此外，当网线中有数据传送时，此灯会略闪动。

DATA 灯：指示数据传输状态。DATA 灯闪烁表示有数据流。

（2）虚拟拨号安装设置。

① 单击“开始”→“所有程序”→“附件”→“通信”→“新建连接向导”，在弹出的窗口中单击“下一步”按钮。

② 在弹出的窗口中选择“连接到 Internet”，再单击“下一步”按钮。

③ 在弹出的窗口中选择“手动设置我的连接”，再单击“下一步”按钮。

④ 在弹出的窗口中有三个选项，第一个选项用来建立 56K 调制解调器和 ISDN 连接，而另外两个选项中，一个用来建立 ADSL 或 CABLE 虚拟拨号（用要求用户名和密码的宽带来连接），另一个用来建立 ADSL 或 CABLE 专线接入（用一直在线的宽带来连接），虚拟拨号就选择“用要求用户名和密码的宽带来连接”，然后单击“下一步”按钮。

⑤ 在弹出的窗口中输入“连接名”，任意输入一个名称即可。

⑥ 单击“下一步”按钮，在弹出的窗口中输入在 ISP 网络服务提供商那里申请宽带时获得的“用户名”和“密码”。

⑦ 单击“下一步”按钮，选中“在我的桌面上添加一个到此连接的快捷方式”，以方便拨号，最后单击“完成”按钮。

3. 拨号接入 Internet

双击桌面上的“网络连接”图标，或者双击在“控制面板”中的“网络连接”图标，打开新建立的连接，在弹出的窗口中单击“连接”按钮，即可成功连接 Internet。

考点 1：ADSL 定义

例 1 （判断题）ADSL 为非对称数据用户线，该技术中下行带宽比上行带宽窄。（ ）

解析：ADSL 为非对称数据用户线，该技术中下行带宽比上行带宽宽，故答案为×。

考点 2：ADSL 拨号上网

例 2 （简答题）简述使用“拨号上网”连接互联网所需要进行的准备工作。

答案：使用拨号上网方式接入互联网需要做的准备工作：向 ISP 申请一个 ADSL 上网账号；准备好一台 PC、一个以太网卡、一个 ADSL 调制解调器、一个信号分离器、两根两端都做好 R-J11 头的电话线和一根两端都做好的 RJ-45 头的双绞线。

任务二 使用宽带路由器接入互联网

1. 宽带路由器的硬件安装

宽带路由器拓扑图如图 2-8-2 所示。

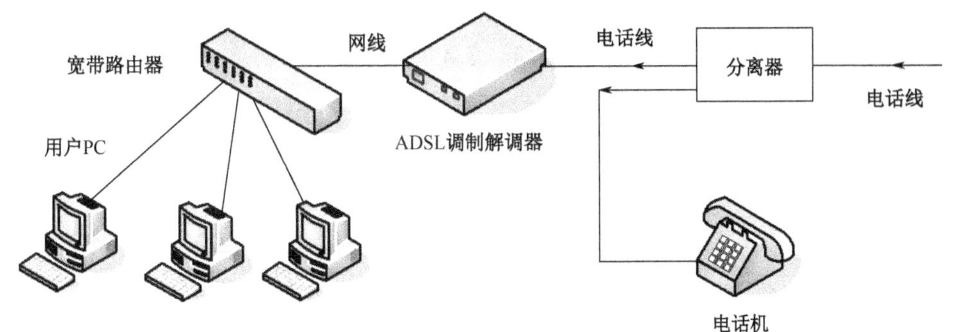

图 2-8-2 宽带路由器拓扑图

根据拓扑图用网线正确连接宽带路由器的“WAN”口和“LAN”口。

2. 宽带路由器的参数设置

（1）登录宽带路由器。

（2）进入路由器的设置界面。

（3）选择“网络参数”选项，然后选择“LAN 口设置”，在“LAN 口设置”界面中对路由器 LAN 口的基本网络参数进行设置。

（4）选择“网络参数”选项，然后选择“WAN 口设置”，在“WAN 口设置”界面中对上网方式和权限进行设置。

（5）设置 DHCP 服务器。

考点 3：宽带路由接入互联网

例 3 （简答题）简述使用“宽带路由器”接入互联网时，宽带路由器的参数设置步骤。

答案：（1）登录到宽带路由器。通过路由器的 IP 地址在浏览器中对路由器进行访问，进入路由器的设置页面。

（2）选择“网络参数”选项，然后选择“LAN 口设置”，输入路由器的地址（一般是 192.168.1.1 或 192.168.0.1）和子网掩码，单击“保存”按钮。

（3）选择“网络参数”选项，然后选择“WAN 口设置”，在“WAN 连接类型”列表框中选择上网方式，如 PPPOE、DHCP+、静态 IP 等，在上网账号和上网口令中输入 ISP 提供的上网账号和上网口令，一般可以选择“自动连接”，单击“保存”按钮。

考点 4：宽带路由器连接

例 4 （判断题）当宽带路由器接入互联网连接硬件时，宽带路由器的 WAN 口连接 ADSL 调制解调器。（ ）

解析：当宽带路由器接入互联网连接硬件时，宽带路由器的 WAN 口连接 ADSL 调制解调器，LAN 口连接计算机，故答案为√。

例 5 （判断题）当宽带路由器接入互联网连接硬件时，分离器和调制解调器之间用网线连接。（　　）

解析：当宽带路由器接入互联网连接硬件时，分离器和调制解调器之间用电话线连接，故答案为×。

任务三　使用路由器的 NAT 功能接入互联网

1. NAT 的提出背景

（1）NAT（地址转换）是在 IP 地址日益短缺的情况下提出的。

（2）一个局域网内部有很多台主机，可是不能保证每台主机都拥有合法的 IP 地址，为了达到所有内部主机都可以连接互联网的目的，可以使用 NAT。

（3）NAT 技术可以有效隐藏内部局域网中的主机，同时也是一种有效的网络安全保护技术。

（4）NAT 可以按照用户的需要，在内部局域网提供给外部 FTP、WWW、Telnet 服务。

2. NAT 概念

NAT 技术提供了一种掩饰网络内部本质的方法，是一种把内部专用 IP 地址转换成合法 IP 地址的技术。NAT 技术主要应用在一个局域网中公用一个 IP 地址或少量 IP 地址（地址池）上网的情况下。

3. NAT 的术语

NAT 中包含内部本地地址、内部全局地址、外部本部地址和外部全局地址，如图 2-8-3 所示。

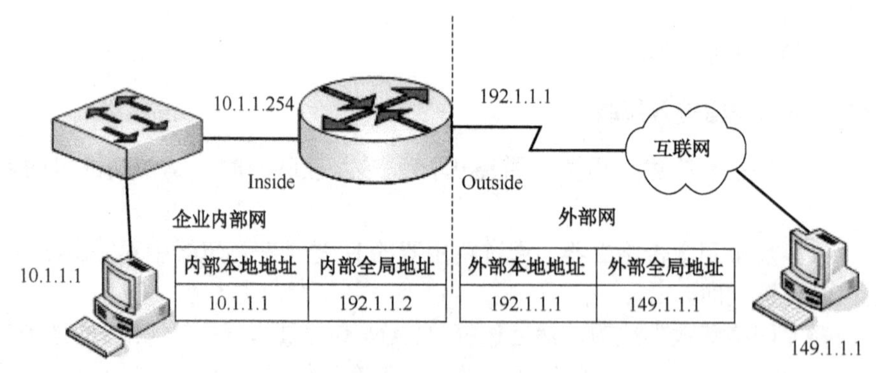

图 2-8-3　NAT 结构

（1）内部本地地址：分配给网络内部设备的 IP 地址，这个地址可能是非法的未向相关机构注册的 IP 地址，也可能是合法的私有网络地址。

（2）内部全局地址：合法的 IP 地址，是由网络信息中心（NIC）或服务提供商提供的可在互联网传输的地址，在外部网络代表一个或多个内部本地地址。

（3）外部本地地址：外部网络的主机在内部网络中表现的 IP 地址，该地址不一定是合法的地址，也可能是内部可路由地址。

（4）外部全局地址：外部网络分配给外部主机的 IP 地址，该地址是合法的全局可路由地址。

4. NAT 的类型

NAT 有 3 种类型：静态 NAT、动态 NAT 和端口 NAT（PAT）。

静态 NAT 是建立内部本地地址和内部全局地址一对一的永久映射。这意味着对于每一个预设的内部本地地址，静态 NAT 都需要在查找表中建立一个内部全局地址。

动态 NAT 是建立内部本地地址和内部全局地址的临时对应关系，在路由器收到需要转换的通信之前，NAT 表中不存在转换。

PAT 则是把内部多个本地地址映射到外部网络的一个 IP 地址的不同端口上。

5. 静态内部源地址转换 NAT 的配置方法

为了配置静态内部源地址转换，需执行如下步骤。

（1）建立一个内部本地地址与一个内部全局地址间的静态转换。

```
Router(config)#ip nat inside source static local-ip global-ip
```

（2）指定内部接口。

```
Router(config-if)#ip nat inside
```

（3）指定外部接口。

```
Router(config-if)#ip nat outside
```

6. 动态内部源地址转换 NAT 的配置方法

为了配置动态内部源地址转换，需执行如下步骤。

（1）定义一个供分配的全局地址池。

```
Router(config)#ip nat pool name start-ip end-ip {netmask netmask | prefix-length prefix-length}
```

（2）创建一个访问控制列表来标识要转换的主机。

```
Router(config)#Access-list Access-list-number permit source source-wildcard-mask
```

（3）配置基于源地址的动态 NAT。

```
Router(config)#ip nat inside source list Access-list-number pool name
```

（4）指定内部接口。

```
Router(config-if)#ip nat inside
```

（5）指定外部接口。

```
Router(config-if)#ip nat outside
```

7. 复用内部全局地址 PAT 的配置方法

为了配置 PAT，需执行如下步骤。

（1）定义一个标准控制列表来允许哪些地址被转换。

```
Router(config)#access-list access-list-number permit source source-wildcard-mask
```

（2）有两种选择方式。

第一种：建立动态源转换，指定上一步所定义的访问控制列表（一般为接口的超载）。

```
Router(config)#ip nat inside source list access-list-number interface interface overload
```

第二种：指定用于超载的全局地址（作为一个池）。

```
Router(config)#ip nat pool name ip-address {netmask netmask | prefix-length prefix-length}
Router(config)#ip nat inside source list access-list-number pool name overload
```

提示：关键字 overload 用来启用 PAT。

（3）指定内部接口。

```
Router(config-if)#ip nat inside
```

（4）指定外部接口。

```
Router(config-if)#ip nat outside
```

8. NAT 的优缺点

（1）NAT 的优点。

① 所有内部的 IP 地址对外面的人来说都是隐蔽的。网络之外没有人可以通过指定 IP 地址的方式直接对网络内的任何一台特定的计算机发起攻击。

② 如果公共 IP 地址资源比较短缺，NAT 可以使整个内部网络共享一个 IP 地址。

③ 可以启用基本的包来过滤防火墙安全机制，因为所有传入的包如果没有专门指定配置到 NAT，那么就会被丢弃。

（2）NAT 的缺点。

① NAT 增加了延迟，因为路由器中需要转换数据包头中的 IP 地址。

② 丧失端到端的 IP 追踪能力。当数据包在多个 NAT 上经历了许多次的地址转换后，要跟踪该数据包是非常困难的。

考点 5：NAT 术语

例 6 （名词解释）内部本地地址。

答案：内部本地地址是分配给网络内部设备的 IP 地址，这个地址可能是非法的未向相关构注册的 IP 地址，也可能是合法的私有网络地址。

考点 6：PAT 定义

例 7 （单选题）把内部多个本地地址映射到外部网络的同一个 IP 地址的不同端口上的是（　　）。

A．ADSL　　B．NAT　　C．PAT　　D．UDP

解析：PAT 把内部多个本地地址映射到外部网络的一个 IP 地址的不同端口上，故选 C。

考点 7：NAT 类型

例 8 （判断题）NAT 有静态 NAT 和动态 NAT 两种类型。（　　）

解析：NAT 的类型有三种：静态 NAT、动态 NAT 和 PAT，故答案为×。

例 9 （简答题）简述地址转换（NAT）的类型。

答案：NAT 的类型有三种：静态 NAT、动态 NAT 和 PAT。

静态 NAT：建立内部本地地址和内部全局地址一对一的永久映射。

动态 NAT：建立内部本地地址和内部全局地址的临时对应关系，在路由器收到需要转换的通信之前，NAT 表中不存在转换。

PAT：把内部多个本地地址映射到外部网络的一个 IP 地址的不同端口上。

考点 8：NAT 原理

例 10 （判断题）NAT 增加了延迟，因为路由器中需要转换数据包头中的 IP 地址。（ ）

解析： NAT 转换需要时间，增加了延迟，故答案为√。

考点 9：NAT 定义

例 11 （单选题）（ ）可以将内部专用 IP 地址转换成外部公用 IP 地址。

A．RARP B．ARP C．NAT D．DHCP

解析： NAT 技术提供了一种掩饰网络内部本质的方法，是一种把内部专用 IP 地址转换成合法 IP 地址的技术，故选 C。

任务四 接入无线网的配置

1. 无线路由器连接

无线路由器的连接如图 2-8-4 所示。

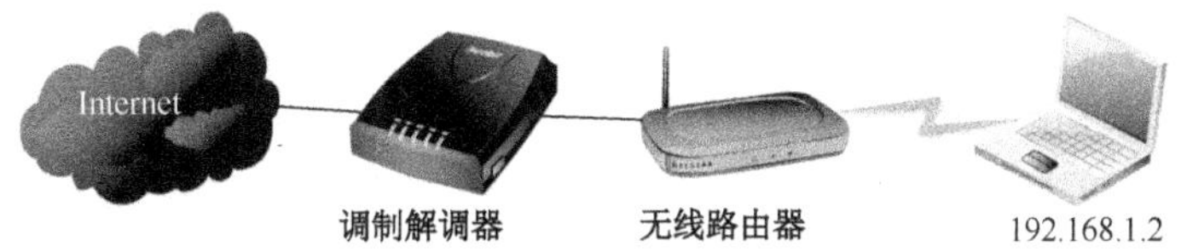

图 2-8-4 无线路由器的连接

首先将引入线（电话线、光纤）连接在调制解调器（俗称“猫”）上，然后用一根网线将“猫”和路由器的 WAN 端口（一般是蓝色）连起来，再用一根网线插入路由器的 LAN 接口（4 个接口中的任意一个都可以），最后把另一端接入电脑的网线端口（无线路由器和电脑之间的有线是为了配置无线路由器）。

2. 给管理主机配置静态 IP

（1）打开管理主机的 Windows“控制面板”窗口，双击“网络连接”图标，打开“网络连接”窗口。

（2）用右键单击“本地连接”图标，在弹出的快捷菜单中选择“属性”命令，打开“本地连接属性”对话框中的“常规”选项卡，双击“Internet 协议（TCP/IP）”选项，打开“Internet 协议（TCP/IP）属性”对话框。将本机 IP 地址指定为 192.168.1.2，单击“确定”按钮，使配置生效。

3. 进入路由器

在浏览器中输入无线路由器 IP 地址 http://192.168.1.1/enter，弹出“登录路由器”窗口，输入路由器中默认的用户名和密码（路由器默认的用户名是 admin，密码相同），单击“确定”按钮进入路由器配置界面。

4. 无线路由器基本配置

（1）拨号设置。

（2）网络参数。

5. 无线网络设置

（1）无线基本设置。

（2）无线安全设置。

6. 查看连接的主机

7. DHCP 动态 IP 分配设置

8. 笔记本电脑上网

（1）有线上网。

（2）无线上网。

考点 10：接入无线网络

例 12 （单选题）家庭无线上网需要配置的网络设备是（　　）。

A．电视　　B．无线路由器　　C．计算机　　D．手机

解析：无线上网需要使用无线路由器，故选 B。

同步练习

一、选择题

1．ADSL 的下行速率最高可达（　　）。

A．64Kbit/s　　B．144Kbit/s　　C．2Mbit/s　　D．8Mbit/s

2．使用 ADSL 上网，除需要用专用的 ADSL Modem 外，计算机上还需要（　　）。

A．PAD　　B．网卡

C．集线器　　D．什么都不需要

3．综合业务数字网的缩写是（　　）。

A．DDN　　B．PSDN

C．ISDN　　D．ADSL

4．标准以太网的带宽是（　　）。

A．10 Mbps　　B．100 Mbps　　C．1 000 Mbps　　D．10 000 Mbps

5．Ethernet 局域网采用的媒体访问控制方式为（　　）。

A．CSMA　　B．CDMA

C．CSMA/CD　　D．CSMA/CA

6．将内部专用 IP 地址转换为外部公用 IP 地址的技术是（　　）。

A．RARP　　B．NAT　　C．DHCP　　D．ARP

7．静态 NAT 是指（　　）。

A．内部本地地址和内部全局地址一一对应的永久映射

B．内部本地地址和内部全局地址的临时对应关系

C．把内部地址映射到外部网络的一个 IP 地址的不同端口上

D. 临时的“IP+端口”映射关系

8. 采用拨号方式接入互联网，（　　）是不必要的。

A. 电话线　　B. 一个 Modem

C. 一个 Internet 账号　　D. 一台打印机

9. 通过电话线接入互联网是指计算机使用（　　），通过电话线与 ISP 相连接，再通过 ISP 的线路接入互联网。

A. 集线器　　B. 交换机　　C. 调制解调器　　D. 路由器

10. 电子邮件常用的协议有（　　）。

A. SMTP 和 POP3　　B. SMTP 和 RMON

C. RMON 和 SNMP　　D. SNMP 和 POP3

11. 在 NAT（网络地址转换）技术中，连接内网的接口是（　　）。

A. Inside　　B. Outside　　C. Serial　　D. DMZ

12. 下列不属于 NAT 的优点的是（　　）。

A. 保护内部网络　　B. 节约 IP 地址

C. 无法端到端 IP 追踪　　D. 实现包过滤

13. 使用 ADSL 上网，最关键的设备是（　　）。

A. PAD　　B. 调制解调器　　C. 集线器　　D. 打印机

14. 下列关于 ADSL 接入的说法中错误的是（　　）。

A. ADSL 可以同时打电话和上网，互不影响

B. ADSL 支持专线方式和虚拟拨号方式

C. ADSL 提供高速数据通信能力

D. ADSL 接入互联网只需要 ADSL Modem，而不需要以太网卡

15. 设置宽带路由器参数时，如果上网方式为网络服务商提供的固定 IP 地址，则 WAN 口连接类型应是（　　）。

A. 动态 IP　　B. 静态 IP　　C. PPPoE　　D. 不用设置

16. ADSL 技术主要解决的问题是（　　）。

A. 宽带接入　　B. 宽带传输

C. 宽带交换　　D. 多媒体综合网络

17. 调制解调器实现的信号转换是（　　）。

A. 模/数和数/模　　B. 调制/解调

C. 无线/有线　　D. 电信号/光信号

18. NAT 的类型有三种，不包括（　　）。

A. 静态 NAT　　B. 动态 NAT

C. PAT　　D. 标准 NAT

19. 在接入无线路由器时，用一根网线将“猫”和路由器的（　　）连起来。

A. LAN 口　　B. MAN 口

C. WAN 口　　D. PAN 口

20. 分配给网络内部设备的 IP 地址，这个地址可能是非法的未向相关机构注册的 IP 地址，也可能是合法的私有网络地址，这个地址为（　　）。

A．内部全局地址　　　　B．外部本地地址

C．内部本地地址　　　　D．外部全局地址

二、判断题

1．ADSL 为非对称数字用户线路。 （　　）

2．ADSL 接入互联网主要有虚拟拨号和专线接入两种方式。 （　　）

3．尽量用广域网接口地址作为映射的全局地址。 （　　）

4．NAT 是在 IP 地址日益短缺的情况下提出的。 （　　）

5．端口地址转换把内部多个本地地址映射到外部网络的一个 IP 地址的不同端口上。 （　　）

6．通过 ADSL 上网的同时可以利用同一个电话线打电话。 （　　）

7．外部本地地址是外部网络的主机在内部网络中表现的 IP 地址，该地址不一定是合法的地址，可能是内部可路由地址。 （　　）

8．动态 NAT 是一对一的永久映射。 （　　）

9．NAT 技术可以有效隐藏内部局域网中的主机，同时也是一种有效的网络安全保护技术。 （　　）

10．NAT 可以按照用户的需要，在内部局域网提供给外部 FTP、WWW、Telnet 服务。 （　　）

三、名词解释

1．DSL

2．ADSL

3．NAT

4．静态 NAT

5．动态 NAT

6．PAT

7．内部本地地址

8．内部全局地址

9．外部本地地址

10．外部全局地址

四、简答题

1．简述 ADSL 两种接入方式。

2．简述 NAT 的类型。

3．简述 NAT 的提出背景。

4．简述 NAT 的优点。

5．简述 NAT 的缺点。

6．简述拨号上网的准备工作。

项目九

计算机网络安全与管理

思维导图

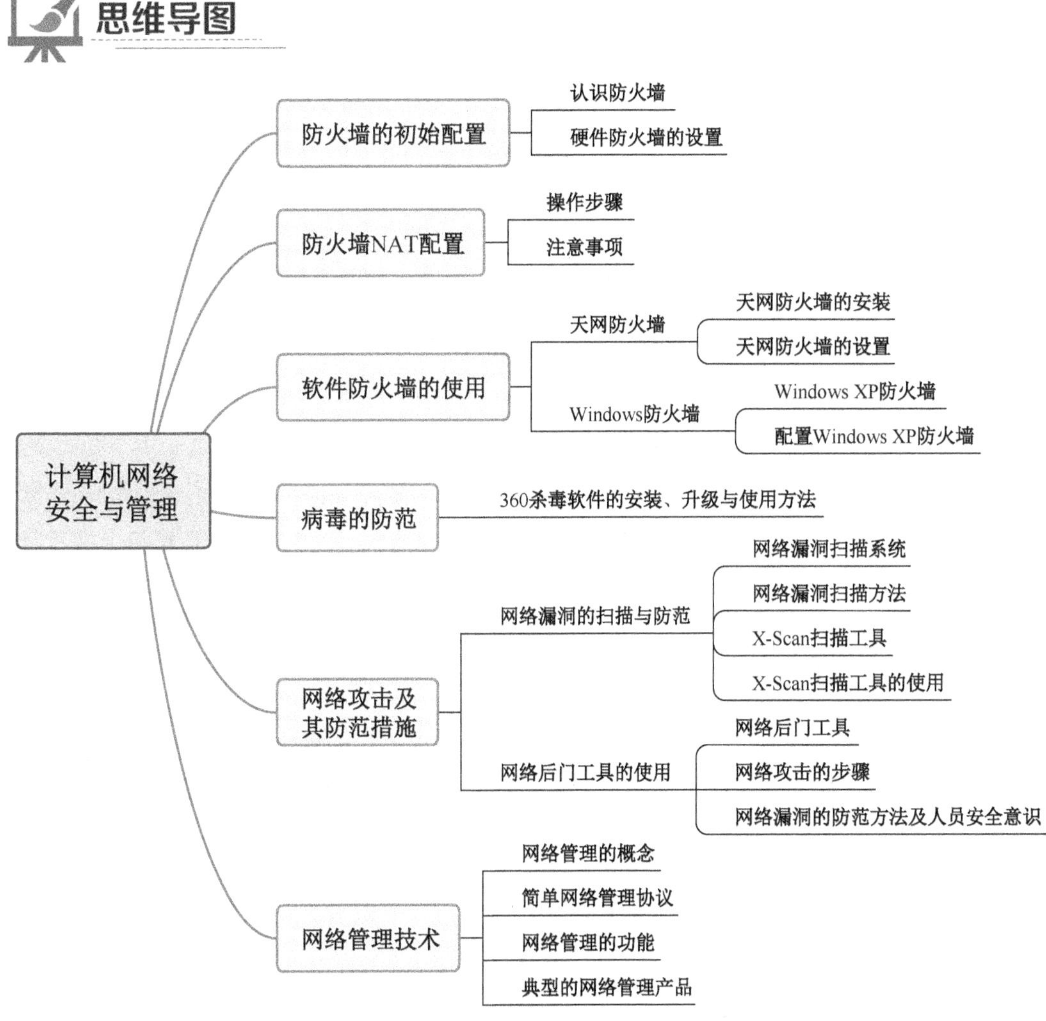

复习要求

1. 了解防火墙的含义；
2. 了解硬件防火墙的设置；
3. 了解天网防火墙的安装与设置；
4. 了解 Windows XP 防火墙的使用；
5. 了解安装杀毒软件及其定期升级的方法；
6. 了解杀毒软件的使用方法；
7. 掌握网络漏洞的扫描与防范；
8. 掌握网络后门工具的使用方法；
9. 掌握网络攻击的步骤；
10. 掌握网络漏洞的防范方法及人员安全意识；
11. 掌握网络管理的概念；
12. 掌握网络管理的功能；
13. 掌握 SNMP 协议。

考点详解

任务一　防火墙的初始配置

1. 认识防火墙

（1）防火墙的定义。

防火墙是在两个网络之间实现访问控制的一个或一组软件或硬件系统。其主要功能是，对流经它的网络通信进行扫描，拦截危险的数据或访问请求，以免在目标计算机上被执行。防火墙还可以关闭不使用的端口、禁止特定端口的通信、封锁木马、禁止来自特殊站点的访问，从而防止入侵者的所有通信。多数防火墙通过设置的访问规则来检查内外网的通信数据，防止非法访问等，这些规则可以通过人工设置或防火墙自动学习来完成。

（2）防火墙的应用规则。

防火墙的应用规则通常从顶端的第一条规则开始执行。如果满足第一条规则，则允许数据通过并再判断是否满足第二条规则，以此类推。如果其中有一条规则不允许数据通过，则不再进行判断而直接阻止数据通过。

（3）防火墙的分类。

防火墙分为硬件防火墙和软件防火墙。

2. 硬件防火墙的设置

与路由器一样，在使用之前，硬件防火墙也需要进行初始配置。

（1）从用户模式进入特权模式。

```
ciscoasa> enable
password:                    !初始密码为空，按“Enter”键进入特权模式
```

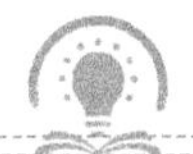

```
ciscoasa#
```

（2）从特权模式进入全局配置模式。

```
ciscoasa# configure terminal
ciscoasa(config)#
```

（3）更改防火墙设备名称。

```
ciscoasa(config)#hostname Firewall        !更改防火墙名称为 Firewall
```

（4）配置防火墙设备密码。

```
Firewall(config)#passwd cisco             !配置远程登录密码为 cisco
Firewall(config)#enable password cisco !配置 enable 密码为 cisco
```

（5）配置防火墙内网与外网接口。

```
Firewall(config)# interface GigabitEthernet 1/1          !进入 Gig1/1 接口
Firewall(config)# nameif inside            !将 Gig1/1 接口命名为 inside 口
Firewall(config)# security-level 100       !设置 inside 口的默认安全级别为 100
Firewall(config)# ip address 192.168.1.1 255.255.255.0       !配置该接口地址
Firewall(config)# interface GigabitEthernet 1/2      !进入 Gig1/2 接口
Firewall(config)# nameif outside           !将 Gig1/2 接口命名为 outside 口
Firewall(config)# security-level 0         !设置 outside 口的默认安全级别为 0（范围
为 0～100，其中 inside 口、outside 口安全级别是系统自动定义和生成的）
Firewall(config)# ip address 1.1.1.1 255.255.255.252   !配置连接外网口地址
```

（6）配置远程管理地址范围。

```
Firewall(config)# telnet 192.168.1.2 255.255.255.255 inside !配置只允许 IP
地址为 192.168.1.2 的主机通过 telnet 命令远程登录防火墙。如果允许所有内网主机通过 telnet
命令远程登录防火墙，则配置命令为 telnet 0.0.0.0 0.0.0.0 inside
Firewall(config)# ssh 0.0.0.0 0.0.0.0 outside !配置允许外网所有地址通过 SSH 登
录防火墙
```

验证测试：PC 可以通过网线远程登录防火墙。

通过 telnet 命令从 PC 登录到防火墙的格式如下：

```
C:\>telnet 192.168.1.1              !从 PC 登录防火墙
```

通过 telnet 命令从 PC 远程成功连接防火墙，如图 2-9-1 所示。输入设置的密码可以登录防火墙，开始远程管理。

```
C:\>telnet 192.168.1.1
Trying 192.168.1.1 ...Open


User Access Verification

Password:
```

图 2-9-1　通过 telnet 命令从 PC 远程连接防火墙

（7）保存在防火墙上所做的配置。

```
Firewall #copy running-config startup-config              !保存路由器配置
```

或

```
Firewall #write memory
```

（8）查看防火墙配置信息。

```
Firewall#show running-config    !查看防火墙当前配置信息
```

考点 1：认识防火墙

例 1　（名词解释）防火墙的定义与功能。

解析：此题需要理解防火墙的含义及其功能。防火墙是在两个网络之间实现访问控制的一个或一组软件或硬件系统。其主要功能是，对流经它的网络通信进行扫描，拦截危险的数据或访问请求，以免在目标计算机上被执行。防火墙还可以关闭不使用的端口、禁止特定端口的通信、封锁木马、禁止来自特殊站点的访问，从而防止入侵者的所有通信。

例 2 （单选题）计算机网络中的防护设备是（　　）。

A. 网卡　　B. 网桥　　C. 集线器　　D. 防火墙

解析：网卡、集线器工作在OSI参考模型的物理层，网桥工作在OSI参考模型的数据链路层，这三个设备不用作计算机网络中的防护设备。防火墙是计算机网络中的防护设备，故选D。

例 3 （单选题）在企业内部网与外部网之间，用来检查网络请求分组是否合法，保护网络资源不被非法使用的技术是（　　）。

A. 防病毒技术　　B. 防火墙技术　　C. 差错控制技术　　D. 流量控制技术

解析：本题考查防火墙技术，防火墙是在两个网络之间实现访问控制的一个或一组软件或硬件系统。其主要功能是，对流经它的网络通信进行扫描，拦截危险的数据或访问请求，以免在目标计算机上被执行，故选B。

任务二　防火墙 NAT 配置

1. 操作步骤

（1）在PC上进行设置。

（2）对防火墙做初始化配置。

（3）配置防火墙内网与外网接口。

（4）防火墙NAT参数配置。

```
Firewall(config)#object network inside  !定义地址转换前的地址范围
Firewall(config-network-object)#subnet 192.168.1.0 255.255.255.0
Firewall(config-network-object)#exit
Firewall(config)#object network outside  !定义地址转换后的地址范围
Firewall(config-network-object)#subnet 1.1.1.0 255.255.255.252
Firewall(config-network-object)#exit
Firewall(config)#object network inside
!配置 NAT
Firewall(config-network-object)#nat (inside,outside) dynamic interface
Firewall(config-network-object)#exit
```

（5）防火墙访问策略配置，内网地址范围转换为外网地址范围。

创建一个名称为inside-to-outside的IP访问控制列表，允许网段192.168.1.0/24访问任何公网地址，并将名称为inside-to-outside的访问控制列表应用到防火墙inside区域。

```
Firewall(config)#access-list  inside-to-outside  permit  ip  192.168.1.0 255.255.255.0 any  !定义一个名称为 inside-to-outside 的访问控制列表
Firewall(config)#access-group inside-to-outside in interface inside
```

（6）查看防火墙配置信息。

```
Firewall#show nat              !查看 NAT 配置信息
Firewall#show access-list      !查看访问控制列表配置信息
```

2. 注意事项

（1）当拓扑结构中防火墙存在非直连网段时，需要在防火墙和三层设备（路由器或三

层交换机）上添加路由信息。防火墙配置路由的命令格式如下。

配置内网路由信息：

```
Firewall(config)# route inside [目的网络] [目的网络掩码] [下一跳 IP 地址]
```

配置外网路由信息：

```
Firewall(config)# route outside [目的网络] [目的网络掩码] [下一跳 IP 地址]
```

（2）接口的安全级别。

防火墙是用来保护内部网络的，外部网络是通过外部接口对内部网络构成威胁的，所以要从根本上保障内部网络的安全，需要对外部网络接口指定较高的安全级别，而内部网络接口的安全级别稍低，这主要是因为内部网络通信频繁、可信度高。在 Cisco PIX 系列防火墙中，安全级别的定义是由 security 参数决定的，数字越小，安全级别越高，所以 security 0 的安全级别是最高的，随后通常以 10 的倍数递增，安全级别也相应降低。

（3）访问控制列表。

此功能与 Cisco IOS 基本上是相似的，也是防火墙的主要部分，有 Permit 和 Deny 两个功能，网络协议一般有 IP、TCP、UDP、CMP 等。

考点 2：接口的安全级别

例 4 （单选题）以下哪个参数代表了硬件防火墙接口最高的安全级别？（　　）

A．security0　　B．security100　　C．security A　　D．security Z

解析：安全级别的定义是由 security 参数决定的，数字越小，安全级别越高，所以 security 0 的安全级别是最高的，随后通常以 10 的倍数递增，安全级别也相应降低，故选 A。

任务三　软件防火墙的使用

1．天网防火墙

天网防火墙是由天网安全实验室研发制作的用于个人计算机的网络安全工具。安装天网防火墙，对其中的安全级别和局域网信息进行设置，使用应用程序规则、IP 规则对网络访问进行管理。

（1）天网防火墙的安装。

① 双击安装程序，弹出“欢迎”对话框，勾选“我接受此协议”复选框。

② 单击“下一步”按钮，选择安装路径，然后单击“下一步”按钮。

③ 弹出“选择程序管理器程序组”对话框，单击“下一步”按钮。

④ 弹出“开始安装”对话框，单击“下一步”按钮。

⑤ 当继续安装时，出现一个复制文件的过程，复制完成后单击“下一步”按钮，会自动弹出“天网防火墙设置向导”对话框。

⑥ 单击“下一步”按钮，弹出“安全级别设置”对话框。为了保证能够正常上网并免受他人的恶意攻击，通常建议一般用户选择中等安全级别，对于熟悉天网防火墙设置的用户可以选择自定义级别，单击“下一步”按钮。

⑦ 弹出“局域网信息设置”对话框，勾选“开机的时候自动启动防火墙”和“我的电脑在局域网中使用”复选框，在“我在局域网中的地址是”文本框中输入本机的 IP 地址，也可通过“刷新”按钮自动加载该 IP 地址，然后单击“下一步”按钮。

⑧ 弹出“常用应用程序设置”对话框，选择允许访问网络的应用程序，也可取消勾选“不允许访问的应用程序”前的复选框，默认为允许，单击“下一步”按钮。

⑨ 弹出“向导设置完成”对话框，单击“结束”按钮，设置完成。

⑩ 弹出“安装已完成”对话框，单击“完成”按钮，提示“必须重新启动系统”，单击“确定”按钮，重启计算机，即可完成安装操作。

（2）天网防火墙的设置。

① 系统设置。

启动天网防火墙后，在防火墙的控制面板中单击“系统设置”按钮即可展开防火墙系统设置面板。可设置开机后是否自动启动天网防火墙、是否设置管理员密码、在线升级提示和日志是否保存，以及入侵检测设置等选项。

② IP 规则管理。

IP 规则是针对整个系统的网络层数据包监控而设置的。天网防火墙个人版已经设置了相当完善的默认规则，一般用户并不需要进行任何 IP 规则修改，可以直接使用。

③ 应用程序规则设置。

应用程序规则设置可以将某个应用程序对网络发生访问时的协议服务进行设置，当该程序不符合设定条件时，可以询问或禁止操作，还可以设定 TCP 可访问的端口范围。

④ 查看日志。

日志里记录了本机程序访问网络的记录、局域网和网上被 IP 扫描本机端口的情况，供用户参考，以便采取相应的对策。

⑤ 新建 IP 规则。

当需要一些网络应用（如开启 FTP 服务端服务）时，天网防火墙的默认设置将会带来麻烦，如其他计算机连不上本机，这时就需要新建 IP 规则来开放相应的端口。如流行的 BT 使用的端口为 6881～6889，而防火墙的默认设置是不允许访问这些端口的，关闭防火墙将导致计算机不安全。

2. Windows 防火墙

（1）Windows XP 防火墙。

Windows XP 防火墙是一个基于主机的状态防火墙，只丢弃所有未经请求的传入流量，避开那些依赖未经请求的传入流量来攻击计算机的恶意用户和程序。

（2）配置 Windows XP 防火墙。

① 要配置 Windows 防火墙，可以先打开控制面板，再打开其中的安全中心，或者打开网络连接，从中选择“更改 Windows 防火墙设置”，打开防火墙设置对话框。

② 在“常规”选项卡中，选择“启用”后，Windows 防火墙将对除“例外”中的程序外的所有网络请求进行拒绝。当选择了“不允许例外”时，Windows 防火墙将拦截所有连接到该主机的网络请求，包括在“例外”选项卡中列出的应用程序和系统服务。另外，防火墙也将拦截文件和打印机共享，还有网络设备的侦测。

③ 在“例外”选项卡中，允许添加阻止规则“例外”的程序和端口来允许特定的进站通信。

提示：

在“例外”选项卡中，包含文件和打印共享、远程协助（默认启用）、远程桌面、UPnP 框架，这些预定义的程序和服务不可删除。

④ 在“高级”选项卡中可以进行以下配置：应用每个网络连接上的特定连接规则、安全日志记录、全局 ICMP 规则和默认设置。单击“ICMP 规则”选项中的“设置”按钮，弹出“ICMP 设置”对话框，“允许传入回显请求”选项已默认选中，所以在网络中用其他主机 ping 本地主机，可以看到回显请求。

考点 3：天网防火墙

例 5　（单选题）天网防火墙的安全级别一般要设置为（　　）。

A．低级　　B．中级　　C．高级　　D．自定义

解析：为了保证能够正常上网并免受他人的恶意攻击，通常建议一般用户选择中等安全级别，故选 B。

例 6　（单选题）安装天网防火墙后，如果在应用某些程序时无法访问本地客户端，应当（　　）。

A．重设 IP 地址　B．重启客户端　C．新建 IP 规则　D．卸载天网防火墙

解析：如果其他计算机连不上这台计算机，就需要新建 IP 规则来开放相应的端口，故选 C。

考点 4：Windows 防火墙

例 7　（填空题）在 Windows XP 防火墙中，将对除“例外”中的程序外的所有网络请求进行_______处理。

解析：配置 Windows XP 防火墙，打开防火墙设置对话框，在“常规”选项卡中，选择“启用”后，Windows 防火墙将对除“例外”中的程序外的所有网络请求进行拒绝，故填“拒绝”。

例 8　（填空题）Windows XP 防火墙是一个基于主机的状态防火墙，只丢弃_________。

解析：Windows XP 防火墙是一个基于主机的状态防火墙，只丢弃所有未经请求的传入流量，避开那些依赖未经请求的传入流量来攻击计算机的恶意用户和程序，故填“所有未经请求的传入流量”。

任务四　病毒的防范

360 杀毒软件的安装、升级与使用方法如下。

（1）双击运行 360 杀毒软件安装包，选择安装路径，勾选“阅读并同意许可使用协议和隐私保护说明”复选框，单击“立即安装”按钮。

（2）开始安装杀毒软件，安装完成后启动 360 杀毒软件。

（3）进入 360 杀毒软件主界面。主界面的左下角显示了当前杀毒软件的版本号，单击“检测更新”按钮，360 杀毒软件自动检测软件病毒库，若发现软件病毒库有更新，则自动更新软件。

（4）360 杀毒软件主界面提供了 4 种手动病毒扫描方式：全盘扫描、快速扫描、自定义扫描及右键扫描。单击“全盘扫描”按钮将扫描主机上所有的磁盘；单击“快速扫描”按钮将扫描内存、Windows 系统目录及 Program Files 目录；单击“自定义扫描”按钮可扫描指定的目录；右键扫描功能集成到快捷菜单中，当在文件或文件夹上单击鼠标右键时，

可以选择“使用 360 杀毒扫描”选项对选中文件或文件夹进行扫描。

（5）在主界面单击“功能大全”按钮，弹出“360 专项工具箱”界面。可根据需要选择恰当的安全防护工具来维护系统安全。

考点 5：病毒的防范

例 9　（单选题）（　　）可以更有效地利用杀毒软件杀毒。

A．更新软件界面　　　　B．每天查病毒

C．升级病毒库　　　　D．经常更换杀毒软件

解析：更新软件界面并不能杀毒。每天查病毒可在一定程度上避免病毒危害，但病毒变化极快，新病毒很难被识别。每个杀毒软件的病毒库可能不太一样，经常更换杀毒软件并不能更有效地杀毒。升级病毒库可保证病毒库是最新的，能够阻止新老病毒对设备的影响，能够更有效地利用杀毒软件杀毒，故选 C。

例 10　（单选题）防范计算机病毒的有效方法是（　　）。

A．安装杀毒软件并及时更新　　　　B．不在计算机上使用 U 盘

C．不浏览网页　　　　D．不给陌生人发送电子邮件

解析：网络的出现加速了计算机病毒的传播和蔓延，使用计算机的用户大多受到过病毒的困扰，因此，安装杀毒软件是有效防护计算机的方法，故选 A。

例 11　（单选题）关于杀毒软件下列说法不正确的是（　　）。

A．杀毒软件必须是正版软件

B．计算机安装好杀毒软件之后就不会再中病毒了

C．杀毒软件需要定期地升级更新

D．从正规网站上下载免费杀毒软件

解析：计算机安装杀毒软件后，需要定期更新、升级病毒库，开启杀毒软件主动防御，还要经常手动扫描查杀病毒，故选 B。

任务五　网络攻击及其防范措施

1．网络漏洞的扫描与防范

（1）网络漏洞扫描系统。

网络漏洞扫描系统是指通过网络远程检测目标网络和主机系统漏洞的程序，对网络系统和设备进行安全漏洞检测和分析，从而发现可能被入侵者非法利用的漏洞。

（2）网络漏洞扫描方法。

主要通过以下两种方法来检测目标主机是否存在漏洞。

① 在端口扫描后得知目标主机开启的端口及端口上的网络服务，将这些相关信息与网络漏洞扫描系统提供的漏洞库进行匹配，查看是否有满足匹配条件的漏洞存在。

② 通过模拟黑客的攻击手法，对目标主机系统进行攻击性的安全漏洞扫描。

（3）X-Scan 扫描工具。

X-Scan 扫描工具是一款常用的漏洞扫描工具，它采用多线程方式对指定 IP 地址段（单机）进行安全漏洞检测，支持插件功能。其扫描的内容包括远程服务类型、操作系统类型及版本，以及各种弱口令漏洞、网络后门、应用服务漏洞、网络设备漏洞、拒绝服务漏洞等。对于多数已知漏洞，它均可以检测出来。

（4）X-Scan 扫描工具的使用方法。

① X-Scan v3.3 主界面如图 2-9-2 所示。

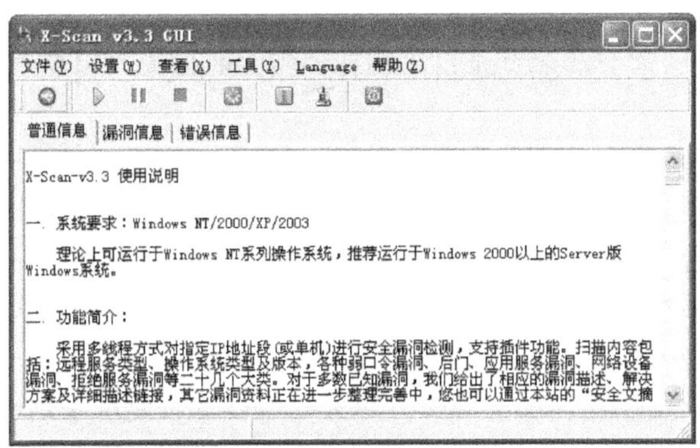

图 2-9-2　X-Scan v3.3 主界面

② 利用该软件对系统存在的一些漏洞进行扫描，选择“设置”→“扫描参数”命令，在弹出的对话框的“检测范围”文本框中输入指定的 IP 范围：172.16.90.1～172.16.90.252。

③ 单击“扫描模块”，在弹出的对话框中对常见的网络系统漏洞进行全面扫描。

④ 设置完毕后，单击工具栏中的“开始”按钮，对目标主机进行扫描。扫描需要经过一段比较长的时间，扫描结果自动生成网页。

2. 网络后门工具的使用

（1）网络后门工具。

不通过正常登录进入系统的途径都称为网络后门。网络后门的好坏取决于被管理员发现的概率，只要是不容易被发现的网络后门就是“好”后门。

使用工具软件 wnc.exe 建立在对方主机上开启 Web 服务和 Telnet 服务。其中 Web 服务的端口是 808，Telnet 服务的端口是 707。

网络攻击者经过踩点、扫描、入侵，总想留下网络后门，以便长期保持对目标主机的控制。对常见网络后门工具的使用，能帮助网络管理员提高网络的安全防范能力。

（2）网络攻击的步骤。

一次成功的网络攻击，可以归纳为 5 个基本步骤，根据实际情况可以随时调整这 5 个步骤。

① 隐藏 IP。

通常有两种方法可以实现 IP 的隐藏。

第一种方法是入侵互联网上的一台计算机（俗称“肉鸡”），利用这台计算机进行攻击，这样即使被发现了，也是“肉鸡”的 IP 地址。

第二种方法是做多级跳板“Sock 代理”，这样在入侵的计算机上留下的是代理计算机的 IP 地址。

② 踩点扫描。

利用工具对特定的一台主机或某一个 IP 地址范围进行扫描，以确定主机漏洞是否存在。

③ 漏洞分析。

对已存在的主机漏洞进行分析，以便确定攻击方法。

④种植后门。

为了长期保持对漏洞主机的访问权，在已经被攻破的计算机上种植一些供自己访问的后门。

⑤ 网络隐身。

成功入侵之后，通常会清除登录日志和其他相关的日志，以免暴露行踪，同时也为下一次入侵做好准备。

（3）网络漏洞的防范方法及人员安全意识。

要防范或减少网络漏洞的攻击，最好的方法是尽量避免主机端口被扫描和监听，先于攻击者发现网络漏洞，并采取有效措施。提高网络系统安全的方法主要有如下几种。

① 在安装操作系统和应用软件之后及时安装补丁程序，并密切关注国内外著名的安全站点，及时获得最新的网络漏洞信息。

② 及时安装防火墙，建立安全屏障。防火墙可以尽可能屏蔽内部网络的信息和结构，降低来自外部网络的攻击。

③ 利用系统工具和专用工具防止端口扫描。要利用网络漏洞攻击，必须通过主机开放的端口。因此，黑客常利用 QckPing、ScanLook、SuperScan 等工具进行端口扫描。防止端口扫描的方法：在系统中将特定的端口关闭。

④ 通过加密、网络分段、划分虚拟局域网等技术防止网络监听。

⑤ 利用密罐技术，使网络攻击的目标转移到预设的虚假对象，从而保护系统的安全。

⑥ 不要随意打开来历不明的电子邮件及文件，不要随便运行陌生人发送的程序。

⑦ 尽量避免从互联网下载不知名的软件、游戏程序。即使从知名的网站下载的软件也要及时用最新的病毒和木马查杀软件对软件和系统进行扫描。

⑧ 密码设置尽可能使用英文字母与数字混排，单纯的英文字母或数字很容易穷举，最好经常更换重要密码。

⑨ 提高安全意识。

⑩ 对于重要的个人数据做好严密的保护，并养成数据备份的习惯。

考点 6：网络漏洞的扫描与防范

例 12 （单选题）网络安全漏洞是指（　　）。

A．用户的误操作引起的系统故障

B．系统软件或应用软件在逻辑设计上的缺陷

C．网络硬件性能下降产生的缺陷

D．网络协议运行中出现的错误

解析：本题主要考查网络安全漏洞的基本概念。网络安全漏洞通常是指网络节点的系统软件或应用软件在逻辑上的缺陷，故选 B。

例 13 （单选题）下面关于漏洞扫描系统的说法中，错误的是（　　）。

A．漏洞扫描系统是一种自动检测目标主机安全弱点的程序

B．黑客利用漏洞扫描系统可以发现目标主机的安全漏洞

C．漏洞扫描系统可以用于发现网络入侵者

D．漏洞扫描系统的实现依赖于系统漏洞库的完善

解析：漏洞扫描系统是一种自动检测远程或本地主机安全性弱点的程序。通过使用漏洞扫描系统，系统管理员能够发现所维护的 Web 服务器的各种 TCP 端口分配、提供的服务、

Web 服务软件版本和这些服务及软件呈现在互联网上的安全漏洞，并及时修补，避免网络攻击者利用系统漏洞进行攻击或窃取信息。可见，漏洞扫描并不能发现网络入侵者，故选 C。

例 14 （单选题）为了防止主机因漏洞被入侵，最有效的办法是（ ）。

A．防止端口被扫描 B．减少应用程序安装

C．不进行资源共享 D．关闭大多数端口

解析：要利用网络漏洞进行攻击，必须通过主机开放的端口。防止端口扫描的方法是在系统中将特定的端口关闭，故选 D。

考点 7：网络后门工具的使用

例 15 （单选题）网络后门的功能是（ ）。

A．保持对目标主机的长久控制 B．防止管理员密码丢失

C．定期维护主机 D．防止主机被非法入侵

解析：网络攻击者经过踩点、扫描、入侵，总想留下网络后门，以便长期保持对目标主机的控制，故选 A。

例 16 （填空题）在对方主机上运行完工具软件 wnc.exe 后，将开启________端口和 707 端口。

解析：wnc.exe 在对方主机上开了两个非常明显的端口 808 和 707，故填 808。

例 17 （单选题）黑客攻击一般过程中的最后的操作是（ ）。

A．消除痕迹 B．实施攻击

C．扫描 D．收集被攻击对象信息

解析：黑客在成功入侵之后，通常会清除登录日志和其他相关的日志，避免暴露行踪，同时也为下一次入侵做好准备，故选 A。

考点 8：人员安全意识

例 18 （单选题）在以下人为的恶意攻击行为中，属于主动攻击的是（ ）。

A．数据篡改及破坏 B．数据窃听

C．数据流分析 D．非法访问

解析：B、C、D 选项都属于被动攻击，不破坏数据信息。主动攻击通常有既定的攻击目标，涉及修改数据流或创建错误的数据流，包括假冒、重放、修改信息和拒绝服务等，故选 A。

例 19 （单选题）当收到认识的人发来的电子邮件并发现其中有意外附件时，应该（ ）。

A．打开附件，然后将它保存到硬盘

B．打开附件，如果它有病毒，就立即关闭它

C．用防病毒软件扫描以后再打开附件

D．直接删除该邮件

解析：不要随意打开来历不明的电子邮件及文件。认识的人发送的邮件附件可用防病毒软件扫描以后再打开，故选 C。

任务六 网络管理技术

1．网络管理的概念

网络管理包括对硬件、软件和人力的使用、综合与协调，以便对网络资源进行监视、

测试、配置、分析、评价和控制，这样就能以合理的价格满足网络的使用需求，如实时运行性能、服务质量等。网络管理常简称为网管。

网络管理模型中的主要构件包括管理站、被管设备、网络管理代理程序、网络管理协议。

管理站是整个网络管理系统的核心，通常是具有良好图形界面的高性能的工作站，并由网络管理员直接操作和控制。

被管设备可以是主机、路由器、打印机、集线器、网桥或调制解调器等。

在每个被管设备中都要运行一个程序以便和管理站中的管理程序进行通信。这些运行着的程序叫作网络管理代理程序，简称为代理（Agent）。代理程序在管理程序的命令和控制下在被管设备上采取本地的行动。

还有一个重要构件就是网络管理协议，简称为网管协议。网络管理员利用网管协议通过管理站对网络中的被管设备进行管理。

2. 简单网络管理协议

简单网络管理协议（Simple Network Management Protocol，SNMP）是基于 TCP/IP 协议簇的网络管理标准。SNMP 最重要的设计思想就是要尽可能简单。它的基本功能包括监视网络性能、监测分析网络差错、配置网络设备等。在网络正常工作时，SNMP 可实现统计、配置和测试等功能。当网络出现故障时，可实现各种差错检测和恢复功能。

SNMP 的网络管理由 3 部分组成，即管理信息库（MIB）、管理信息结构（SMI）及 SNMP 本身。

3. 网络管理的功能

（1）配置管理：自动发现网络拓扑结构，构造和维护网络系统的配置。监测网络被管对象的状态，完成网络关键设备配置的语法检查，配置自动生成和自动备份系统，对于配置的一致性进行严格的检验。

（2）故障管理：过滤、归并网络事件，有效地发现、定位网络故障，给出排错建议与排错工具，形成整套的故障发现、告警与处理机制。

（3）性能管理：采集、分析网络对象的性能数据，监测网络对象的性能，对网络线路质量进行分析。同时，统计网络运行状态信息，对网络的使用发展做出评测、估计，为网络的进一步规划与调整提供依据。

（4）安全管理：结合使用用户认证、访问控制、数据传输、存储的保密与完整性机制，保障网络管理系统本身的安全。维护系统日志，使系统的使用和网络对象的修改有据可查。控制对网络资源的访问。

（5）计费管理：对网际互联设备按 IP 地址的双向流量统计，产生多种信息统计报告及流量对比，并提供网络计费工具，以便用户根据自定义的要求实施网络计费。

4. 典型的网络管理产品

目前，各大网络厂商几乎都在支持自己的网络管理方案，同时也支持 SNMP 网络管理方案。典型的网络管理产品主要有 HP 公司的 Open View、IBM 公司的 Net View 和 SUN 公司的 SunNet。

考点 9：网络管理技术

例 20 （单选题）在 SNMP 管理模型中，管理代理需要运行在（　　）中。

A．被管设备　　B．管理工作站　　C．网络设备　　D．网管服务器

解析：在每个被管设备中都要运行一个程序以便和管理站中的管理程序进行通信。这些运行着的程序叫作网络管理代理程序，简称为代理（Agent），故选 A。

例 21　（单选题）以下（　　）不是网络管理的范围。

A．故障管理　　B．计费管理　　C．性能管理　　D．文件管理

解析：在网络管理标准中定义了网络管理的 5 大功能：配置管理、性能管理、故障管理、安全管理和计费管理，这 5 大功能是网络管理最基本的功能，不包括文件管理，故选 D。

例 22　（单选题）在当前 Internet 中，最常用的网络管理标准系统是（　　）。

A．SNMP 管理协议　　B．CMIP 管理协议

C．IEEE 802.1D 管理协议　　D．异构系统的管理协议

解析：在当前 Internet 中，最常用的网络管理标准系统是 SNMP，故选 A。

同步练习

一、选择题

1．防火墙不具备的功能是（　　）。

A．过滤危险的数据或访问请求　　B．关闭不使用的端口

C．禁止特定端口的通信　　D．防止来自内部网络的攻击

2．允许所有内网主机通过 Telnet 远程登录防火墙的配置命令为（　　）。

A．telnet 0.0.0.00.0.0.0 inside

B．telnet 192.168.1.0 0.0.0.0 inside

C．telnet 192.168.1.0 255.255.255.255 inside

D．telnet 0.0.0.0 255.255.255.255 inside

3．在防火墙设置中，设置端口的默认安全级别为 100 的命令为（　　）。

A．security-level 10　　B．security-level 100

C．security 100　　D．security 10

4．当拓扑结构中防火墙存在非直连网段时，需要在防火墙和三层设备上添加（　　）。

A．路由信息　　B．VLAN　　C．IP 地址信息　　D．访问控制

5．下列不属于系统安全的技术是（　　）。

A．防火墙　　B．加密狗　　C．认证　　D．防病毒

6．防火墙实现技术不包括（　　）。

A．安全认证技术　　B．包过滤技术

C．应用网关　　D．代理服务器技术

7．天网防火墙是由天网安全实验室研发制作给（　　）计算机使用的网络安全工具。

A．企业　　B．个人　　C．政府　　D．军队

8．天网防火墙中 IP 规则是针对整个系统的（　　）数据包监控而设置的。

A．物理层　　B．数据链路层　　C．网络层　　D．应用层

9．天网防火墙中（　　）里记录了本机程序访问网络的记录、局域网和网上被 IP 扫描本机端口的情况，供参考以便采取相应的对策。

A．IP 规则　　B．配置文件　　C．日志　　D．安装包

10．在天网防火墙中新建 IP 规则时，数据包协议类型不包括（　　）。

A．IP　　B．TCP　　C．IGMP　　D．ARP

11．防火墙不会是（　　）。

A．一台配有 ACL 的路由器　　B．一个专用的硬件盒

C．一台具有路由功能的交换机　　D．运行在主机上的软件

12．Windows XP 防火墙是一个基于（　　）的状态防火墙。

A．系统　　B．主机　　C．网络　　D．服务

13．杀毒软件的功能不包括（　　）。

A．安全沙箱，运行带毒软件或打开病毒文件

B．实时监控和扫描磁盘

C．查出并消除已知名的病毒

D．查出并消除任何病毒

14．杀毒软件不能用于消除（　　）。

A．电脑病毒　　B．特洛伊木马　　C．恶意软件　　D．系统软件

15．杀毒软件对被感染的文件进行杀毒的方式不包括（　　）。

A．清除　　B．禁止访问　　C．不处理　　D．复制

16．X-Scan 扫描工具是一款常用的（　　）工具。

A．杀毒　　B．访问控制　　C．漏洞扫描　　D．文件管理

17．通过网络远程检测目标网络和主机系统漏洞的程序是（　　）。

A．网络后门工具　　B．网络漏洞扫描系统

C．杀毒软件　　D．网络漏洞修复系统

18．以下（　　）不是黑客常利用的进行端口扫描的工具。

A．QckPing　　B．ScanLook　　C．SuperScan　　D．Serv-U

19．下面关于漏洞扫描系统的说法中，错误的是（　　）。

A．漏洞扫描系统是一种自动检测目标主机安全弱点的程序

B．黑客利用漏洞扫描系统可以发现目标主机的安全漏洞

C．漏洞扫描系统可以用于发现网络入侵者

D．漏洞扫描系统的实现依赖于系统漏洞库的完善

20．（　　）是漏洞产生的主要原因。

A．硬件配置低　　B．用户操作不当

C．软件自身缺陷　　D．黑客入侵

21．为了防止主机因漏洞被入侵，最有效的办法是（　　）。

A．防止端口被扫描　　B．减少应用程序安装

C．不进行资源共享　　D．关闭大多数端口

22．利用（　　），使网络攻击的目标转移到预设的虚假对象，从而保护系统的安全。

A．防火墙　　B．蜜罐技术　　C．杀毒软件　　D．管理工具

23．网络攻击者经过踩点、扫描、入侵，总想留下（　　），以便长期保持对目标主机的控制。

A．病毒　B．足迹　C．网络后门　D．漏洞

24．以下不属于后门的是（　　）。

A．远程维护　B．非法通信　C．远程登录　D．遥控旁路

25．wnc.exe 的功能强大，在对方主机上开了两个非常明显的（　　），容易被管理员发现。

A．文件　B．端口　C．进程　D．应用

26．使用工具软件 wnc.exe 在对方主机上开启的 Web 服务，使用的端口是（　　）。

A．808　B．707　C．606　D．505

27．一次成功的网络攻击，第一步是（　　）。

A．踩点扫描　B．漏洞分析　C．网络隐身　D．隐藏 IP

28．提高网络系统安全的方法不包括（　　）。

A．及时安装补丁程序

B．及时安装防火墙，建立安全屏障

C．从 Internet 下载不知名的软件

D．利用系统工具和专用工具防止端口扫描

29．以下密码设置，哪一种安全性最高？（　　）

A．纯数字　B．纯字母

C．字母和数字的组合　D．字母、数字、特殊符号的组合

30．防止网络监听的技术不包括（　　）。

A．加密　B．网络分段

C．划分虚拟局域网　D．使用专线传输

31．在每个被管设备中都要运行一个程序，以便和管理站中的管理程序进行通信。这些运行着的程序称为（　　）。

A．网络管理代理程序　B．服务端程序

C．管理站程序　D．网管协议程序

32．网络管理系统的核心是（　　）。

A．网络管理程序　B．管理工作站

C．被管设备　D．管理代理 MA

33．对网络运行状况进行监控的软件是（　　）。

A．网络操作系统　B．网络通信协议

C．网络管理软件　D．网络安全软件

34．ISO 定义的网络管理不包括（　　）。

A．安全管理　B．故障管理　C．计费管理　D．位置管理

35．网络管理的配置管理不包括（　　）。

A．自动发现网络拓扑结构

B．采集、分析网络对象的性能数据

C．配置自动生成和自动配置备份系统

D．构造和维护网络系统的配置

36．简单网络管理协议的基本功能不包括（　　）。

A．监视网络性能　　B．访问控制
C．监测分析网络差错　　D．配置网络设备

37．以下不属于网络管理产品的是（　　）。

A．Wireshark　　B．SunNet　　C．OpenView　　D．NetView

38．下列不属于性能管理的是（　　）。

A．网络连接链路的带宽使用情况
B．网络设备端口通信情况
C．网络连接设备和服务器的 CPU 利用率
D．网络设备和服务器的配置情况

39．SNMP 的网络管理组成部分不包括（　　）。

A．管理信息结构（SMI）　　B．Web 服务器
C．管理信息库（MIB）　　D．SNMP 本身

二、判断题

1．配置防火墙，需要配置防火墙内网与外网接口。（　　）

2．使用#write memory 命令，可保存在防火墙上所做的配置。（　　）

3．查看防火墙启动时的配置信息使用的命令是 show running-config。（　　）

4．使用动态 NAT 技术，不能使所有内网用户都通过公司防火墙的公网地址访问互联网资源。（　　）

5．在防火墙中，安全级别参数越大，安全级别越高。（　　）

6．防火墙是用来保护内部网络的，外部网络是通过外部接口对内部网络构成威胁的。（　　）

7．要从根本上保障内部网络的安全，需要对外部网络接口指定较低的安全级别，而内部网络接口的安全级别较高。（　　）

8．在天网防火墙中，IP 规则是针对整个系统的网络层数据包进行监控而设置的。（　　）

9．防火墙是在两个网络之间实现访问控制的一个或一组软件或硬件系统。（　　）

10．在应用中，防火墙的规则通常是从最后一条开始执行的。（　　）

11．在 Windows 防火墙中，设置防火墙的状态，通过对“例外”项进行设置来控制应用程序对网络的访问。（　　）

12．当选择了不允许“例外”，Windows 防火墙将拦截所有的连接到该主机的网络请求，包括在“例外”项中列出的应用程序和系统服务。（　　）

13．安装杀毒软件是应对计算机病毒有效的防护方法。（　　）

14．计算机病毒是一种有逻辑错误的小程序。（　　）

15．感染过计算机病毒的计算机具有对该病毒的免疫性。（　　）

16．防病毒软件是有时间性的，不能消除所有病毒。（　　）

17．漏洞扫描可通过模拟黑客的攻击手法，对目标主机系统进行攻击性的方式来检测目标主机是否存在漏洞。（　　）

18．只要不是通过正常登录进入系统的途径就称之为网络后门。（　　）

19．使用工具软件 wnc.exe 在对方主机上开启的 Telnet 服务的端口是 808。（　　）

20．通过多级跳板“Sock 代理”，可达到隐藏 IP 的目的。（　　）

21．要防范或减少网络漏洞的攻击，最好的方法是尽力避免主机端口被扫描和监听，先于攻击者发现网络漏洞，并采取有效措施。（　　）

22．网络管理包括对硬件、软件和人力的使用、综合与协调，以便对网络资源进行监视、测试、配置、分析、评价和控制。（　　）

23．所有向被管设备发送的命令都是从管理站发出的。（　　）

24．被管对象不必维持可供管理程序读写的控制和状态信息。（　　）

25．在网络正常工作时，SNMP 可实现统计、配置和测试等功能。（　　）

三、名词解释

1．防火墙

2．网络漏洞扫描系统

3．网络管理

4．管理站

5．简单网络管理协议

四、简答题

1．简述防火墙的应用规则。

2．简述漏洞扫描的方法。

3．简述网络攻击的步骤。

4．列举提高网络系统安全的方法有哪些。

5．简述在网络管理标准中定义的网络管理的功能。

项目十

网络综合布线

思维导图

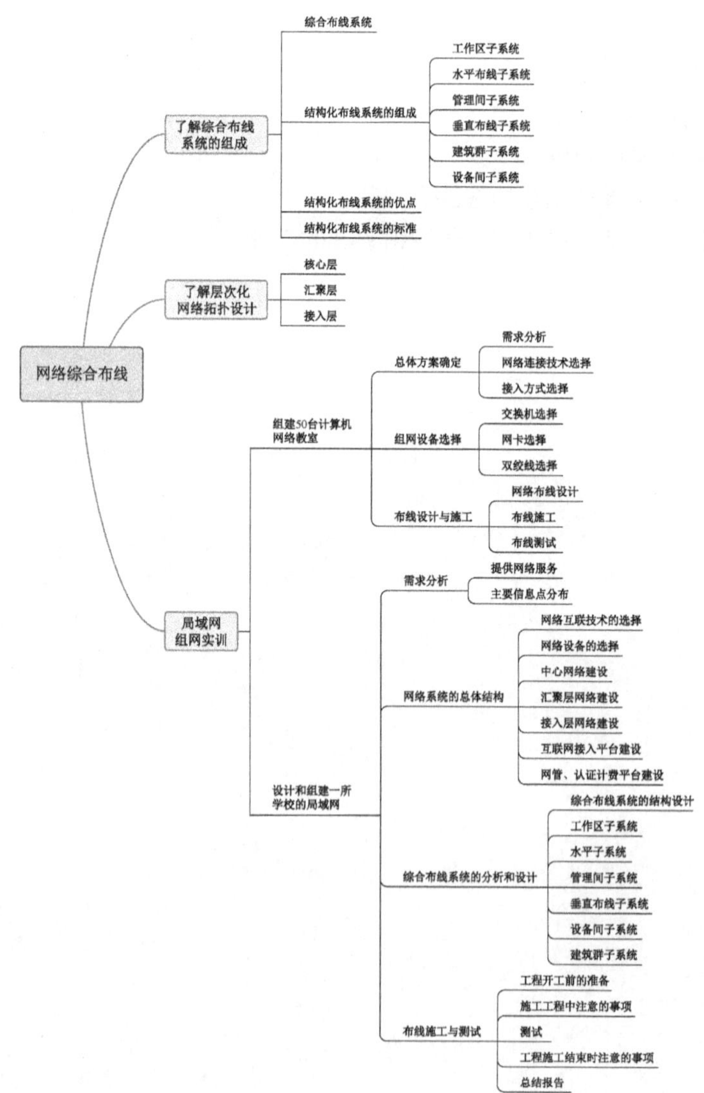
网络综合布线
了解综合布线系统的组成
综合布线系统
结构化布线系统的组成
工作区子系统
水平布线子系统
管理间子系统
垂直布线子系统
建筑群子系统
设备间子系统
结构化布线系统的优点
结构化布线系统的标准
了解层次化网络拓扑设计
核心层
汇聚层
接入层
局域网组网实训
组建50台计算机网络教室
总体方案确定
需求分析
网络连接技术选择
接入方式选择
组网设备选择
交换机选择
网卡选择
双绞线选择
布线设计与施工
网络布线设计
布线施工
布线测试
设计和组建一所学校的局域网
需求分析
提供网络服务
主要信息点分布
网络系统的总体结构
网络互联技术的选择
网络设备的选择
中心网络建设
汇聚层网络建设
接入层网络建设
互联网接入平台建设
网管、认证计费平台建设
综合布线系统的分析和设计
综合布线系统的结构设计
工作区子系统
水平子系统
管理间子系统
垂直布线子系统
设备间子系统
建筑群子系统
布线施工与测试
工程开工前的准备
施工工程中注意的事项
测试
工程施工结束时注意的事项
总结报告

复习要求

1. 了解结构化布线系统的定义及与传统布线系统的区别；
2. 掌握综合布线系统的组成；
3. 掌握各子系统的范围和功能；
4. 了解网络布线的方案设计；
5. 了解网络布线的施工。

考点详解

任务一　了解综合布线系统的组成

1. 综合布线系统

综合布线系统一般分为传统布线系统和结构化布线系统两种。

结构化布线是指在一座办公大楼或楼群中安装的传输线路。这种传输线路能连接所有的语音、数字设备，并将它们与电话交换系统连接起来。结构化布线系统包括布置在楼群中的所有电缆及各种配件，如转接设备、各类用户端设备接口及与外部网络的接口，但它并不包括交换设备。从用户的角度看，结构化布线系统是使用一套标准的组网器件，按照标准的连接方法来实现的网络布线系统。

结构化布线系统与传统布线系统的最大区别在于，结构化布线系统与当前所连接的设备的位置无关。在传统布线系统中，设备安装在哪里，传输介质就要铺设到哪里。结构化布线系统先按建筑物的结构将建筑物中所有可能放置设备的位置都预先布好线，然后根据实际所连接的设备情况，通过调整内部跳线装置将所有设备连接起来。同一条线路的接口可以连接不同的通信设备，如电话、终端或微型机，甚至可以是工作站和主机。

2. 结构化布线系统的组成

结构化布线系统通常由 6 个子系统组成：工作区子系统、水平布线子系统、管理间子系统、垂直布线子系统、设备间子系统、建筑群子系统，如图 2-10-1 所示。下面重点介绍其中的 4 个子系统。

（1）管理间子系统。

管理间子系统由交连、互连和输入/输出组成。管理间子系统为连接其他子系统提供工具，是连接垂直布线子系统和水平布线子系统的设备，其主要设备是配线架、交换机、机柜和电源等。

（2）垂直布线子系统。

垂直布线子系统，也称为干线系统，是建筑物布线系统中的主干线路，用于接线间、设备间和建筑物引入设施之间的线缆连接。

（3）建筑群子系统。

建筑群子系统是将一个建筑物中的电缆延伸到另一个建筑物的通信设备和装置，通常由光缆和相应设备组成。建筑群子系统支持楼宇之间通信所需的硬件，其中包括导线电缆、光缆及防止电缆上脉冲电压进入建筑物的电气保护装置。

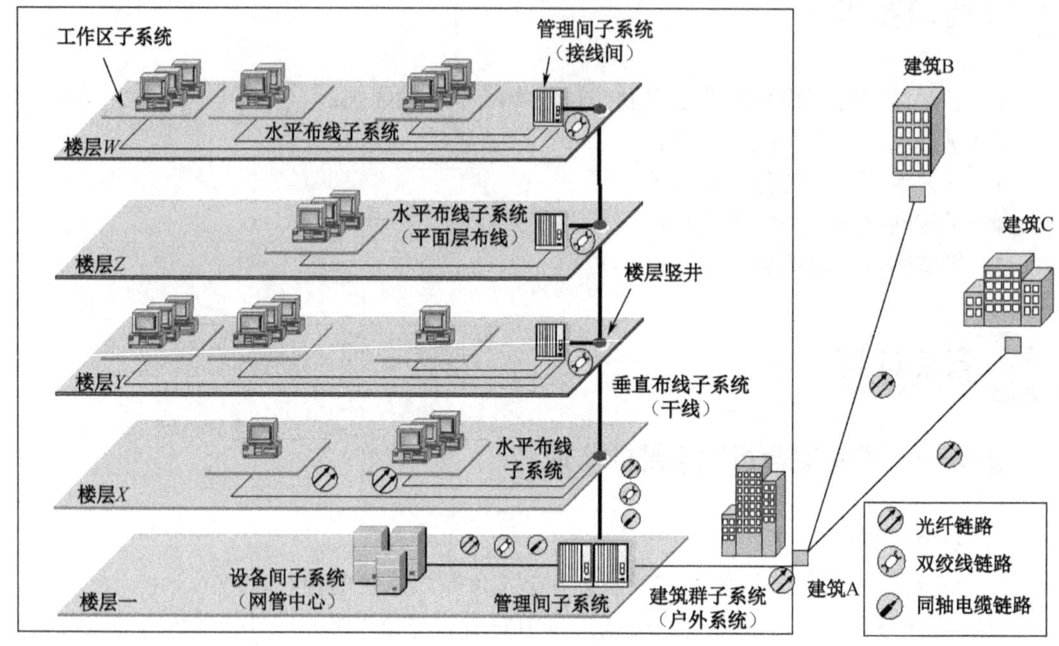

图 2-10-1　结构化布线系统的 6 个子系统

在建筑群子系统中，会遇到室外敷设电缆问题，一般有三种敷设电缆的方式：架空、直埋和地下管道。具体情况应根据现场的环境来确定。表 2-10-1 所示是这三种敷设电缆方式的比较。

表 2-10-1　建筑群子系统敷设电缆方式比较

方　式	优　点	缺　点
架空	成本低、施工快	安全可靠性低，不美观，除非有安装条件和路径，否则一般不采用
直埋	有一定保护，初期投资低，美观	扩充、更换不方便
地下管道	提供比较好的保护，容易扩充、更换方便，美观	初期投资高

（4）设备间子系统。

设备间子系统也称为设备子系统，由相关支撑硬件组成。它把各种公共系统设备的不同光缆、同轴电缆、交换机等组织并存放到一起。设计时注意的要点如下。

① 设备间要有足够的空间保障设备的存放。

② 设备间所有进出线装置或设备应采用色表或色标区分种类和用途。

③ 设备间要有良好的工作环境（温度、湿度）。

④ 设备间具有防静电、防尘、防火和防雷击措施。

3. 结构化布线系统的优点

（1）结构清晰，便于管理和维护。

（2）材料统一先进，适应发展需要。

（3）灵活性强，适应各种不同的需求。

（4）便于扩充，既节省费用，又提高了系统的可靠性。

4. 结构化布线系统的标准

目前，结构化布线系统标准一般按照美国电子工业协会（EIA）、美国通信工业协会（TIA）为综合布线系统制定的一系列标准。这些标准主要有下列五种。

（1）TIA/EIA-568：商业建筑通信布线标准。

（2）TIA/EIA-569：商业建筑电信布线路径和空间标准。

（3）TIA/EIA-XXX：商业建筑电信布线基础设施管理标准。

（4）TIA/EIA-XXX：商业建筑电信布线接地及连接要求。

（5）TSB-67、TSB-95 测试标准。

还有我国的一些技术标准，如：

（1）工业企业通信设计规范。

（2）中国工程建设标准化协会标准：建筑与建筑群综合布线系统工程设计规范。

（3）中国工程建设标准化协会标准：建筑与建筑群综合布线系统工程验收规范。

考点 1：建筑群子系统

例 1 （单选题）（　　）方式不是建筑子系统中敷设电缆的方式。

A．架空　　B．直埋　　C．地线槽　　D．地下管道

解析：在建筑群子系统中，会遇到室外敷设电缆问题，一般有三种敷设电缆的方式：架空、直埋和地下管道，故选 C。

考点 2：结构化布线系统的组成

例 2 （简答题）简述结构化布线系统的组成。

解析：这道题考查的知识点是结构化布线系统的组成。

答：结构化布线系统通常由 6 个子系统组成：工作区子系统、水平布线子系统、管理间子系统、垂直布线子系统、设备间子系统、建筑群子系统。

考点 3：结构化布线系统的优点

例 3 （简答题）结构化布线系统有哪些优点？

解析：这道题考查的知识点是结构化布线系统的优点。

答：（1）结构清晰，便于管理和维护；（2）材料统一先进，适应发展需要；（3）灵活性强，适应各种不同的需求；（4）便于扩充，既节省费用，又提高了系统的可靠性。

任务二　了解层次化网络拓扑设计

大型骨干网的设计普遍采用三层结构，如图 2-10-2 所示。这个三层结构模型将骨干网的逻辑结构划分为 3 个层次，即核心层、汇聚层和接入层，每个层次都有其特定的功能。

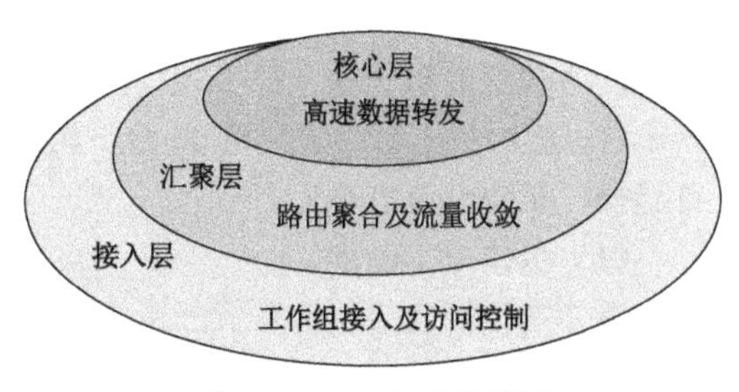

图 2-10-2　三层结构模型

1. 核心层

核心层是网络高速交换的骨干，对协调通信至关重要。该层中的设备不再承担访问列表

检查、数据加密、地址翻译或其他影响最快速率交换分组的任务。核心层有以下特征。

（1）提供高可靠性。

（2）提供冗余链路。

（3）模块化的设计，接口类型广泛。

（4）提供故障隔离。

2. 汇聚层

汇聚层位于接入层和核心层之间，汇聚层具有以下功能。

（1）策略（处理某些类型通信的一种方法，这些类型通信包括路由选择更新、路由汇总、VLAN 通信以及地址聚合等）。

（2）安全。

（3）部门或工作组级访问。

（4）广播/多播域的定义。

（5）VLAN 之间的路由选择。

（6）介质翻译（例如，在以太网和令牌环网之间）。

（7）在路由选择之间重分布（例如，在两个不同路由选择协议之间）。

（8）在静态路由和动态路由选择协议之间划分。

3. 接入层

接入层是用户工作站和服务器连接到网络的入口。接入层交换机的主要目的是允许最终用户连接到网络。接入层交换机应该以低成本和高端口密度提供这种功能。接入层具有以下特点。

（1）对汇聚层的访问控制和策略进行支持。

（2）建立独立的冲突域。

（3）建立工作组与汇聚层的连接。

考点 4：核心层

例 4 （单选题）在中等规模的网络中，（ ）交换机要求的性能是最高的。

A．核心层 B．汇聚层 C．网络层 D．接入层

解析： 这道题考查的是核心层的概念和特征。核心层是网络高速交换的骨干，对协调通信至关重要，所以核心层交换机要求的性能最高，故选 A。

任务三 局域网组网实训

1. 组建 50 台计算机网络教室

网络教室的布线是一种小规模的综合布线设计，有着广泛的应用。网络教室中有服务器 1 台，教师机 1 台，学生机 48 台。组建网络教室分为 3 个步骤：总体方案确定、组网设备选择、布线设计与施工。

（1）总体方案确定。

总体方案的确定包括需求分析、网络连接技术选择、接入方式选择 3 个方面。

1）需求分析。

在网络教室综合布线设计中，要确定网络教室的需求，包括网络传输速度、网络规模、

未来升级需要等。网络教室对网络环境的要求是稳定，对网络设备的要求是满足功能需要且质量好、有一定的升级潜力。

2）网络连接技术选择。

在组网技术上选择的是技术较成熟的以太网，网络拓扑结构是星型结构，这样可以获得较好的稳定性。此外，采用百兆到桌面的方式。

3）接入方式选择。

网络教室中的计算机采用超五类网线和交换机连接，交换机放在机柜中。网络教室中的交换机和中心机房交换机之间也采用超五类网线连接。

（2）组网设备选择。

网络设备要根据总体方案来选择交换机、网卡等网络连接设备。

1）选择交换机。

交换机采用普通二层百兆交换机即能满足需要，在使用时主要注意端口数量和背板带宽等参数。

在本网络教室中使用 3 台 24 端口交换机进行级联，如图 2-10-3 所示。扩展交换机端口的方法一般有 3 种，一是采用堆叠交换机，多台交换机堆叠；二是模块化交换机，添加模块；三是交换机级联。前两种方法价格贵，一般用在大中型网络，校园网中各楼宇的二层交换机、模块化交换机一般用作最高层核心交换机，所以在小型网络或对交换机吞吐能力要求不高的场所（如网络教室），经常采用的扩展交换机端口的方法是交换机级联。

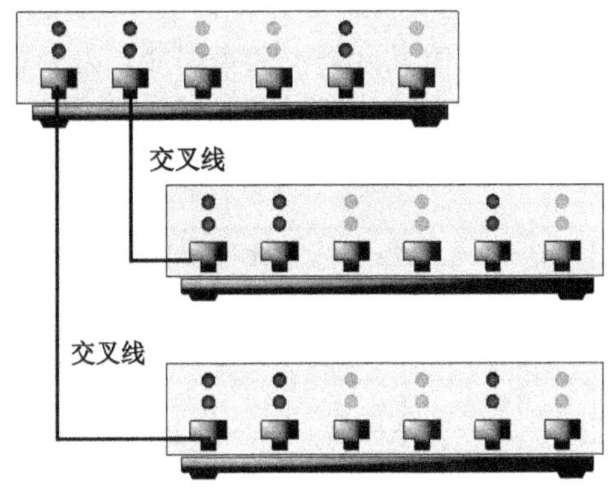

图 2-10-3　三台交换机级联

2）选择网卡。

学生机采用普通百兆网卡即可，但随着硬件的发展，当前百兆/千兆自适应网卡的价格也相对具有了竞争力，所以，服务器、教师机应使用千兆网卡，以满足数据传输的需求。

3）选择双绞线。

一般在室内使用非屏蔽超五类双绞线，但要注意双绞线的真伪，避免遗留隐患。水平线缆用量计算方法如下：

线缆箱数=信息点/每箱可布线缆根数

每箱可布线缆根数=每箱长度/水平线缆平均长度

水平线缆平均长度=［(MAX 距离+MIN 距离)/2］×1.15

（3）布线设计与施工。

1）网络布线设计。

网络布线必须根据教室的网络结构来设计，并绘出网络施工图纸。

2）布线施工。

① 机柜中的交换机由于需要维护，因此要放在教室中相对开放的区域，同时考虑到节约网线的数量，所以放置于教室后部。

② 双绞线放在提前敷设的 PVC 管中，双绞线经过的地方不能有强磁场、大功率电器

和电源线等，否则电磁干扰将影响传输质量。目前超五类双绞线通常使用 568B 接法。要选择质量较好的水晶头，因为在实际使用中，水晶头连接出现的网络故障率是较高的。

在网络布线时，为了后期维护方便，要在双绞线的两端做相同的编号，这样不会出现判断不出双绞线的两端对应位置的情况。

双绞线两端留出一定的余量，当需要重新做水晶头时，可以剪去前端部分继续使用。

3）布线测试。

在网络布线完成后，先用网络测试仪测试线路是否连通。在网络设备安装完毕后，再通电进行测试。最后测试内网之间和内网到中心机房是否连通。

2. 设计和组建一所学校的局域网

学校组建校园网一般分为 4 个步骤：需求分析、网络系统的总体结构、综合布线系统的分析和设计、布线施工与测试。

（1）需求分析。

1）提供网络服务。

校园网内实现各单位的信息共享与通信，并提供 WWW、FTP、Telnet、E-mail、BBS、VOD、多媒体教学、数字图书馆等服务。

2）主要信息点分布。

主要信息点集中在实训楼、办公楼、教学楼、学生公寓楼等。

信息点统计表如表 2-10-2 所示。

表 2-10-2　信息点统计表

地　点	节 点 数	与网络中心距离	网络中心各个建筑群子系统间光缆选择	备　注
实训楼	600 个	小于 200m	62.5/125u 多模光纤	到各个机房
办公楼	100 个	200m	50/125um 多模光纤	—
教学楼	200 个	300m	50/125um 多模光纤	—
学生公寓楼	1200 个	600～1200m	9/125um 单模光纤	—

（2）网络系统的总体结构。

网络系统的总体结构主要分为网络设备的设计和综合布线系统的设计。根据市场调查和综合分析，可选择性价比高的国产品牌设备来组建校园网。网络设备全套选用锐捷设备，综合布线选用普天布线方案。

下面介绍网络设备的整体方案设计，如图 2-10-4 所示。

1）网络互联技术的选择。

以千兆以太网技术为基础、万兆以太网为目标，采用“万兆核心、千兆汇聚、百兆接入”的三层设计思路，将网络分为核心层、汇聚层、接入层，并设计“双核心、汇聚双链路”的环状、互为备份容错的互连结构，构建“强壮”的网络架构。核心层设计两台 RG-S8610 万兆核心路由交换机，其中，核心层交换机与服务器采用 1000Mbit/s（1000BASE-TX）连接，核心层交换机和汇聚层交换机采用 1000Mbit/s（单模 1000BASE-LX、多模 1000BASE-SX）连接。核心层交换机和汇聚层路由交换机通过启用 OSPF、VRRP 等协议，并使用等值开销多路径的方式连接到数据中心和汇聚层设备。所有的服务器都连接到 RG-S8610 万兆核心路由交换机上或服务器群交换机上。

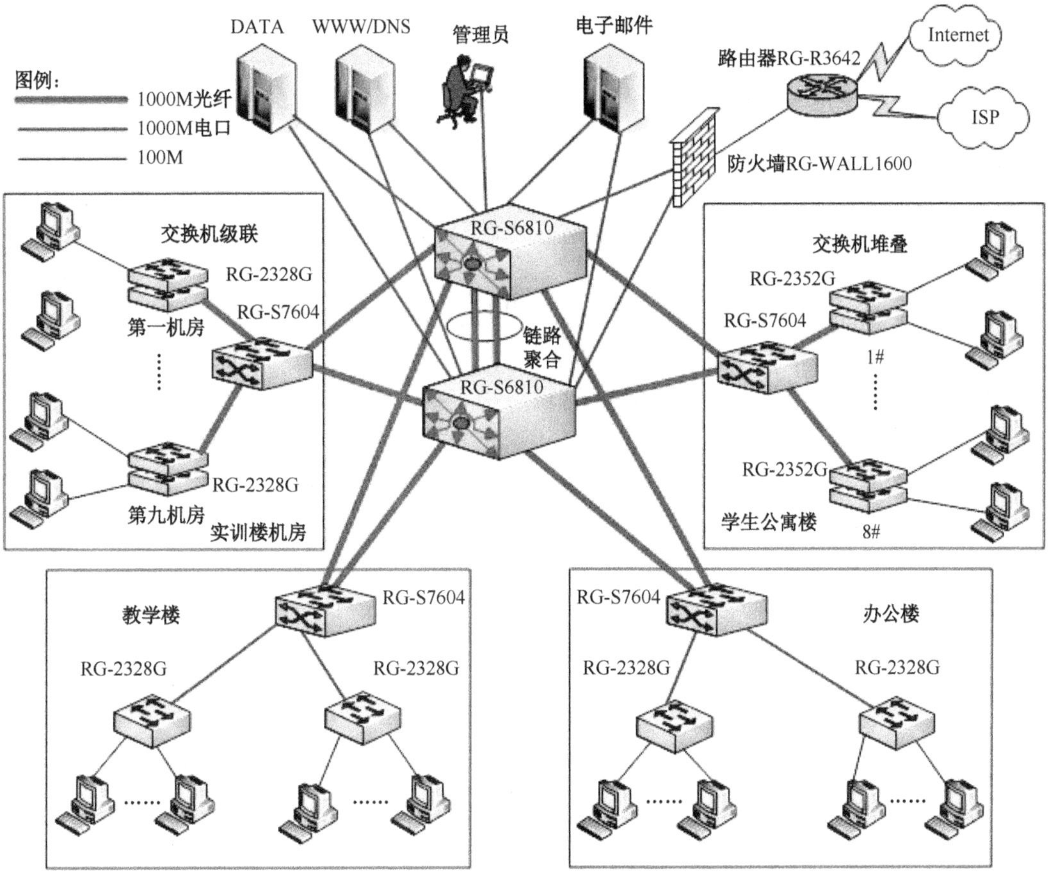

图 2-10-4 网络设备的整体方案设计

该校园网方案不仅可实现千兆到楼栋，而且能实现千兆到末端交换机，满足了高带宽和高性能的要求。

2）网络设备的选择。

根据需求分析，需要对 3 个类型交换机进行设备选型：①中心交换机；②汇聚层交换机（楼栋）；③千兆接入交换机（楼层）。

为了满足需求并考虑长远利益，选用锐捷网络产品系列。核心层选用两台 RG-S8610 构成双核心架构，汇聚层选用 RG-S8610 全模块化骨干路由交换机；接入层选用 RG-2328G 全千兆安全智能交换机。

3）中心网络建设。

核心交换机是局域网的基石，是网络信息交换、共享数据的中心枢纽，其性能决定网络中各信息点的响应速度、传输速度和吞吐量、网络的负载能力、服务器分发、工作站访问范围等。因此，选用两台高性能的万兆核心多层路由交换机，设计为双核心的互为备份容错的结构，从而构成网络核心，保证核心层的正常运行。

4）汇聚层网络建设。

汇聚层选用 4 台模块化、中高密度千兆 GBIC 接口的汇聚路由交换机，支持各种千兆模块，包括 1000Base-T、1000Base-SX、1000Base-LX 等，根据用户的需求灵活配置，灵活构建弹性可扩展的网络。

5）接入层网络建设。

鉴于学生宿舍端口密度高、网络配线间数量少、面积小，因此主要采用 48 口 1U 的交换机，故接入层选用提供千兆上联、10/100/1000M 接入的可网管交换机，并在学生宿舍和教工宿舍全部采用认证和流控等手段进行接入控制，充分满足用户的高速接入。

6）互联网接入平台建设。

防火墙设备选用 RG-WALL1600 千兆防火墙，路由器选用 RG-R3642。

7）网管、认证计费平台建设。

管理系统 StarView 能提供整个网络的拓扑结构，能对以太网中的任何通用 IP 设备、SNMP 管理型设备进行管理，结合管理设备所支持的 SNMP 管理、Telnet 管理、Web 管理、RMON 管理等构成一个功能齐全的网络管理解决方案，实现从网络级到设备级的全方位的网络管理。

锐捷网络 RG-SAM 安全计费管理平台是一套以实现网络运营为基础，增强全局安全为中心，提高管理效率为准则的可灵活扩展的安全计费管理系统。

综上所述，本方案是一个依据用户需求，充分利用锐捷网络产品自身特色设计的校园网整体解决方案。该方案依据校园网络应用的特征，采用锐捷网络成熟、适用、实用、好用、够用的产品与技术，力争以最小的投资得到最大的满足。

（3）综合布线系统的分析和设计。

1）综合布线系统的结构设计。

综合布线系统的设计不仅要满足现代信息社会的功能，而且要满足今后信息技术的发展和校园网用户对功能要求的增加，避免现有系统被快速淘汰，造成设备浪费。

针对以上分析，再结合目前布线市场智能办公大楼产品的情况，同时满足以后的发展，布线系统必须超前考虑，因此我们在水平子系统之间使用 6 类布线系统作为数据信息点，并采用 6 类模块化信息插座及室内 6 芯多模光纤到楼层，对数据交换实现完全备份，数据传输速率可以达到 1000Mbit/s。整个系统采用模块化设计和分层星型网络拓扑结构，由中心机房（设在实训楼二楼）到各子设备间布放主干电缆和光缆，由各子设备间布放水平电缆或光缆到各信息端口，具有良好的可扩充性和灵活的管理维护性。

下面按各个子系统分别进行说明。

2）工作区子系统。

包括所有用户实际使用区域。为满足信息高速传输的具体情况，数据点采用“普天”6 类 RJ-45 信息插座模块，可支持超过 250Mbit/s 高速信息传输，插座面板具有防尘弹簧盖板。不同型号的微机终端通过 RJ-45 标准跳线可方便地连接到数据信息插座上。信息口底盒（预埋盒）采用我国标准的 86 型 PVC 底盒，由管槽安装单项工程负责。

3）水平布线子系统。

水平布线子系统由建筑物各管理间至各工作区之间的电缆构成，其基本链路如图 2-10-5 所示。数据水平布线距离应不超过 90 米，信息口到终端设备连接线与配线架之间连接线之和不超过 10 米。为了满足高速率数据传输，数据传输选用“普天”6 类 4 对 UTP 双绞线。

“普天”6 类 4 对 UTP 电缆能够满足目前校园网终端设备（如电脑的网卡等）高速数据传输的需求，并且有良好的扩展性。不仅能够支持千兆网络设备（如千兆网络交换机、千兆计算机网卡）的数据传输，以后升级到更高级的千兆甚至万兆网络设备（4 对线收发）仍然能够有很好的支持。

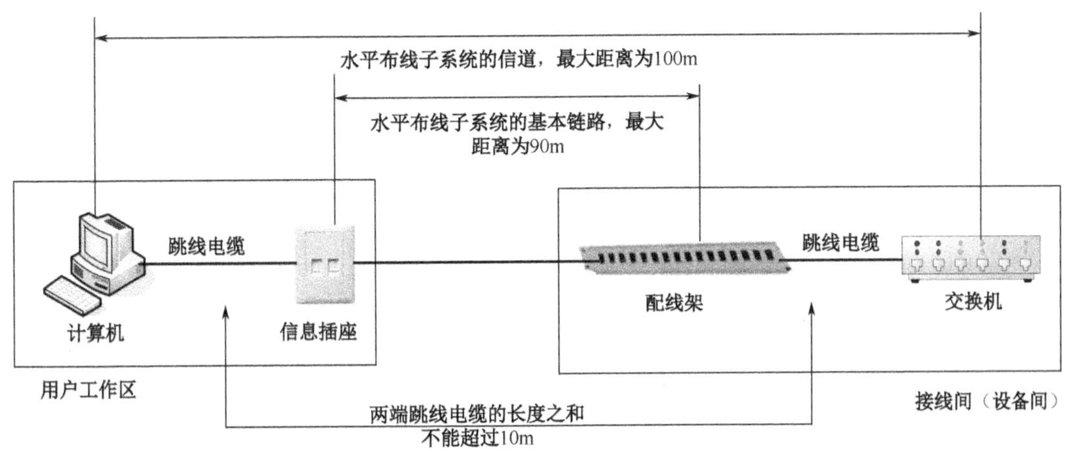

图 2-10-5　水平布线子系统的基本链路

4）管理间子系统。

管理间子系统连接水平电缆和垂直干线，是综合布线系统中关键的一环。在本设计方案中，针对数据水平电缆采用“普天”6 类 24 口快接式配线架（由安装板和 6 类 RJ-45 插座模块组合而成）；数据主干光缆的端接采用“普天”抽屉式 12 端口光纤分线盒。

6 类系列跳线在设备间用于连接配线架到网络设备端口，在终端用于连接墙面插座到终端设备（如计算机、视频监控终端）的网络接口。新的 6 类标准对成型跳线从性能上做出了具体的定义，要想达到 6 类性能，必须使用厂家制作好的成型跳线。

5）垂直布线子系统。

垂直布线子系统由连接设备间与各层管理间的干线构成，任务是将各楼层管理间的信息传递到设备间并送至最终接口。垂直干线的设计必须满足用户当前的需求，同时又能满足用户今后的要求。为此，我们采用“普天”6 芯多模室内光缆，支持数据信息的传输。多模光纤光耦合率高，纤芯对准要求相对较宽松。当计算机数据传输距离超过 100 米时，用光纤作为数据主干是最佳选择，并具有大多数电缆无法比拟的高带宽和高保密性、抗干扰性。随着计算机网络和光纤技术的发展，光纤的应用愈来愈广泛。光纤的数据传输速率可达 1Gbit/s 以上，可满足未来校园网信息化的需求，适应计算机网络的发展，具有先进性和超前性。

6）设备间子系统。

设备间子系统是整个布线数据系统的中心单元，主机房设在实训楼二层，实现每层楼汇聚来的电缆的最终管理。

设备间在每幢大楼的适当地点设置进线设备，是进行网络管理及管理人员值班的场所。由综合布线系统的建筑物进线设备，数据、计算机等各种主机设备及其保安配线设备等组成，主要用于汇接各个分配线架，包括配线架、连接条、绕线环和单对跳线等。

设备间子系统所有进线终端设备都采用色标区别各类用途的配线区。

数据主配线间设在整个校园的网络中心，用 12 芯室外光缆（教学楼、办公楼用多模光纤，学生公寓楼用单模光纤，均为 12 芯）连接到各个楼的一楼值班室的机柜内，该机柜还担负着实训楼的所有信息点的配线架。

7）建筑群子系统。

建筑群子系统光纤分布如图 2-10-6 所示。

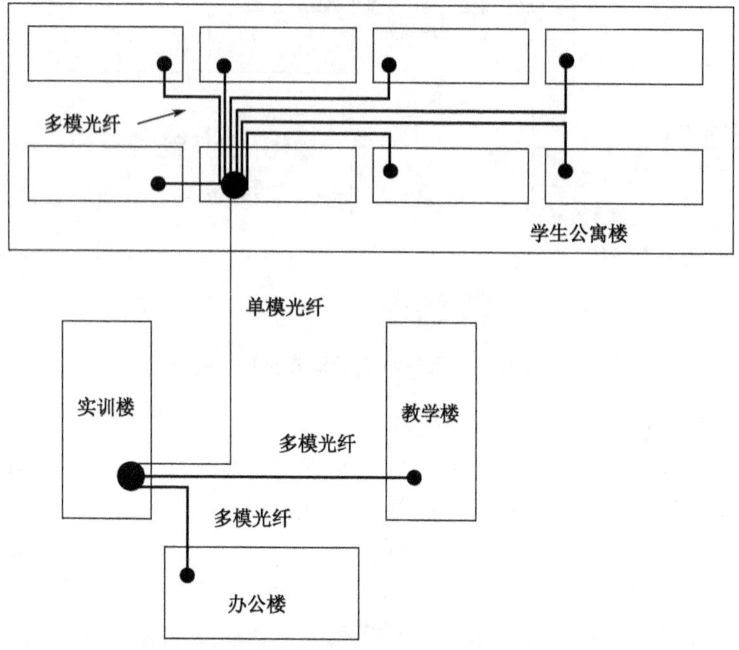

图 2-10-6 建筑群子系统光纤分布

（4）布线施工与测试。

1）工程开工前的准备。

网络工程经过调研确定方案后，下一步就是工程的实施，准备工作需要做到以下几点。

① 确定综合布线图。确定布线的走向位置。

② 备料。在开工前，有些网络工程需要的施工材料必须准备好，有些可以在开工过程中准备。

2）施工工程中注意的事项。

① 施工现场人员必须认真负责，及时处理施工进程中出现的问题，协调各方意见。

② 如果出现不可预料的情况，则马上向工程单位汇报，并提出解决方案供施工单位当场研究解决，避免影响施工进度。

③ 工程单位计划不妥的地方，及时妥善解决。

④ 工程单位新增加的信息点要在施工图中反映出来。

⑤ 对部分场地或工段及时进行阶段性检查验收，确保工程质量。

⑥ 制定工程进度表。

3）测试。

测试时所要做的工作如下。

① 工作间到设备间的连通情况。

② 主干线连通情况。

③ 信息传输速率、衰减率、布线链路长度、近端串扰等因素。

4）工程施工结束时注意的事项。

① 清理现场，保持现场清洁、美观。

② 对墙洞、竖井等交换处要进行修补。

③ 汇总各种剩余材料，把剩余材料集中到一处，并登记还可使用的数量。

④ 做总结报告。

5）总结报告。

总结报告包含以下内容。

① 开工报告。

② 布线工程图。

③ 布线过程报告。

④ 测试报告。

⑤ 使用报告。

⑥ 工程验收所需的验收报告。

考点 5：双绞线的有效传输距离

例 5 （单选题）在 10BASE-T 的以太网中，使用双绞线作为传输介质，最大的网段长度是（　　）。

A．2000m　　B．500m　　C．200m　　D．100m

解析：这道题考查的是双绞线的有效传输距离，故选 D。

考点 6：网络综合布线的测试

例 6 （填空题）在网络综合布线完成后，必须用__________测试线路是否连通。

解析：这道题考查的是网络综合布线的测试工作。在网络综合布线完成后，需要用网线测试仪测试线路是否连通。此处填网线测试仪。

考点 7：布线施工与测试

例 7 （简答题）在网络综合布线完成后，总结报告包含哪些内容？

解析：这道题考查的是布线施工与测试完成后，总结报告包含的内容。总结报告包含①开工报告；②布线工程图；③布线过程报告；④测试报告；⑤使用报告；⑥工程验收所需的验收报告。

同步练习

一、选择题

1．某公司的几个分部在市内的不同地点办公，各分部联网的最好解决方案是（　　）。

A．公司使用统一的网络地址块，各分部之间用以太网相连

B．公司使用统一的网络地址块，各分部之间用网桥相连

C．各分部分别申请一个网络地址块，用集线器相连

D．把公司的网络地址块划分为几个子网，各分部之间用路由器相连

2．建筑物综合布线系统中的工作区子系统是指（　　）。

A．终端到信息插座之间的连线系统

B．楼层配线间的配线架和线缆系统

C．各楼层设备之间的互联系统

D．连接各个建筑物的通信系统

3．结构化布线系统与传统的布线系统的最大区别在于（　　）。

A．与设备位置无关　　B．成本低

C．美观　　D．安全性高

4．在网络综合布线中，工作区子系统的主要传输介质是（　　）。

A．单模光纤　　B．5 类 UTP　　C．同轴电缆　　D．多模光纤

5．在中等规模网络中，（　　）交换机要求的性能是最高的。

A．核心层　　B．汇聚层　　C．网络层　　D．接入层

6．在层次化网络设计方案中，（　　）是核心层的主要任务。

A．高速数据转发　　B．接入 Internet

C．工作站接入网络　　D．实现网络的访问策略控制

7．下列（　　）不属于管理子系统的组成部件或设备。

A．配线架　　B．网络设备

C．水平跳线连线　　D．管理标识

8．垂直布线子系统一般选用（　　），以提高传输速率。

A．光缆　　B．双绞线

C．电缆　　D．红外线

9．弱电布线与强电布线之间的距离一般不小于（　　）。

A．10cm　　B．15cm

C．20cm　　D．30cm

10．在网络综合布线中，建筑群子系统之间最常用的传输介质是（　　）。

A．光纤　　B．5 类 UTP　　C．同轴电缆　　D．STP

二、填空题

1．网络布线时，为了后期维护方便，要在双绞线的两端做相同的________，这样不会出现判断不出双绞线两端对应位置的情况。

2．网络布线必须根据教室的网络结构来设计，并绘制出________。

3．以千兆位以太网技术为基础、万兆位以太网为目标，采用“万兆核心、千兆汇聚、百兆接入”的三层设计思路，将网络分为________、________、________。

4．建筑物内采用的通信设施及布线系统一定要有超前性，力求________，并且具有很强的________、________、可靠性和长远效益，以满足未来的需要。

5．在结构化布线系统中，管理间子系统由________、________和________组成。

三、简答题

1．大型骨干网的三层结构中，核心层的主要特征是什么？

2．什么是水平布线子系统？

3．工作区子系统在设计时要注意哪几点？

第三部分 综合训练题

计算机类专业课模拟卷（A卷）

一、选择题（Access 数据库应用技术 1～25 题；计算机网络技术 26～50 题。每小题 2 分，共 100 分。每小题中只有一个选项是正确的）

1．下列不属于数据库系统组成部分的是（　　）。

A．数据库　　B．数据库管理系统

C．操作系统　　D．数据库管理员

2．在关系数据库中，一个关系代表一个（　　）。

A．表　　B．查询　　C．行　　D．列

3．在 Access 数据库中，存储声音、图形、图像等数据时定义的数据类型是（　　）。

A．短文本　　B．附件　　C．OLE 对象　　D．超链接

4．若要求在文本框中输入文本时实现密码以“*”显示的效果，则应设置的属性是（　　）。

A．“默认值”属性　　B．“标题”属性

C．“密码”属性　　D．“输入掩码”属性

5．在一般情况下，（　　）字段可以作为主关键字。

A．基本工资　　B．补贴　　C．职工姓名　　D．身份证号码

6．数据表中某文本型字段的值分别为"12"、"70"、"8"、"105"，对其进行降序排序后的正确顺序为：（　　）。

A．"8"、"12"、"70"、"105"　　B．"105"、"70"、"12"、"8"

C．"8"、"70"、"12"、"105"　　D．"105"、"12"、"8"、"70"

7．在 Access2013 中，不显示数据表中的某些字段的操作是（　　）。

A．筛选　　B．冻结　　C．删除　　D．隐藏

8．数据库中 A 表和 B 表均有相同的字段 C，且两个表中的字段 C 都为主键，则两个表通过字段 C 建立的关系称为（　　）关系。

A．一对多　　B．多对多　　C．一对一　　D．关联

9．在 Access 数据库中，为了保持表之间的关系，要求在子表（从表）中添加记录时，如果主表中没有与之相关的记录，则不能在子表（从表）中添加该记录。对此需要定义的是（　　）。

A．验证文本　　B．验证规则　　C．默认值　　D．参照完整性

10．函数 mid("ComputNetwork",4,3)的返回值是（　　）。

A．Com　　B．Put　　C．utN　　D．Wor

11．特殊运算符“In”的含义是（　　）。

A．用于指定一个字段值的范围，指定的范围之间用 And 连接

B．用于指定一个字段值的列表，与某个范围内的任何一个字符匹配，必须按升序指定范围

C．用于指定一个字段为空

D．用于指定一个字段非空

12．当创建参数查询时，在查询条件上要输入提示信息，该信息要加上的符号为（　　）。

A．[]　　B．{}　　C．()　　D．<>

13．在 Access 2013 中，SQL 查询包括（　　）4 种类型。

A．联合查询、传递查询、数据定义查询、更新查询

B．联合查询、数据定义查询、参数查询、子查询

C．数据定义查询、传递查询、子查询、追加查询

D．联合查询、数据定义查询、传递查询、子查询

14．下述（　　）方式不能产生一个新表。

A．生成表查询　　B．CREATE TABLE

C．在“表”对象下新建表　　D．更新查询

15．如果要查询学生表中姓“赵”的学生的记录，则 SOL 语句（　　）能完成此任务。

A．SELECT*FROM 学生表 WHERE 姓名 Like"赵*"

B．SELECT * FROM 学生表 WHERE Left(姓名,2)="赵"

C．SELECT * FROM 学生表 WHERE 姓名 Like"*赵*"

D．SELECT * FROM 学生表 WHERE 姓名="赵*"

16．在窗体的各个控件中，用于完成记录浏览、记录操作、窗体操作等任务的控件是（　　）。

A．组合框　　B．文本框　　C．命令按钮　　D．单选按钮

17．对窗体进行保存的快捷键是（　　）。

A．“Shift+S”组合键　　B．“Ctrl+S”组合键

C．“Alt+S”组合键　　D．“Enter”键

18．决定窗体外观的是（　　）。

A．控件　　B．标签　　C．属性　　D．按钮

19.（　　）报表中的字段以列的方式显示各个数据记录。

A．纵栏式　　B．表格式　　C．图表式　　D．标签式

20. 要使打印的报表每页显示 3 列记录，应在（　　）中设置。

A．工具箱　　B．页面设置　　C．属性表　　D．字段列表

21. 在报表中求字段的和的函数是（　　）。

A．Count( )　　B．Avg( )　　C．Sum( )　　D．Number( )

22. 如果要制作部门负责人名片，则可以使用（　　）。

A．标签式报表　　B．表格式报表

C．图表式报表　　D．纵栏式报表

23. 下列关于宏的说法中错误的是（　　）。

A．宏是若干个操作命令的集合

B．每个宏操作都有相同的宏操作参数

C．宏操作不能自定义

D．宏通常与窗体、报表中的命令按钮结合使用

24. 在每次启动数据库时，自动执行的宏的名称固定设为（　　）。

A．AutoExec　　B．Open　　C．MsgBox　　D．Beep

25. 数据库中的表可以导出为（　　）。

A．文本文件　　B．Excel 文件　　C．Word 文件　　D．以上三种都可以

26. 网络中实现资源共享功能的设备及其软件的集合是（　　）。

A．通信子网　　B．资源子网　　C．广域网　　D．局域网

27.（　　）传输距离长、传输速率高（可达每秒数千兆比特）、抗干扰性强、不会受到电子监听设备的监听，是高安全性网络的理想选择。

A．双绞线　　B．同轴电缆　　C．光纤　　D．无线

28. 能够在网络中各种设备之间进行通信的软件是（　　）。

A．网络协议软件　　B．网络通信软件

C．网络操作系统　　D．网络应用软件

29. 无线网和总线型网络一般采用（　　）传输方式。

A．广播　　B．组播　　C．单播　　D．点对点

30. 多个节点连接在一个中心节点上构成（　　）拓扑结构。

A．树型　　B．星型　　C．网状型　　D．环型

31. 为网络数据交换而制定的规则、约定与标准是（　　）。

A．实体　　B．接口　　C．服务　　D．网络协议

32. OSI/RM 模型共有（　　）层。

A．7　　B．6　　C．5　　D．4

33. 主要功能是提供路由，即选择到达目标主机的最佳路径，并沿该路径传送数据包的是（　　）。

A．数据链路层　　B．会话层　　C．传输层　　D．网络层

34. 下列选项中，不是数据链路层主要负责的任务的是（　　）。

A．流量控制　　B．差错控制　　C．接入控制　　D．拥塞控制

35. 下列选项中，属于网络层协议的是（　　）。

A. TCP　　B. HTTP　　C. IGMP　　D. DNS

36. 集线器是（　　）互联设备。

A. 传输层　　B. 网络层　　C. 数据链路层　　D. 物理层

37. 如果主机地址为全 1，则代表（　　）。

A. 广播地址　　B. 有限广播地址　　C. 回环地址　　D. 0 地址

38. 一台计算机的 IP 地址为 172.16.32.129，子网掩码为 255.255.255.192，这台计算机的网络地址为（　　）。

A. 172.16.32.0　　B. 172.16.32.129

C. 172.16.32.128　　D. 172.16.32.1

39. ping 命令是基于（　　）的实用程序，主要功能是检测网络的连通情况和分析网络速度。

A. ICMP　　B. IGMP　　C. RARP　　D. ARP

40. 分层网络设计把以太网交换机在网络中的应用分为 3 个层次，分别是（　　）。

A. 物理层、汇聚层和接入层　　B. 核心层、汇聚层和路由层

C. 核心层、汇聚层和接入层　　D. 物理层、传输层和接入层

41.（　　）技术将一个交换网络逻辑地划分成若干子网，每个子网就是一个广播域。

A. VLAN　　B. RSTP　　C. 数据转发　　D. STP

42. RIP 支持的最大跳数为（　　）。

A. 14　　B. 15　　C. 16　　D. 17

43. 下列关于 OSPF 说法不正确的是（　　）。

A. OSPF 是链路状态路由协议

B. OSPF 是一个内部网关协议

C. OSPF 通过路由器之间通告网络接口的状态来建立链路状态的数据库

D. OSPF 是距离矢量路由协议

44. 在路由表中 ip route 0.0.0.0 0.0.0.0 192.168.1.1 代表（　　）。

A. 静态路由　　B. 默认路由　　C. 动态路由　　D. RIP 路由

45. IP 标准访问控制列表的规则序号正确的是（　　）。

A. 0　　B. 58　　C. 158　　D. -58

46.（　　）可以尽可能屏蔽内部网络的信息和结构，降低来自外部网络的攻击。

A. 杀毒软件　　B. 防火墙　　C. 网络管理　　D. 漏洞扫描

47.（　　）是一个分布式的主机信息数据库，它管理着整个 Internet 主机名与 IP 地址。

A. DNS　　B. FTP　　C. IIS　　D. Web

48. 下列选项中，关于地址转换描述不正确的是（　　）。

A. 地址转换是在 IP 地址日益短缺的情况下提出的

B. 为了达到所有内部主机都可以连接 Internet 的目的，可以使用地址转换

C. 地址转换技术可以有效隐藏内部局域网中的主机，同时也是一种有效的网络安全保护技术

D. 地址转换是 Internet 上应用十分广泛的文件传输协议

49．下列选项中，关于网络管理的性能管理描述不正确的是（　　）。

A．采集、分析网络对象的性能数据

B．对网络线路质量进行分析

C．控制对网络资源的访问

D．统计网络运行状态信息

50．水平布线子系统是从工作区的信息插座开始到管理间子系统的配线架，其结构一般为（　　）。

A．网状型结构　B．星型结构　C．树型结构　D．环型结构

二、判断题（Access 数据库应用技术 51～60 题；计算机网络技术 61～70 题。每小题 1 分，共 20 分。在括号内，正确的打“√”，错误的打“×”）

51．最常用的创建表的方法是使用表设计器。（　　）

52．MySQL 也是常用的数据库管理系统。（　　）

53．通配符“-”能与某个范围内的任意一个字符匹配，但必须按升序指定范围。（　　）

54．高级筛选可以为筛选指定多个筛选条件和准则，但不能对筛选出来的数据进行排序。（　　）

55．若要限制宏命令的操作范围，则可以在创建宏时定义宏条件表达式。（　　）

56．窗体上的“文本框”控件可以用来输入数据。（　　）

57．在创建主/子窗体之前，必须正确设置表间的“一对多”关系。“一”方是主表，“多”方是子表。（　　）

58．在报表的设计视图中不能对已经创建的报表进行修改。（　　）

59．Access 2013 中完整的报表最多由 5 个节组成。（　　）

60．数据库文件由 ACCDB 格式转换为 ACCDE 格式后，还可以转换回来。（　　）

61．计算机网络是计算机技术与通信技术相融合的产物。（　　）

62．通信子网负责计算机间的数据通信，即信息的传输，包括传输信息的物理媒体、转发器、交换机等通信设备。（　　）

63．会话层位于 OSI 模型的最高层，它为计算机网络与应用软件提供接口。（　　）

64．ARP 是应用层协议。（　　）

65．为了识别网络地址，TCP/IP 对子网掩码和 IP 地址进行“按位或”运算。（　　）

66．交换机有两种堆叠方式：菊花链堆叠和主从式堆叠。（　　）

67．三层交换机可工作在网络层。（　　）

68．DNS 用于将内网地址映射到外网地址。（　　）

69．工作区子系统是由跳线与信息插座所连接的设备组成的。（　　）

70．简单网络管理协议（SNMP）是基于 TCP/IP 协议簇的网络管理标准。（　　）

Access 数据库应用技术（40 分）

三、实训题（每小题 8 分，共 16 分）

在“学生成绩管理”数据库中，教师表的结构如下。

字段名	数据类型	字段大小
教师编号	短文本	6
姓名	短文本	4
性别	短文本	1
出生日期	日期/时间	
参加工作时间	日期/时间	
政治面貌	短文本	5
学历	短文本	4
职称	短文本	4
所属专业	数字	
联系电话	文本	15
在职否	是/否	

71．写出在教师表中查找“学历”字段为“研究生”的记录的步骤。

72．在“人事管理信息系统”中，已经建立了职工表，表结构如下。

职工（职工编号、姓名、性别、出生日期、联系电话、入职时间）。

请在 Access 数据库中，利用“窗体向导”对话框创建窗体，要求如下：

（1）窗体的字段包括姓名、性别、联系电话。

（2）窗体布局为“纵栏表”。

（3）窗体标题为“职工基本信息”。

四、简答题（每小题 5 分，共 10 分）

73．什么是筛选，Access2013 提供了哪几种筛选方式？。

74．简述压缩和修复数据库的方法。

五、综合题（14 分）

75．在“人事管理系统”中，已建立“员工信息”表和“员工工资”表。

“员工信息”表中的字段分别为：员工编号（短文本）、姓名（短文本）、性别（短文本）、出生日期（日期/时间型）、是否党员（是/否型）、职务（短文本）、部门（短文本）、联系方式（短文本），其中员工编号为主键。

“员工工资”表中的字段分别为：员工编号（文本型）、基本工资（货币型）、奖金（货币型）。

使用 SQL 查询完成以下操作：

（1）查询所有“服务”部门和“后勤”部门的员工信息，并按照部门排序。

（2）按部门分别统计男女员工人数。

（3）计算出每个员工的实发工资（实发工资=基本工资+奖金）。

（4）显示出不是党员的员工的姓名和奖金。

计算机网络技术（40分）

六、名词解释题（每小题 3 分，共 12 分）

76．专用网

77．回环地址

78．DHCP

79．网络管理

七、简答题（每小题 4 分，共 16 分）

80．简述计算机网络的功能。

81．简述典型网络拓扑结构。

82．简述动态路由协议的分类。

83．简述地址转换（NAT）的类型。

八、综合题（12 分）

84．已知一个网络地址为 172.16.32.0，需要划分子网，每个子网不超过 30 台计算机，试求：

（1）写出合适的子网掩码。

（2）一共可划分几个子网？每个子网中有多少个可分配的主机地址？

（3）每个子网的网络地址和广播地址分别是什么？

计算机类专业课模拟卷（B卷）

一、选择题（Access 数据库应用技术 1～25 题；计算机网络技术 26～50 题。每小题 2 分，共 100 分。每小题中只有一个选项是正确的）

1. 数据库管理系统就是（　　）。

A. 操作系统　　B. 系统软件　　C. 编译系统　　D. 应用软件

2. 占 4 个字节宽度的数据类型是（　　）。

A. 整型　　B. 长整型　　C. 字节型　　D. 货币型

3. 在 Access 数据库中一个元组就是表中的一个（　　）。

A. 记录　　B. 二维表　　C. 字段　　D. 属性

4. 下列数据类型中，可以设置“字段大小”属性的是（　　）。

A. 货币　　B. 数字

C. OLE 对象　　D. 日期/时间

5. 以下不属于打开数据库文件的方式的是（　　）。

A. 以只读方式打开　　B. 以独占方式打开

C. 以独占只读方式打开　　D. 以只读独占方式打开

6. 在 Access 2013 中，字段名不能包含的字符是（　　）。

A. “！”　　B. “@”　　C. “%”　　D. “&”

7. 在创建学生表时，存储学生照片的字段类型是（　　）。

A. 备注　　B. 附件　　C. OLE 对象　　D. 超链接

8. 下列查询中，用于对记录进行复制和更新的查询是（　　）。

A. 选择查询　　B. 参数查询

C. 交叉表查询　　D. 操作查询

9. 下列不属于 Access 2013“日期/时间”字段显示格式的是（　　）。

A. 2023 年 8 月 15 日　　B. 88-10-11

C. 2023/8/15　　D. 08/15/2023

10. 将文本字符串“25”“15”“66”“8”按升序排序，排序结果是（　　）。

A. 8 15 25 66　　B. 66 25 15 8

C. 15 25 66 8　　D. 以上都不对

11．表间关系的建立是通过表之间的（　　）建立。

A．同名字段　　B．内容和名字都相同的字段

C．主键　　D．内容相同的字段

12．当数据表字段数较多、宽度较宽时，为了方便查看和输入数据，可以将一部分重要的字段固定在屏幕上的操作是（　　）。

A．筛选　　B．查找　　C．排序　　D．冻结列

13．要找到“what”“white”“why”，在“查找和替换”对话框中应输入（　　）。

A．wh#　　B．wh?　　C．wh[]　　D．wh*

14．在数据表中其值能唯一标识一条记录的一个字段或多个字段的组合是（　　）。

A．字段　　B．主键　　C．标题　　D．属性

15．查询“总分”是空值的记录，正确的条件表达式是（　　）。

A．总分=空值　　B．总分=null　　C．总分 is null　　D．总分 not is null

16．假设数据表中有学生姓名、性别、班级、成绩等数据，若想统计各个班各个分数段的人数，最合适的查询方式是（　　）。

A．交叉表查询　　B．选择查询　　C．参数查询　　D．操作查询

17．在 Access 数据库的员工信息表中，要查询工号是 201613 和 202117 的记录，应该在查询设计条件行中输入（　　）。

A．between"201613"and"202117"　　B．notin("201613","202117")

C．in("201613","202117")　　D．not("201613", "202117")

18．在商品表中要查找商品名称中包含“营养”的商品，则在“商品名称”字段中应输入准则表达式（　　）。

A．"营养"　　B．"*营养*"　　C．like"*营养*"　　D．like"营养*"

19．SELECT 命令中用于分组的关键词是（　　）。

A．FORM　　B．GROUP BY　　C．ORDER BY　　D．COUNT

20．下列不属于 Access 2013 窗体的视图是（　　）。

A．设计视图　　B．窗体视图　　C．版面视图　　D．数据表视图

21．不能创建窗体的方法是（　　）。

A．窗体向导　　B．使用 SQL 句　　C．自动创建窗体　　D．数据透视表向导

22．对窗体进行保存的快捷键是（　　）。

A．“Shift+S”组合键　　B．“Ctrl+S”组合键

C．“Alt+S”组合键　　D．“Enter”键

23．MsgBox 是（　　）的宏。

A．显示消息框　　B．编辑消息　　C．输入消息　　D．撤消消息

24．在报表设计视图中添加计算控件显示学生 3 门功课的平均成绩（每门课成绩分别为 x、y、z），该计算控件的控件源为（　　）。

A．=x+y+z/3　　B．(x+y+z)/3　　C．=(x+y+z)/3　　D．以上都不对

25．报表中将具有共同特征的若干条记录组成一个集合的操作是（　　）。

A．排序　　B．统计　　C．汇总　　D．分组

26．网络中负责计算机间的数据通信，也就是信息传输的是（　　）。

A．通信子网　　B．资源子网　　C．局域网　　D．城域网

27．以通信子网为中心的计算机网络称为（　　）。
A．第一代计算机网络　B．第二代计算机网络
C．第三代计算机网络　D．第四代计算机网络
28．以太网交换机是按照（　　）进行转发的。
A．MAC 地址　B．IP 地址　C．端口号　D．协议类型
29．Internet 的传输层含有两个重要的协议，分别为（　　）。
A．IP、UDP　B．IP、RARP　C．TCP、UDP　D．IP、TCP
30．ICMP 是（　　）的协议。
A．物理层　B．数据链路层　C．网络层　D．高层
31．总线型网络一般采用（　　）传输方式。
A．组播　B．单播　C．点对点　D．广播
32．下列对常见网络服务对应端口描述正确的是（　　）。
A．HTTP：80　B．Telnet：20　C．RIP：21　D．SMTP：110
33．MAC 地址的长度为（　　）位。
A．64　B．128　C．256　D．48
34．TCP/IP 参考模型共有（　　）层协议。
A．5　B．4　C．3　D．3、7、47
35．在给网络中的一台主机配置 IP 地址时，以下不可以使用的是（　　）。
A．129.110.1.125　B．127.0.1.15　C．192.168.1.254　D．210.10.25.2
36．某公司的网络地址为 192.168.2.0，要划分成 6 个子网，适用的子网掩码是（　　）。
A．255.255.255.192　B．255.255.255.240
C．255.255.255.224　D．255.255.255.248
37．下面的 IP 地址中，属于 A 类地址的是（　　）。
A．128.19.0.23　B．10.0.25.37　C．225.21.0.11　D．170.23.0.1
38．下列哪一项不是常用的划分 VLAN 的方法？（　　）
A．基于端口　B．基于 MAC 地址
C．基于协议　D．基于物理位置
39．在配置以太网交换机时，把 PC 的串行口与交换机的（　　）用控制台电缆相连。
A．RJ-45 端口　B．同步串行口　C．Console 端口　D．AUX 端口
40．RIP 提供跳数作为尺度来衡量路由距离，RIP 最多支持的跳数为（　　）。
A．10　B．20　C．15　D．16
41．中继器是（　　）互联设备。
A．物理层　B．网络层　C．传输层　D．数据链路层
42．IP 标准访问控制列表的序列规则范围是（　　）。
7A．1～10　B．0～100　C．1～99　D．100～199
43．在 NAT（网络地址转换）技术中，连接外网的接口是（　　）。
A．Inside　B．Outside　C．Serial　D．Dmz
44．下列选项中，不是网络层主要负责的任务的是（　　）。
A．流量控制　B．差错控制　C．拥塞控制　D．逻辑地址寻址

45．以下哪个参数代表了硬件防火墙接口最高的安全级别？（　　）

A．security0　　B．security100　　C．security A　　D．security Z

46．网络后门的功能是（　　）。

A．保持对目标主机的长久控制　　B．防止管理员密码丢失

C．定期维护主机　　D．防止主机被非法入侵

47．在 TCP/IP 网络管理中，MIB 数据库中的信息是由（　　）来收集的。

A．管理站（Manager）　　B．代理（Agent）

C．Web 服务器（Web Server）　　D．浏览器（Browser）

48．在网络综合布线中，建筑群子系统之间最常用的传输介质是（　　）。

A．同轴电缆　　B．光纤　　C．STP　　D．UTP

49．TCP/IP 规定，A 类 IP 地址中网络号是 127 时，表示（　　）。

A．广播地址　　B．回环地址　　C．0 地址　　D．有限广播地址

50．局域网体系结构中（　　）被划分成 MAC 和 LLC 两个子层。

A．物理层　　B．数据链路层　　C．网络层　　D．应用层

二、判断题（Access 数据库应用技术 51～60 题；计算机网络技术 61～70 题。每小题 1 分，共 20 分。在括号内，正确的打“√”，错误的打“×”）

51．数据库是以一定的组织结构存储在计算机存储设备上的相关数据的集合。（　　）

52．MySQL 也是常用的数据库管理系统。（　　）

53．使用删除查询功能删除记录后，不能用“撤销”命令来恢复。（　　）

54．创建好空白数据库后，系统将自动进入“设计视图”。（　　）

55．INTO 子句：用于给查询结果指定别名。（　　）

56．SELECT 语句中所有的标点符号（包括空格）均可采用中文符号。（　　）

57．在窗体中，如果节中包含控件，则删除节的同时会删除节中包含的所有控件。（　　）

58．窗体中不可能用文本框创建计算控件。（　　）

59．一个报表有多个页，就可以有多少个报表页眉和报表页脚。（　　）

60．查询只能使用原来的表,不能生成新表。（　　）

61．水平布线子系统的结构一般为网状型结构。（　　）

62．广域网一般采用网状型拓扑结构。（　　）

63．光纤传输距离长、传输速率高（可达每秒数千兆比特）、抗干扰性强。（　　）

64．在 8 根 4 对的双绞线中，实际上只有 4 根 2 对线用于传输数据。（　　）

65．TCP 是一个面向连接的协议。（　　）

66．网络层不属于局域网协议层次。（　　）

67．集线器是物理层设备。（　　）

68．应用程序 ping 发出的是 ICMP 应答报文。（　　）

69．静态路由是指由网络管理员手工配置的路由信息。（　　）

70．建筑物内采用的通信设施及布线系统一定要有超前性，力求高标准，并且有很强的适应性、扩展性、可靠性和长远效益，以满足未来的需要。（　　）

Access 数据库应用技术（40 分）

三、实训题（每小题 8 分，共 16 分）

71．在“进销存管理”数据库中有以下两个表：

供应商（供应商编号、供应商名称、联系人姓名、联系人电话、E-mail）

商品（商品编号、供应商编号、商品名称、生产日期、数量、规格型号）

请在 Access 2013 中完成以下操作：

使用设计视图创建查询，查询 2020 年 4 月生产的尼康相机，并显示“商品名称”“数量”“供应商名称”“联系人姓名”“联系人电话”，查询命名为“2020 年 4 月生产的尼康相机”。

72．在“学生成绩管理”数据库中，已经创建了“学生成绩多表查询”。

请在 Access 2013 中完成以下操作：

在报表设计视图中以“学生成绩多表查询”为数据源，创建“学生成绩分组”报表，设计报表标题为“学生成绩”。要求：报表标题字体为宋体，字号为 22 号，字体加粗；表头字体为宋体，字号为 18 号；对应表格内报表字体为楷体，字号为 18 号。

四、简答题（每小题 5 分，共 10 分）

73．什么是主键？Access 2013 中主键有哪些特征？

74．窗体和报表的相同点与不同点是什么？

五、综合题（14 分）

75．学生表有 7 个字段：学号（文本型）、姓名（文本型）、性别（文本型）、出生日期（日期型）、专业（文本型）、联系方式（文本型）、家庭住址（文本型），其中学号为主键。

成绩表有 4 个字段：学号（文本型）、课程名称（文本型）、成绩（数字型）、学分（数字型），其中学号和课程名称为主键。

使用 SQL 语句完成以下操作：

（1）在成绩表中查询前三名的信息，并按成绩降序排序。

（2）查询 2003 年出生的计算机应用专业的学生信息。

（3）查询每位学生的成绩，并显示学号、姓名、课程名称、成绩字段。

（4）查询平均成绩在 70 分以上（含）的课程名称。

计算机网络技术（40 分）

六、名词解释题（每小题 3 分，共 12 分）

76．广域网

77．VLAN

78．OSPF

79．网关

七、简答题（每小题 4 分，共 16 分）

80．从资源共享的角度简述计算机网络的定义。

81．计算机网络按照传输技术划分，可以分为哪几类？

82．交换机 IOS 软件将命令分为用户模式、特权模式和配置模式。其中，配置模式又分为哪几种模式？

83．结构化布线系统包括哪些子系统？

八、综合题（12 分）

84．在 Internet 中，某计算机的 IP 地址是 11001010.01100000.00101100.01011000，请回答下列问题。

（1）用点分十进制表示上述 IP 地址。

（2）该 IP 地址是属于 A 类、B 类，还是 C 类地址？

（3）该 IP 地址在没有划分子网时的子网掩码是多少？

（4）将该 IP 地址划分为 4 个子网（包括全 0 和全 1 的子网），写出子网掩码，并写出 4 个子网的子网地址。

反侵权盗版声明